普通高等教育“十一五”国家级规划教材

兽医临床实践技术

邓俊良　主编

中国农业大学出版社
·北京·

主　　编　邓俊良

副 主 编　何剑斌　郝满良

主　　审　王　哲

参编单位及人员

四川农业大学：邓俊良　胡延春　左之才
沈阳农业大学：何剑斌
河北农业大学：郝满良
湖南农业大学：袁　慧　李文平
西南大学：赖勤农
吉林大学农学部：王　哲

编 写 说 明

随着社会经济的快速增长，人民生活水平的不断提高，兽医临床学科也得到了飞速的发展。为了推行高等教育改革，满足社会对兽医专业人才的需求，迫切需要提高兽医临床诊断和治疗的基本技能和实用技术。为此我们邀请和组织了一批具有高学位、高职称，同时具有丰富临床实践经验及较高理论水平的专家组成编写委员会，以面向大临床，突出“实用”为目的，编写了《兽医临床实践技术》一书。力求体现先进性、系统性、完整性和创新性的统一，理论与实践的有机结合，为我国畜牧兽医事业及相关学科的发展和经济腾飞服务。

此书主要作为高等农业院校动物科学专业的“兽医学”课程，生物医学工程、生物工程和药学等专业的“临床兽医学概论”课程的配套实习用书；也可作为动物医学、动物科学及其相关专业的兽医临床教学实践、生产实习和毕业实习的教材；还可作为基层兽医技术人员培训及兽医从业人员的指导用书和参考书，是培养临床兽医师的重要工具书。

临床兽医学是一门实践性极强的综合性学科，其实习内容囊括了基础兽医学、预防兽医学和临床兽医学的所有主要实践环节。因此，实习内容及其安排可根据各校实际情况和具体条件，因地制宜地加以取舍和补充。

因编写时间仓促，错误和遗漏之处恳请广大读者批评指正。

编 者

2006 年 8 月

目　录

实习一　临床常用器械及应用

一、实 习 目 的

正确识别兽医临床常用器械；掌握兽医临床常用器械的使用方法。

二、实 习 材 料

兽医临床常用检查器械、投药器械、消毒器械、手术器械等，参考表 1-1。

三、实 习 内 容

(一)兽医常用器械

兽医临床常用器械见表 1-1。

表 1-1　兽医临床常用器械

用　途	主 要 器 材
诊断器械	听诊器、兽用体温计、叩诊板及叩诊锤等
投药器械	金属注射器(10,20,50,100 mL)；玻璃注射器(1,2.5,5,10,20,50,100 mL)；一次性注射器(1,2.5,5,10,20,50 mL)；注射针头(4,6,7,9,12,16,20 号)、输液器械(一次性输液管、一次性输液袋、输液针)；灌肠器、胃管、开口器等。此外，注射器还有装甲注射器、连续注射器、结核菌素注射器和无针注射器、注射枪等，注射枪适用于野生动物
消毒器械	电热煮沸消毒器、高压灭菌器、贮槽、喷雾器、消毒柜等
手术常用器械	剪毛剪、剃毛刀、手术刀柄、手术刀片、连柄手术刀、切腱刀；手术剪(直圆、直尖、弯圆、弯尖)；止血钳、持针钳、创巾钳、器械钳、组织钳；手术镊子(有齿、无齿)；缝针、缝线、扩创钩、有沟探针；骨剪(钳)、骨锯、骨锉、骨膜剥离器；线锯、圆锯；器械盘等

(二)临床常用器械的使用方法

1. 听诊器　听诊器由耳塞、传音导管、听头等部分组成，主要用来听取机体内脏器官产生的各种音响。听诊时将耳塞放入听诊者的耳道中，手持听头密贴于需要听诊的动物内脏器官体表投影位置上进行听诊。

2. 体温计　用腕力在胸前将体温计的水银柱甩至 35℃以下，取一酒精棉球展开后包住体温计的上端，从上而下擦至水银头末端进行消毒，再涂以润滑剂，插入动物肛门内 3～5 min 后取出。用酒精棉球擦去黏糊在体温计上的粪便，读取体温，然后再甩动体温计，使水银柱下降至 35℃以下，并再次消毒备用。

3. 叩诊锤及叩诊板　以左手持叩诊板，将其紧贴于欲检查的部位上；以右手持叩诊槌，用腕关节做轴上下摆动，使之垂直地向叩诊板上连续叩击 3～4 次，以分辨其产生的音响，即锤板叩诊法。

4. 金属注射器　金属注射器由金属外壳、活塞调节柄、手柄、玻筒、玻筒盖、针嘴、刻度杆和调节螺旋等组成。使用前先将玻筒盖旋紧，并按顺时针方向旋转活塞调节柄调节注射器活塞，使活塞松紧适宜，再接上针头，吸入药液后，使注射器垂直，针尖朝上，将玻筒内的气体排净。注射时以右手食指和中指夹住注射器手柄下的铁夹外壳，手掌或拇指顶住活塞调节柄，刺入注射部位后，下压活塞调节柄，将药液注入动物体内。

5. 毛剪　将右手拇指和无名指插入剪柄的两环内，食指轻压其轴节加以控制，剪刀紧贴皮肤表面逆毛流方向连续开闭剪刀剪去被毛(图 1-1)。

6. 镊子　用拇指与食、中二指握持镊子的中段夹持消毒棉球或组织。夹持组织时，多用左手持镊，用力要适中(图 1-2)。

图 1-1　执毛剪法

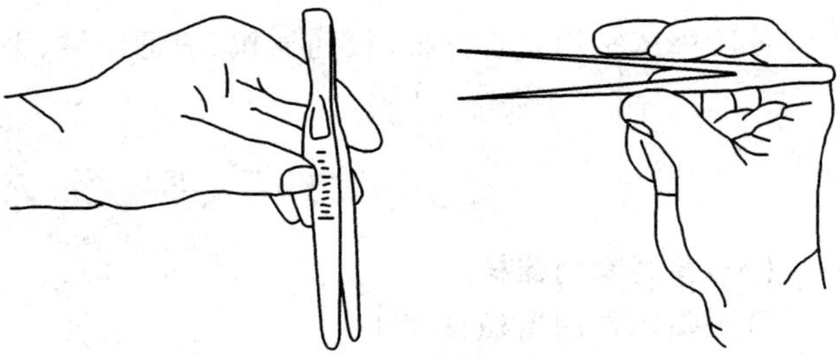

图 1-2　执摄法

7. 手术刀　手术刀有固定手术刀和活动手术刀两种。活动手术刀由刀柄和刀片组成，在使用前用持针钳夹持刀片，装置在刀柄尖端的槽缝内。使用完毕后，用持针钳夹住刀片尾部向上提起刀尾并向前推即可卸下刀片(图 1-3)。

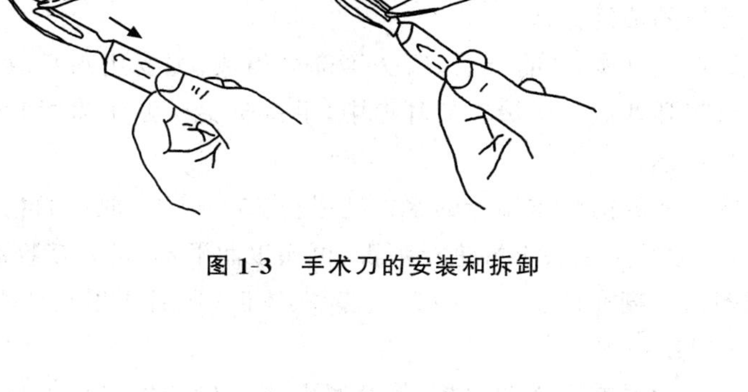

图 1-3　手术刀的安装和拆卸

手术刀的使用，通常有 4 种方式：

（1）执琴弓式　为最常用的执刀法，多用于胸、腹部皮肤的切开以及坚韧的和较长距离的组织切开。用拇指与中指、无名指和小指执刀柄，食指压在刀片与刀柄结合部，动作范围较广，切开组织时不易使手术刀左右摇摆而造成切口不整齐（图 1-4-1）。

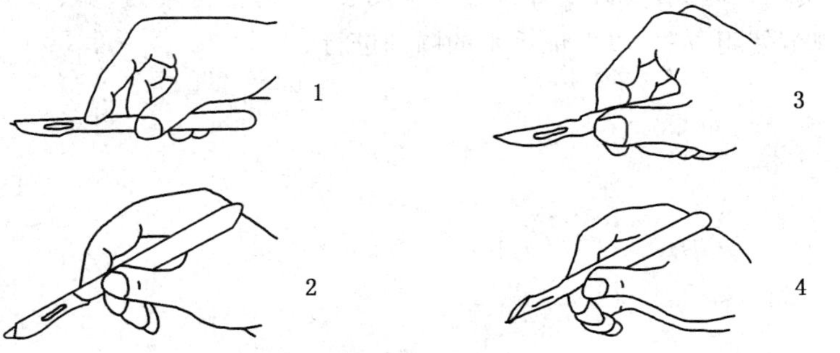

图 1-4　执手术刀法

（2）执笔式　执刀方法与执钢笔方法相同。用力较轻而操作灵活。用于分离软组织、血管神经或切开腹膜及眼科手术等精细操作（图 1-4-2）。

（3）全握式　用手全握手术刀，可以有力地推动手术刀。用于坚韧的皮肤、肌腱或韧带的切开或切除（图 1-4-3）。

（4）反挑式　执刀方式与执笔式相同，只需将刀刃向上。用来挑开表层组织，避免损伤深部组织。用于切开胆囊壁、脓肿和腹膜等（图 1-4-4）。

8. 止血钳　用拇指和无名指插入钳柄的两环内，中指放在无名指插入环的前外方钳柄上，食指轻按在钳柄和钳嘴交界的轴节处控制和稳定钳的方向。在夹住组织后，将后方开关扣紧，在放开止血钳时，使两钳环相对压挤并同时推开（图 1-5）。

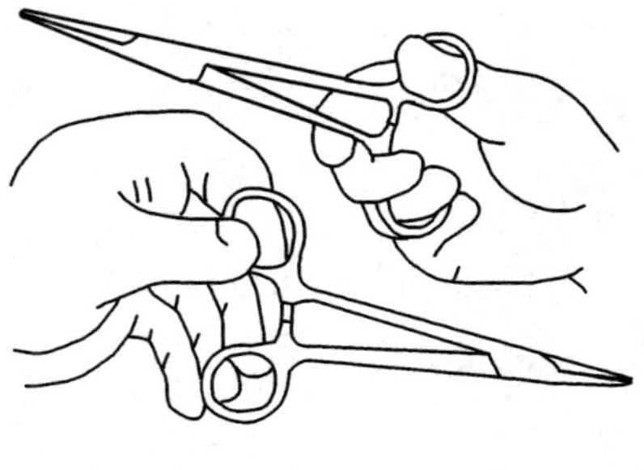

图 1-5　止血钳的执拿和松开法

9. 手术剪　执剪法与执止血钳法相同。

10. 持针钳　执持针钳法与执止血钳法相同，食指稳定钳部的钳轴部分。在夹持缝针时，以持针钳的尖端夹住缝针的中部。当缝合的组织很坚韧时，可先用持针钳夹住缝针的前 1/3 处进针，然后松开持针钳，再夹住缝针的后 1/3 处穿过组织。

四、分析讨论

1. 认识临床常用器械和掌握其用途是兽医临床工作者必备的知识。兽医临床常用器械种类较多，各有其用途，只有在正确认识和掌握其用途的前提下，使用起来才能得心应手。因此，作为一个临床兽医，必须将各种器械的形态、区别和用途熟记于心，以便在临床使用时物尽其用。

2.摈弃习惯,正确使用兽医临床器械。兽医临床常用器械是兽医临床工作者用来诊断、治疗动物疾病的武器,能否正确使用,直接影响到动物疾病的诊疗效果。特别是进行外产科手术时,正确、熟练使用外产科手术器械,不但可以缩短手术时间,提高手术成功率,而且还可减少污染,降低治疗费用。因此,要改变日常生活中用食指、拇指持拿刀、剪、镊、针的习惯,认真学习这些器械的规范使用方法,以保证手术的顺利进行。

(赖勤农)

实习二　消毒技术

一、实习目的

掌握临床常用消毒药的性能及用途；熟悉圈舍、运输工具、粪便处理、手术室等的消毒技术；掌握临床常用器械的消毒方法。

二、实习材料

来苏儿、新洁尔灭、福尔马林、高锰酸钾、度米芬、氨水、复合酚、过氧乙酸、氢氧化钠、漂白粉、生石灰、百毒杀等常用消毒药品；电热煮沸消毒器、高压灭菌器、贮槽、喷雾器等消毒器械；注射器具及各种手术器械等。

三、实习内容

(一)环境及运输工具的消毒

1.猪舍的消毒　猪舍和用具每年的春、秋季各进行一次大清扫、大消毒，以后每月消毒1次。产房的消毒在产仔前应进行一次彻底的消毒，并空舍1周，才能让猪群进舍。产仔高峰时进行多次，产仔结束后再进行一次。在采取“全进全出”饲养管理方式的大型猪场，应在全出后彻底消毒。养猪场常用化学消毒药见表2-1。

表2-1　养殖场常用化学消毒药

名称	杀灭微生物	药物浓度	用　途
氢氧化钠	细菌和病毒	2%～3%	消毒池、圈舍和用具等消毒；消毒后(至少间隔半天以上)用清水冲净方可让动物进舍
过氧乙酸	细菌、霉菌和芽孢	0.5% 0.1%～0.2%	圈舍、用具等消毒 带猪消毒
福尔马林	细菌、病毒、霉菌	5%～10% 按配方 1%	圈舍和用具等消毒 熏蒸消毒 体表消毒
新洁尔灭	广谱杀菌	0.1%	人员淋浴、饮水器消毒
氯制剂	细菌、病毒	10%～20% 每升水5～10 g	圈舍、地面、防疫沟、用具、车辆等消毒 饮水消毒
来苏儿(煤酚皂)	细菌	3%～5% 5%～10%	圈舍、用具消毒；外消毒池 排泄物消毒
复合酚	细菌、病毒、霉菌、寄生虫	0.35%～1%	圈舍、笼具、场地、粪便等消毒，药效维持7 d

续表 2-1

名称	杀灭微生物	药物浓度	用途
高锰酸钾	杀菌、除臭	0.1%	饮水消毒
百毒杀	细菌、病毒	1 万～2 万倍稀释 3 000 倍稀释	长期或定期饮水消毒 圈舍、笼具、场地消毒

(1)空猪舍消毒　首先应清除舍内的粪尿，铲除地面、墙角的粪块和饲槽中的残余饲料；然后清扫屋顶、墙壁、门窗、地面及其他一切设施，用高压水彻底冲洗，直至洗涤液变清为止；再用2%～5%NaOH(或5%来苏儿、1%复合酚、过氧乙酸、10%生石灰、5%漂白粉、30%草木灰热溶液)喷雾消毒，2 h后再用清水冲洗。猪舍干燥后再用甲醛熏蒸消毒或用消毒剂(如百毒杀)喷雾消毒。

(2)带猪消毒　种猪舍、后备猪舍或日常定期消毒一般采用带猪消毒法，不必将猪赶出舍外，先将粪、尿清洗干净，然后用对猪刺激性小的消毒剂(如0.03%百毒杀溶液或0.1%～0.2%过氧乙酸等)喷洒消毒或清洗圈舍。

2.禽舍的消毒　平时带禽消毒多选用0.03%百毒杀溶液喷雾。空舍消毒先将舍内粪便污物去除干净，再用2%NaOH溶液或0.5%复合酚溶液喷雾和清洗笼网。如密封性能较好且发生过疫病的空禽舍，最好采用福尔马林熏蒸消毒。养禽场常用化学消毒药见表2-1。

福尔马林熏蒸消毒法：先将圈舍窗户关闭，并用纸密封，根据禽舍空间大小等距放置2～10个陶瓷容器，按1 m^3空间用福尔马林25 mL，高锰酸钾10～25 g，水12.5 mL计算，先将福尔马林和水按比例倒入每个容器中，再把高锰酸钾放进容器中，马上就可产生大量甲醛气体，蒸发到舍内所有空间起消毒杀菌作用。通常紧闭门窗6～24 h，可杀灭舍内的所有细菌和病毒。如圈舍空间较大，放置消毒药时应从里向外，边放边向门外退，以避免放置者吸入大量甲醛气体引起损伤。消毒完毕后，打开门窗或排风扇，使甲醛气体散发干净即可使用。如消毒后急需使用，可在房间内放置氨水来中和甲醛气体。

3.车、船等运输工具的消毒　先用清水或5%漂白粉溶液将运输工具冲洗干净，再用5%来苏儿溶液或0.5%复合酚溶液或2%NaOH溶液进行喷雾消毒。

4.污染草场的消毒　如动物放牧的草场发生了某种烈性传染病的流行，大面积的草场被污染，应划清被污染范围，清除动物的粪便。对动物倒毙的地方，先将地面表土铲除一层进行深埋或集中发酵，再用10%石灰乳或5%NaOH消毒；其余的地方则利用阳光、雨水等自然力对地面和土壤发生的净化作用来消除病原体。除炭疽外，大多数病原体经过1个月以上的时间都可被消除。为防止传染，净化期间动物不能在此放牧。

(二)粪便的消毒

粪便中常含有病原微生物和寄生虫卵，可引起疫病传播，必须及时清除和消毒。常用的方法有发酵池消毒法和堆积发酵消毒法。

1.发酵池消毒法　适用于稀薄的粪便消毒。在低于动物场的下水位离水源50 m以上的地方修建不漏水的长方形或圆形砖石水泥结构的发酵池。将每天从圈舍中清除的粪便倒入池中，当粪便倒满后，在其表面加盖或铺一层干草，再以泥土密封，以便于发酵。经1～2个月的发酵沤熟，就可把病原微生物和寄生虫卵杀死。

2.堆积发酵消毒法　适用于成形粪便的处理。在距动物圈舍至少50 m远的低凹地方设粪便发酵场。把粪便堆高1～2 m，表面用一层10 cm厚的泥土密封。如粪堆较干，可浇些水

在上边，以促进粪便发酵。经1～2个月后，粪便沤熟，即可移至别处或用作肥料。如不需将粪便作肥料，也可每铺一层20 cm厚的粪便，就撒上一层石灰粉或浇灌一次10%～20%的石灰乳，直至堆高1～2 m后，再用泥土密封发酵10～30 d。

(三)手术室的消毒

设立手术室的目的是为了保证手术在清洁无菌的条件下进行。因此，必须建立严格的消毒制度，以确保手术室内无菌。手术室的消毒可根据手术室的污染程度而采用清洗消毒、紫外线消毒、福尔马林熏蒸消毒等方法。无论用什么方法消毒，在每次进行手术后，都必须用消毒液彻底洗净手术室地面和墙壁上的污染物，同时洗净手术台和器械台等器物。清洁后将门窗暂时敞开，以保持室内通风、干燥。之后，或用2%～5%的来苏儿溶液进行喷雾，或用紫外线照射(维持40 min)，或用福尔马林熏蒸消毒，以杀灭手术室内的各种微生物。

(四)注射器具、手术器材及敷料的消毒灭菌

1. *煮沸灭菌法* 煮沸灭菌法是比较简单方便的灭菌方法，多用电热煮沸灭菌锅(也可用铝锅、铁锅、脸盆等代替)，用前应将煮沸锅洗刷干净，除去油垢，把要灭菌的物品用特制的小块灭菌用包布或小纱布块分别包成小包，以防散乱。玻璃注射器、金属注射器灭菌前应将内芯抽出或拆松，最好每套包成1包，以免相互碰撞损坏；对有弹簧的止血钳、持针钳等要松开，以免影响弹性；锐利的器械用纱布缠裹其刃部，防止变钝；注射针头放在针盒内；缝针应整齐地插在纱布块上，以便于取用。将包好的器械放入锅内，加入清洁的常水将其全部淹没，盖上锅盖后加热。水沸后开始记时，15 min可杀死一般细菌，60 min以上则能杀灭各种细菌和芽孢。

2. *高压蒸气灭菌法* 高压蒸气灭菌法是非常可靠的灭菌方法，使用时先将清洗后的器械用包布包好，放入高压锅中，再将敷料、手术衣帽、手术创巾等分类折叠好后放进贮槽中，将贮槽侧壁的窗口打开装进高压锅内，按要求加入适量清水，盖上高压锅盖，并将锅盖上的每个螺丝拧紧，打开放气阀加热。待放气阀内有连续的蒸气冒出时将其关闭，继续加热。当高压锅上气压表指针升至0.1 MPa(121.6℃)时开始记时，维持15～30 min即可杀灭所有的细菌和芽孢。停止加热，待高压锅自然冷却后打开锅盖，取出贮槽，关闭贮槽壁的所有窗口，防止微生物进入。贮槽内的物品可保存1周。

3. *化学药物浸泡消毒法* 化学药物浸泡消毒法作为灭菌手段，由于对芽孢的杀灭能力有限，效果并不十分理想。但因其不需特殊设备且使用方便，特别是对那些不耐热的物品，仍然是一种有用的消毒方法。器械在浸入化学消毒剂之前，应将器械上的油脂及污物清除干净。消毒后的器械在使用前应用开水或蒸馏水冲洗干净，以避免化学消毒剂对组织产生有害作用。

化学药品消毒剂有很多种，兽医临床上常用的有以下几种。

(1)阳离子表面活性剂 包括新洁尔灭、洗必泰、消毒净和度米芬等，配成0.1%的水溶液，浸泡30 min即可杀灭器械上的一般细菌，18 h可杀灭细菌的芽孢。本类药物与肥皂相遇会降低消毒作用，同时与碘酊、高锰酸钾、升汞和碱类有配伍禁忌，应避免混用。如使用新洁尔灭浸泡器械，为防止生锈，可在1 000 mL溶液中加入医用亚硝酸钠5 g，配成“防锈新洁尔灭溶液”消毒。

(2)酒精 酒精是临床最常用的消毒剂，多采用75%浓度的酒精作为浸泡剂，经过1 h浸泡即可取用。

(3)煤酚皂溶液 用5%煤酚皂溶液浸泡器械30 min，纯煤酚皂溶液内浸泡5 min即可取用(但不能杀灭细菌的芽孢)。浸泡好的器械在使用前应用灭菌生理盐水洗去器械上粘着的煤酚皂溶液。

(4)甲醛溶液 10%的甲醛溶液可用做金属器械、塑料布、导尿管等物品的消毒，一般浸泡 30 min 即可。使用前必须用灭菌生理盐水彻底清洗。

(5)三合溶液 由甲醛 20.0 mL，石炭酸 3.0 mL，碳酸钠 15.0 g，蒸馏水至 1 000.0 mL 配制而成的三合溶液，具有一定的防锈作用。用来消毒器械，浸泡 30 min 可杀死一般细菌，2 h 可杀灭芽孢。但金属器械不能长时间浸泡。

四、分析讨论

1.熟练掌握环境消毒药的用途和消毒技术，是防止动物传染病发生和传播的重要措施。为杜绝传染病的发生和流行，必须对动物所处的环境和运输工具等进行彻底消毒，对粪便亦应进行无害化处理。环境消毒药种类繁多，对病原微生物的杀灭效果亦有差异。因此要熟练掌握常用消毒药的性能和用途以及常用的消毒技术，以便在实践中有针对性的合理使用，确保养殖业的安全。

2.外科手术室无菌化是保证手术成功的关键措施之一。皮肤是动物机体的天然屏障，一旦其完整性遭到破坏，微生物就可能通过受伤处进入机体，从而引起感染，轻则发炎化脓，重则引起死亡。外科手术室通常密封性能较好，且在手术过程中容易被血液、脓汁、粪便等污染，给微生物的繁殖创造了良好条件，如不及时进行清洗消毒，微生物就会大量滋生，在手术过程中就可能侵入伤口，导致伤口感染。所以，随时保持手术室的清洁干燥和无菌，是保证手术成功的重要措施，必须予以足够重视。

3.注射器具、手术器械、敷料常用的灭菌和消毒方法较多，应根据其种类不同和实际情况合理选用。通常情况下，金属器械、敷料、手术创巾、手术衣、帽、口罩、缝合丝线多采用高压灭菌法(金属器械、缝合丝线也可采用煮沸灭菌法和化学药品消毒法)；体积不大的玻璃和搪瓷器皿多用煮沸灭菌法；体积较大的不便煮沸灭菌的器械盘等搪瓷器皿，可进行火焰烧灼灭菌和化学药品消毒法。橡胶和塑料制品如手套、导管和透明薄膜等耐热性能较差，虽然可采用高压灭菌和煮沸灭菌，但最好采用化学药品浸泡消毒法。

(赖勤农)

实习三　手术基本操作技术

一、实 习 目 的

熟练掌握术前的准备及切开、止血、缝合和打结等外科手术基本技术，为临床手术奠定基础。

二、实 习 材 料

1. 动物　牛、羊、猪、马、犬、猫、兔等。

2. 器材及药品　听诊器、体温表、毛剪、毛刷、剃刀、消毒镊、泡手桶、面盆、手术刀柄、手术刀片、手术巾、巾钳、止血钳、手术剪、持针钳、医用缝针、缝合线、包布、贮槽、电热消毒器、高压灭菌器、手术衣帽、口罩、水桶；硫化钠、碘酒、酒精、肥皂、新洁尔灭、度米芬、雷佛奴尔、高锰酸钾及止血药物等。

三、实 习 内 容

（一）手术准备

手术准备包括动物及术部的准备、手术器材及敷料的准备和手术人员的准备等。

1. 手术动物及术部的准备

(1)一般性处理措施　在非紧急手术，应根据病情需要进行必要的术前治疗；需要长时间横卧或仰卧保定的动物，术前应禁食 12～24 h；臀部、肛门、外生殖器、会阴及尾部的手术，为避免施术时粪尿污染术部，可在禁食开始时先行灌肠，在手术开始前导尿；对鼻腔肿瘤摘除、鬐甲瘘等可能出现大出血的手术，术前应采取输血或注射止血药等预防性止血措施，以防止术中大出血。

(2)术部皮肤的清洁与消毒

术部清洗与除毛

剃毛法　先用肥皂水将术部周围较大面积的被毛刷洗干净，再用毛剪将切口周围 10～20 cm 范围内的被毛剪短，用温水和肥皂水洗涤术部的被毛和皮肤，涂上肥皂用毛刷反复刷洗后用剃毛刀以 30°～40°角紧贴皮肤表面顺毛流的方向依次将被毛彻底剃净，然后用清水把术部剃落的被毛和肥皂泡沫冲洗干净。

脱毛剂除毛法　硫化钠 6.0～8.0 g，加蒸馏水至 100.0 mL 制成溶液，在手术前 24 h 左右用棉球涂擦在手术部位的被毛上，5 min 后，待被毛呈糊状时，用纱布轻轻擦去，再用清水洗净。为避免脱毛剂流散，可用硫化钠 50.0 g，氧化锌 100.0 g，淀粉 100.0 g，温水适量调成糊状。在用前将需脱毛区的被毛剪短，并用水湿润，再涂上一薄层脱毛糊，10 min 左右擦去药

糊，用水将术部洗净即可。

术部消毒 通常用5%碘酊和75%酒精对术部的皮肤进行消毒。

清洁手术皮肤消毒 由手术区的中心部向周围涂擦，即先用消毒镊子夹持碘酊棉球，由预定手术切口开始，以平行线方式一左一右依次向周围涂擦直至被除毛的皮肤全部涂上碘酊。2～3 min后，待碘浸入皮肤内，皮肤完全干燥后，再用75%酒精将碘擦去，以免手和器械将碘带入创口内造成刺激。亦可采用同心圆法消毒，即用消毒镊子夹持5%的碘酊棉球，从切口的中心以同心圆向周围涂擦，碘酊干后再用酒精脱碘。

感染手术皮肤消毒 由手术外围开始向中心涂擦，即用碘酊由创口周围的清洁部依次擦向创口处，已经接触污染部位的棉球或纱布不能返回清洁处涂擦。碘酊干后再用酒精脱碘。

黏膜消毒 对鼻腔、口腔、阴道、肛门等黏膜部位及不能使用碘酊消毒的少数动物（如猫）的皮肤可在彻底去除皮肤上的肥皂后，用1∶1 000的新洁尔灭溶液，0.5%洗必泰醇溶液或0.1%消毒净醇溶液或0.1%高锰酸钾溶液代替碘酊涂擦消毒；眼结膜消毒用2%～4%硼酸溶液洗涤；蹄部手术应在术前用2%煤酚皂温溶液脚浴。

术部隔离 术者和助手抓住有孔手术创巾的四角覆盖在术部，仅在中央露出切口部位，使术部与周围完全隔离，四周用4～8把巾钳固定或结节缝合代替巾钳固定。

2. 手术器材及敷料的消毒灭菌 手术器械、敷料常用的灭菌和消毒法有煮沸灭菌法、高压蒸气灭菌法、化学药品消毒法和火焰烧灼法等（参考实习二）。

3. 手术人员的准备

(1)手、臂的清洁 先用指甲剪将指甲剪短磨平，并剔除甲缘下的污垢，用流水对手、臂冲洗3～5 min，然后用指刷蘸取肥皂，对甲缝、指端进行仔细的擦刷，再按手指、指间、手掌、手背、腕部、前臂、肘部及以上的顺序仔细擦刷。之后用流水将肥皂泡沫冲洗干净。冲洗时手应朝上，使水自手流向肘部。最后用灭菌巾或灭菌纱布按上述顺序把手和手臂擦干。

(2)手、臂的消毒 采用化学药品浸泡消毒法。在两只泡手桶中注入75%的酒精或0.1%的新洁尔灭溶液（或0.1%洗必泰，或0.1%度米芬溶液），使每只桶中液体的深度达到30～40 cm。手术人员将清洗干净的双手同时插入桶中，使药水浸至肘关节以上保持5 min取出，待其自然干燥。如果没有泡手桶，也可用普通脸盆浸泡，但必须不时地用纱布块浸蘸药液擦洗肘关节以下的整个手臂。

(3)手术衣帽的穿戴

穿灭菌手术衣时，将两手伸进手术衣的两个袖孔，两臂上举穿入衣袖中，当衣服滑至肩部时，助手协助拉紧衣服的结系带并进行打结。要注意避免手术衣的任何部分触及未灭菌的物件，特别要注意保护手术衣的两袖及前胸部分。

戴手术帽时，术者两手抓住帽缘上部两侧戴到头上，使帽的前下缘齐眉，并将头发全部遮盖。助手拉紧帽缘的结系绳在脑后打结。

戴灭菌口罩时，术者两手抓住口罩系绳的两游离端，将系绳的另一端套向后颈部，口罩遮盖住口和鼻，然后将绳的游离端交给助手在头后打结。

戴手套有干戴和湿戴两种方法。干戴法：术者先将手部清洁并擦干，并撒上一些灭菌滑石粉再插入手套中，戴好后用灭菌水冲去手套外面的滑石粉。适用于经过高压蒸气灭菌的手套。湿戴法：戴前先在手套内灌进部分灭菌水才容易戴入，戴好后应手指朝上举起双手，使手套内的液体流出。适用于煮沸或化学消毒的手套。

手术衣帽穿戴完毕后，双手不能再与任何未经消毒过的物品接触。所以在手术前，应弯曲两臂，将两手放在胸前或用灭菌纱布掩盖。

(二)手术基本技术

1. 组织切开　组织切开可分为软组织切开和硬组织分割两种。

(1)软组织切开

皮肤切开　因皮肤厚度不同以及皮下组织的性质不同可采取紧张切开和皱襞切开两种。紧张切开适用于坚硬且较厚的皮肤切开，术者左手食指和拇指将皮肤展开固定(也可由助手用双手展开皮肤)，右手执刀在预定切口线的起点垂直刺透皮肤，然后刀柄倾斜，用力均匀地运刀；止刀时将刀刃与皮肤垂直出刀，使皮肤切口内外长度一致(图 3-1)。皱襞切开即助手用手指提起术部皮肤，与预定切口成垂直皱襞，术者执刀使刀刃与皮肤垂直切开皮肤，以避免误伤皮下的大血管、大神经、分泌管和重要组织器官。

肌肉切开　肌肉切开分为锐性切开和钝性分离两种。大多数情况下都用手指或手术刀柄、止血钳沿肌肉纤维钝性分离肌肉。必要时也可用刀刃尽可能沿肌纤维切开肌肉。如肌肉较厚并含有大量腱质时，也可横断切开。

腹膜切开　用镊子或止血钳提起腹膜，以刀或剪切一小口，然后将左手食指和中指或有沟探针插入小口内挑起腹膜，右手执剪刀沿两指之间或有沟探针的槽内剪开腹膜(图 3-2)。

图 3-1　紧张切开进出刀和运刀示意图

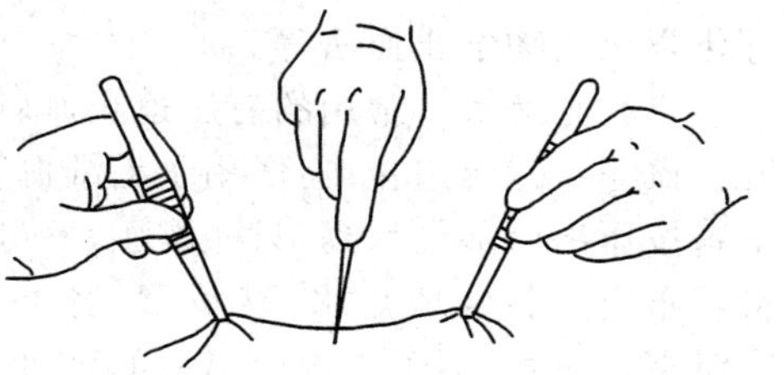

图 3-2　腹膜切开法

肠管切开　通常用两把镊子提起肠壁，用剪刀在肠的纵带上剪一小口后插入剪刀，沿纵带剪开肠壁。

(2)硬组织分割　应先分离骨膜，再分离骨组织。分离骨膜时，先用手术刀以“十”字形或“工”字形切开骨膜，然后用骨膜分离器分离骨膜。分离骨组织时，视需去掉骨的长短、性质而采用不同的器械和方法。头部骨骼的分离常用圆锯锯掉，肋骨可用线锯或骨剪分离，截断牛、羊角时可用骨锯或断角器，蹄部角质可用蹄刀剔刮挖除。在锯断或剪断骨组织时，注意不要损伤骨膜。在骨组织被分离以后，用骨锉将断端锐利部分锉平以免对软组织造成损伤；同时将残留的骨片清除干净，防止引起不良反应和阻碍愈合。

2. 止血　止血包括预防性止血和术中止血两种。

(1)预防性止血　可分为全身预防性止血和局部预防性止血。

全身预防性止血　①输血止血：可提高受术动物血液的凝固性，刺激血管运动中枢反射性地引起血管的痉挛性收缩，减少手术中的出血。一般在手术前 30～60 min，输入同种同型血液，猫、犬 10～100 mL，猪、羊 200～300 mL，牛、马 500～1 000 mL。②注射止血药物：常用止血药物及用法、用量见表 3-1。

表 3-1　常用的止血药物及用法、用量

药　物	给药途径	剂　量		
		猫、犬	猪、羊	牛、马
0.3%凝血质注射液	肌肉注射	1～4 mL	4～8 mL	10～20 mL
维生素 K_3（或维生素 K_1）注射液	肌肉或静脉注射	2～4 mg	2～10 mg	0.1～0.4 g
止血敏注射液	肌肉注射	15～100 mg	0.25～0.5 g	1.25～2.5 g
安络血注射液	肌肉注射	1～2 mL	2～4 mL	10～20 mL
抗血纤溶芳酸	静脉注射	每千克体重 2～4 mg	0.2～0.4 g	1～2 g

说明：除表中标明单位外，均为成年动物每头或每只的 1 次剂量。

局部预防性止血　①肾上腺素：在 500 mL 普鲁卡因溶液中加入 0.1%肾上腺素溶液 1 mL，在手术前注射在切口部位。其收缩血管作用可维持 20 min～2 h，但可能发生二次出血。②止血带：适用于四肢、阴茎和尾部手术。一般在手术部位上 1/3 处用纱布或手术巾衬垫后，再用橡皮管止血带或绳索、纱布条、绷带等以足够的压力（以止血带远端侧的脉搏即将消失为度）缠绕数周固定，保留时间冬季为 40～60 min，其余季节为 2～3 h，如在此时间内未完成手术，可将止血带临时松开 10～30 s，再重新缠扎。松开止血带时，应用多次"松、紧、松、紧"的办法，严禁一次松开。

(2)术中止血　手术过程中的止血方法常用的有机械止血法、电凝止血法、烧烙止血法、局部化学及生物学止血法等。

机械止血法　常用的有压迫止血、钳夹止血、钳夹扭转止血、结扎止血、创内留钳止血、填塞止血等。①压迫止血：多用于毛细血管出血和小的静脉血管出血。用消毒好的纱布或泡沫塑料按压出血部位片刻（只能按压，不可擦拭），出血即可自行停止。为增强压迫止血效果，可将纱布块用温生理盐水、麻黄素、肾上腺素、氯化钙溶液等浸湿后扭干再用来按压出血部。②钳夹止血：常用于小静脉出血的止血。用止血钳的最前端垂直于出血血管并夹住血管的断端，使血管闭合并形成血栓。③钳夹扭转止血：用于小血管出血的止血。用止血钳夹住血管断端，扭转止血钳 1～2 周，轻轻松开止血钳，血管断端则闭合止血。④结扎止血：多用于较大的静脉血管和动脉血管出血的止血。其方法有单纯结扎止血（用止血钳夹住血管断端并将止血钳提起，用丝线绕过止血钳夹住的血管及少量组织后结扎；在结扎打第一结扣时，助手放开止血钳，当结扣收紧时即完全放松止血钳）和贯穿结扎止血（用止血钳夹住出血血管的断端，将结扎线用缝针穿过血管周围的组织进行结扎，注意不要穿透血管）两种。⑤创内留钳止血：适用于大动物去势后继发精索内动脉大出血的止血。用止血钳夹住创伤深部的血管断端，再用绷带固定止血钳的柄环部栓在动物的体躯上，将止血钳留置在创内 24～48 h。⑥填塞止血：适用于深部大血管出血不能找到血管断端，钳夹和结扎止血均难以奏效时的止血。用灭菌纱布紧塞于出血的创腔或解剖腔内，将创腔填满，以便有足够的压力压迫血管断端。填塞止血留置的敷料通常在 12～48 h 后取出。

电凝止血法　多用于浅表的小血管出血或不易结扎的渗出性出血。用止血钳夹住血管断端向上提起，拭去血液，用电凝器与止血钳接触，待局部发烟即可。

烧烙止血法　多用于弥漫性出血、猫犬的瞬膜腺增生物摘出术、羔羊断尾术和其他摘除手术后的止血。使用烧烙止血时，将电阻丝或烙铁烧成微红色，在出血处稍加按压后就迅速移开。

局部化学及生物学止血法　常用的方法有①止血明胶海绵止血法：多用于一般止血方法难以奏效的创面出血以及实质器官、骨松质、海绵质的出血。将明胶海绵铺在出血面上或填塞在出血伤口中即可。如对伤口再进行缝合，止血效果将会更好。②活组织填塞止血法：适用于实质器官出血的止血，如肝脏损伤出血。常用动物自体组织如网膜、腹膜、筋膜等填塞于出血部位或牢固的缝在损伤的肝脏上以达到止血目的。③骨蜡止血法：多用于骨手术和断角术。将市售骨蜡涂在渗血的部位，使其阻止血液渗出。④肾上腺素及麻黄素止血法等。

3. 打结　外科手术中最常用的是方结，也叫平结，此结稳妥确实，可靠。其次是外科结和三叠结，在缝合张力较大的组织时使用。常用手术结见图 3-3。

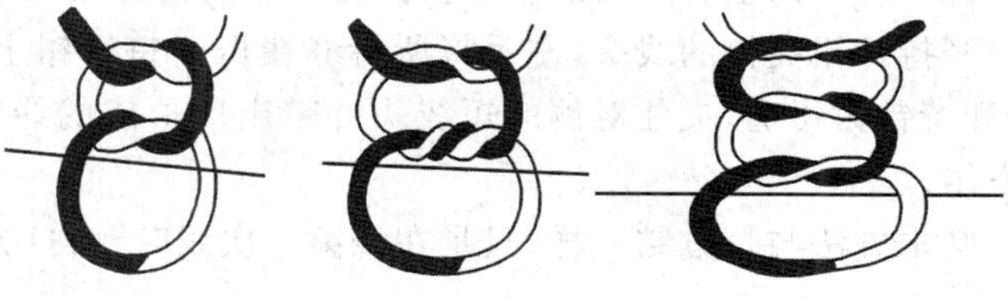

图 3-3　常用手术结示意图

(1)徒手打结

双手打方结　多用于结节缝合时的打结。先用右手握住创缘左边的缝线，再用左手握住创缘右边的缝线，使两线交叉，右手线在下，左手线在上；用左手拇指、中指无名指和小指握住线头，伸出左食指，勾住右手所握的缝线并挑起左手缝线，伸直左中指，与左食指一起夹住该缝线，松开拇指、无名指和小指，左中指和食指将夹住的缝线线头拉出，用左手握住，两手与结呈一直线分别拉向左右两边即成一单结。再放松缝线，伸出右手食指，挑起右手所持缝线，搭于左手缝线之上，屈曲右手食指勾住左手缝线，并挑起右手缝线用右手食指和中指夹住拉出，再用右手握住，两手交叉，左手在上，右手在下，把结拉紧即成为一方结。

双手打外科结　左手掌心向外，用拇指和食指抓住创缘右边线头，其余三指伸直，翻手使掌心向下，让缝线从手掌中通过，再翻手使掌心向内，此时缝线从左手折转通过掌心夹持于左手拇、食指中，右手握住创缘左边缝线，压于左手食指和中指间使两线成十字交叉，屈曲左手中指，压住经过中指边的右手缝线，并挑起左手缝线后伸直，与无名指一起夹住该线，再伸出右手食指勾住已形成的线环并挑起右手缝线，夹于右手食指和中指之间，除左手中指与无名指和右手食指与中指分别夹住缝线外，其余各指全部松开，拉出缝线后，两手分别握住缝线再拉向两侧，外科结的第一道结即已完成，第二道结用打方结的方式完成。

双手打三叠结　方法同双手打方结一样，在方结形成后，再重复一次第一道结的做法即成为三叠结。

左手打方结　是手术中最普遍的打结法。既可用于连续缝合，也可用于结节缝合。左手掌心向外，用拇指和食指抓住创缘右边的线头，其余三指伸直，翻手使掌心向内，此时缝线通过掌心夹持于左手拇、食指之间，右手握创缘左侧缝线从左手食指与中指之间压于左手缝线之上，使两线成十字交叉，屈曲左手中指，压住经过中指边的右手缝线，并挑起左手缝线后伸直，与无名指一起夹住该线，松开食指与拇指握住的线头，由中指和无名指将线头拉出，两手食指分别压住各自缝线拉直即成一单结。然后两手向中靠近，左手伸出食指，挑起左手握持的缝线压于右手握的缝线上，使两线成十字交叉，屈曲左手食指关节，压住右手缝线并挑起左手缝线，随即松开左手其余四指，用左食指和中指夹住缝线拉出线头，握于左手中，右手在上，左手在下，两手交叉，两食指压线，把缝线分别向左右两侧拉紧即成。

右手打方结　方法与左手打方结一样，只需把左手变成右手就行了。

(2)器械打结　可用持针钳或止血钳等进行操作。

器械打方结　左手持带有缝线的缝针，右手握持针钳(或止血钳)，将钳的头端置于缝线的上方，并将缝线在钳头上绕一圈，张开持针钳嘴，夹住对侧缝线的游离端，从刚才形成的线圈中抽出，左手持带有缝线的缝针，向上、向外拉，右手持夹持线头的持针钳向下、向内拉，拉紧即成第一个单结。然后松开持针钳夹持的线头，左手将所持缝线压于持针钳上方并向下在持针钳头上绕一圈，右手张开持针钳钳嘴，夹住对侧的短线头并带出所形成的线圈外，与左手相对拉紧线结即形成一个方结。

器械打外科结　基本方法与打方结一样，只是在绕第一次线时，由打方结的绕一次变成绕两次。

4. 缝合　缝合可分为间断缝合和连续缝合两大类。

(1)间断缝合

结节缝合法　在距切口两侧 3～5 mm 处以垂直方向入针和出针，每隔 5～10 mm(根据动物大小及皮肤厚度而定)缝一针。可将整个切口全部缝完后再打结，亦可缝一针打一个结。结应打在创口的同侧，每打完一个结，即在距结头 2～3 mm 处，将多余的缝线剪掉。此法是最基本的缝合法，常用于缝合皮肤和肌膜等(图 3-4)。若缝合的切口过长，可在切口正中央先缝一针定位，再依上法缝合其余各处。

减张缝合法　其目的在于防止结节缝合线拉裂创缘组织。缝合时先做减张缝合，即按结节缝合方法，在距创缘 2～4 cm 处进、出针，以减轻创缘的紧张性。然后在减张缝合间增加数针结节缝合(图 3-5)。对于张力很大的创口，减张缝合时用较粗的双线贯穿组织，在穿出口处形成一线套，而在刺入处则是两个线端，在线套和线端内分别放以粗细适度的消毒纱布卷或橡皮管作为圆枕，创口呲裂越大，纱布卷和针的进出点与创缘的距离也越大。在闭合时，由助手压挤创口两侧，让创缘靠近，术者抽紧缝线打结，即成为圆枕减张缝合(图 3-6)。

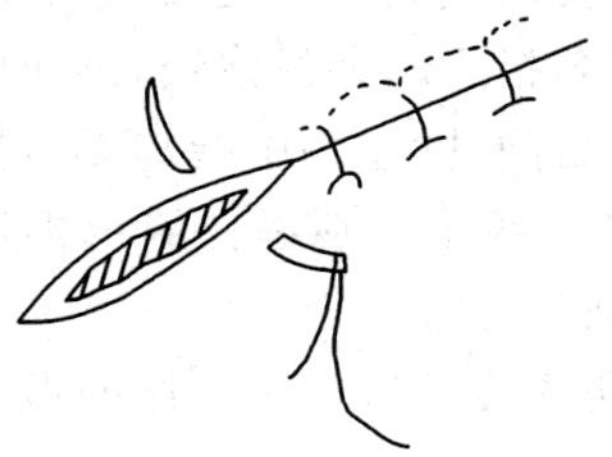

图 3-4　结节缝合法

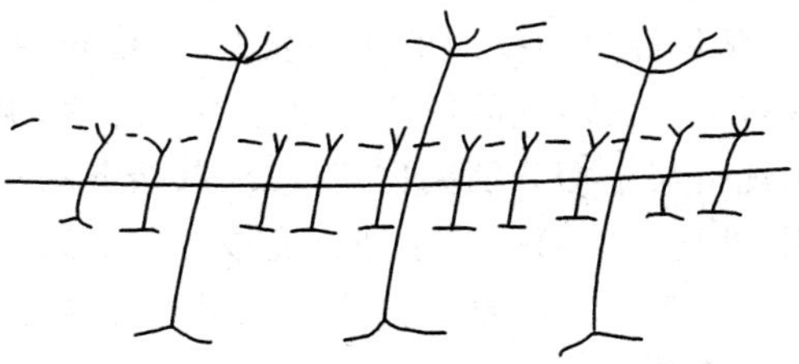

图 3-5　结节减张缝合法

结节内翻缝合法　又叫间断内翻缝合法，此法类似结节缝合，不过每一针均需从切口的一侧距创缘较远的部位刺入，在同侧距创缘较近处穿出，越过创口，在切口对侧距创缘较近处刺入，再于距创缘较远处穿出，然后打结。本法适用于胃肠或子宫等腔性器官切口的第二次缝合(图 3-7)。

水平纽孔状缝合法　先在切口一侧的适当距离处进针，穿过创底，在切口的另一侧穿出，

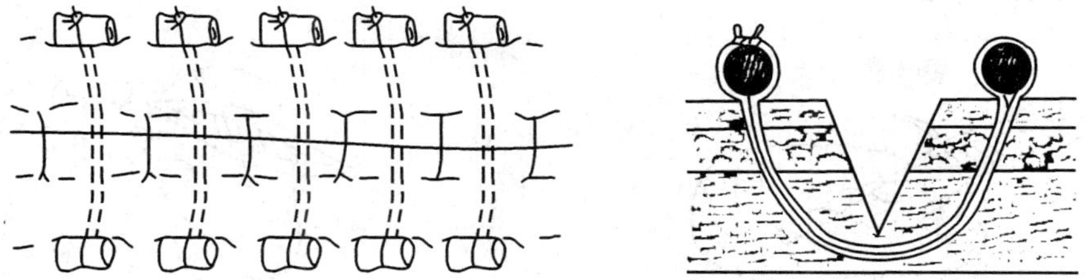

图 3-6 圆枕减张缝合法

并在同侧刺入，再穿过创底，回到第一针进针侧，与原留线头进行打结，使切口两侧的缝线与切口平行(图 3-8)。如在此缝合法两侧针孔处各加置一个纽扣就成为纽扣缝合法。

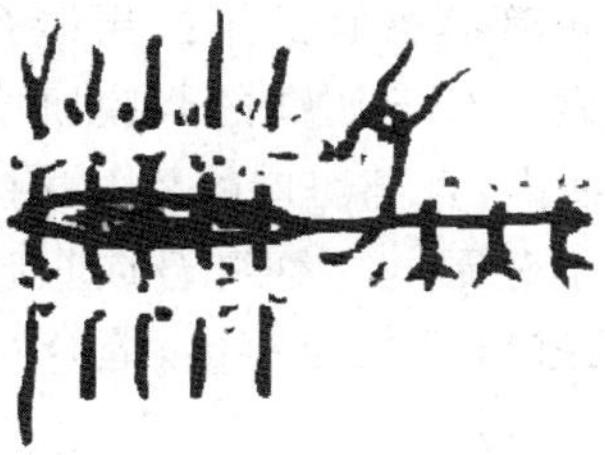

图 3-7 结节内翻缝合法

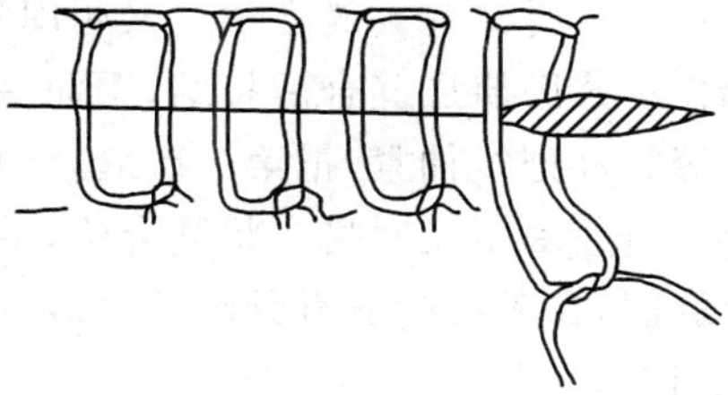

图 3-8 水平纽孔状缝合法

垂直纽孔状缝合法 在创缘一侧刺入后，不穿过创口，只在同侧的另一处穿出，再越过创口，在对侧相对处刺入一段距离后穿出，与原刺入点的线头打结，使留在创口外的缝线与切口垂直(图 3-9)。

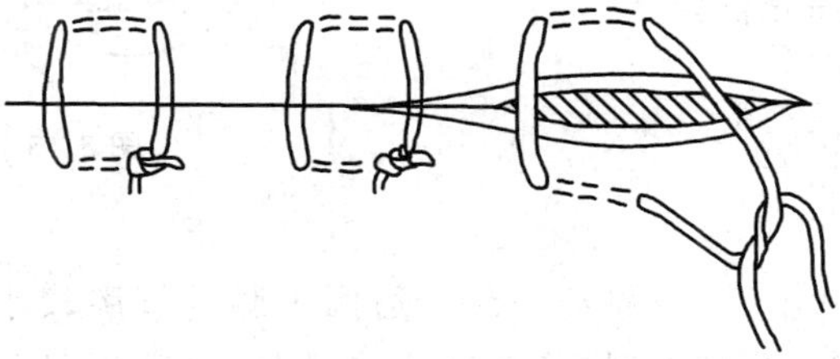

图 3-9 垂直纽孔状缝合法

(2)连续缝合

螺旋缝合法 多用于管腔器官、腹膜、肌肉等的缝合。先在切口的一端缝一针并进行打结，然后连续地使每一针都与切口垂直，并斜行地由切口一侧穿入，从对侧穿出，以螺旋的形式将切口完全缝合，并适当拉紧，缝最后一针时，将缝线游离端的线头留长一些，以便与带针的缝线打结(图 3-10)。

锁边缝合法 与螺旋形缝合基本相似。先在切口的一端缝一针并打一方结，然后以锁衣服纽孔的缝合形式缝合整个切口，每一针都应将缝线进行交扭，并用镊子调整，使每针缝线适当拉紧,交扭之线均位于切口的一侧(图 3-11)。

图 3-10　螺旋缝合法

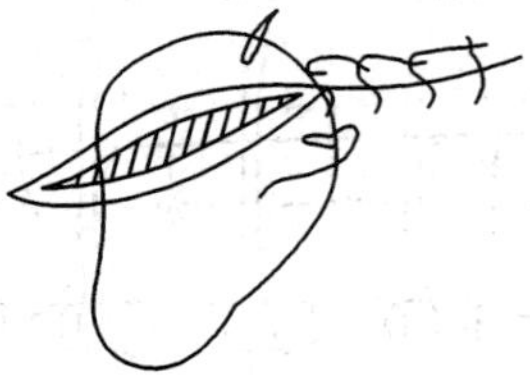

图 3-11　锁边缝合法

垂直褥式内翻缝合法　又叫伦勃特氏缝合法,缝合方法与结节内翻缝合法相似,所不同的是只需在缝合第一针时打一结,缝完后再打结,中途不再剪断缝线打结。

连续水平褥式内翻缝合法　又叫库兴氏缝合法,多用于管腔器官的第二层缝合。先于切口一端作一浆膜肌层缝合后打结,用同一缝线在切口两侧做平行于切口的浆膜肌层的连续缝合。每缝一针把线抽紧,把第一次缝合的缝线和组织包埋在内,直至切口的另一端(图 3-12)。

荷包缝合法　又叫袋口状缝合法,主要用于胃肠壁上小范围的内翻缝合或直肠脱出整复后固定肛门,在距肛门或胃肠破孔边缘 3～10 mm,沿周围进行穿入与穿出,缝合一周拉紧打结(图 3-13)。

图 3-12　库兴氏缝合法

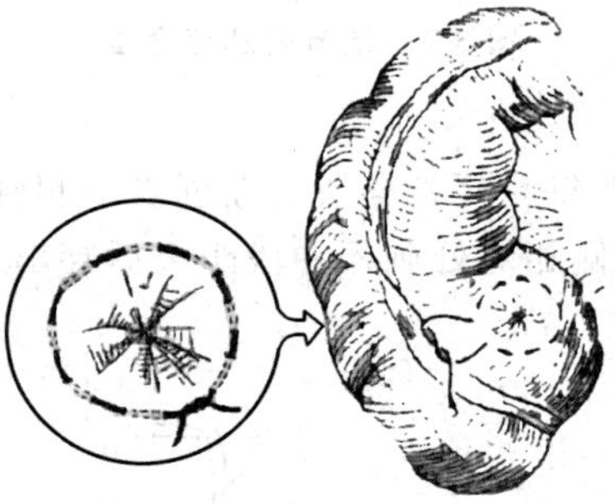

图 3-13　荷包缝合法

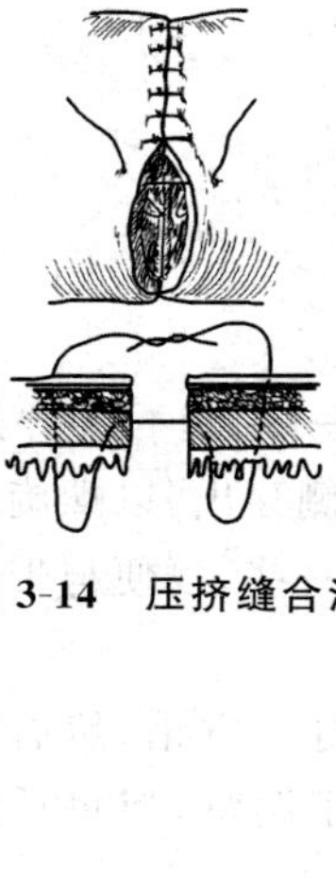

图 3-14　压挤缝合法

压挤缝合法　适用于肠管管腔较小的肠吻合术。只需做单层缝合时,将缝针从浆膜刺入,穿过肌层、黏膜下层和黏膜层,在距创缘 5～6 mm 处进入肠腔,在肠腔内距创缘 4 mm 左右再刺入黏膜到黏膜下层,越过切口转向对侧,从黏膜下层刺入黏膜层,在距创缘 4 mm 左右处进入肠腔。在同侧距创缘 5～6 mm 处刺入黏膜层,穿过黏膜下层、肌层到浆膜穿出肠表面,拉紧两侧缝线打结,使肠管浆膜、肌层对接,黏膜、黏膜下层相互压挤内翻(图 3-14)。

四、分析讨论

1.手术基本操作技能是所有手术的基础。在兽医外科临床中,手术能否顺利完成,在一定意义上取决于手术人员对手术基本操作的熟练程度。

2.切开、止血、缝合和打结以及术前的准备工作是外科手术的基本环节,必须熟练掌握。手术基本操作技术的掌握程度,直接影响到手术进程和手术质量,也直接关系到动物生命。所以,手术人员对术前准备、切开、止血、缝合、打结等技能必须熟练掌握,以便手术时能得心应手,缩短手术时间,保证手术质量,挽救动物的生命。

3.组织切开时必须注意切口位置和切口的长度。组织切开是为了有效治疗动物疾病而采取的一种组织破坏,为便于显露病变组织和组织愈合,切口部位应尽可能靠近病变组织,切口长度既不能太长,也不能过短,应最大限度地暴露病变组织,又尽可能地减少组织损伤,保证手术的顺利进行。

(赖勤农)

实习四　尸体剖检技术

一、实 习 目 的

掌握动物尸体剖检的方法及注意事项；掌握病料的采取、保存及送检的基本要求及注意事项。

二、实 习 材 料

1. 动物　患病动物或动物尸体。

2. 器材及药品　手术帽、口罩、手套、胶靴、剥皮刀、检查刀、手术剪、肠剪、板锯、斧头；载玻片、酒精灯、铂金耳（接种针）、方盘、来苏儿（或新洁尔灭）、生石灰、铁铲；95%酒精、5%～10%甲醛溶液等。

三、实 习 内 容

（一）尸体剖检的准备

1. 选择剖检地点　尸体剖检最好在有一定设备的病理解剖室进行，如在野外，可选择地势较高、干燥且远离公路和水源、人和动物都较少经过的僻静之处进行，以防止由于尸体剖检而引起的疫病传播。

2. 准备好剖检用具　尸体剖检可用专门的病理剖检器械进行。如果条件不允许时，可用一把剥皮刀、一把检查刀和一把剪刀进行剖检。如需采集病料或作微生物检查，则应准备载玻片、酒精灯、接种用具和5%～10%甲醛溶液或95%的酒精等固定液。

3. 剖检人员及动物的准备　剖检人员可根据条件穿戴好口罩、手术帽、手套、工作服和胶靴。对动物尸体用2%来苏儿溶液体表消毒后才能剖解。对疑为炭疽病等烈性传染病引起死亡的动物，应严禁随意剖检。

（二）动物尸体剖检方法

1. 马属动物的尸体剖检　除了外部视检以外，应按照下列剖检程序进行剖解。

(1)剥皮与皮下检查　尸体取仰卧位，沿体躯腹侧正中线与四肢内侧分别作纵行切口，再从四肢末端系部作一环形皮肤切口，最后剥离皮肤。切断肩胛骨周围的肌肉，取下前肢，再切断髋关节周围的肌肉和韧带后取下后肢，依次检查皮下淋巴结、脂肪、血液、动静脉和结缔组织等有无病变和异常。

(2)打开腹腔，摘除、检查腹腔器官　将已剥皮的尸体取右侧卧位，在左腹部肷窝处下刀，沿肋骨弓后缘至剑状软骨处切开腹壁肌肉，再将髂骨外角至耻骨联合处的肌肉切开，使切开的腹壁肌肉成一楔形（如果腹腔含气膨胀，可先在肷部穿一孔放出腹腔内气体，再将食指和中指插入孔中挑起腹壁肌肉，将刀插入两指之间，刀刃向上依次切开腹壁肌肉）。然后将楔形的尖端拉向腹底并铺在剥下的皮肤上，以暴露腹腔器官。在此过程中，注意观察腹腔内腹水含量、气味、颜色和肠管表面有无病变，位置有无变化等。把大结肠和盲肠拉出腹腔外，呈八字形放置在切下的楔形腹壁肌肉上，并依次拉出小肠放在大肠的后侧方，拉出小结肠放在腹腔背侧散开。在直肠末端、十二指肠—小结肠韧带处的小结肠前端、十二指肠部和回肠末端入盲肠处等4处分别进行双重结扎，再切断这些肠管和系膜。摘除空肠、回肠和小结肠后，将大结肠和盲肠周围的韧带和血管剥离，把剥离的韧带和血管连同十二指肠断端一并交给助手拉紧，解剖者用左手握住小结肠及回肠断端牵拉，右手仔细剥离大结肠及盲肠上方与胰和腹腔顶壁的结缔组织连接处，缓缓摘除大结肠和盲肠。在摘除大结肠和盲肠之后，左手握住脾头，切断脾肾韧带和脾胃韧带，将脾脏和大网膜一起拉出。再切断胃膈韧带和胃肝韧带及肝与十二指肠相连的韧带后，再用左手抓住膈肌食道孔后的食道，用刀贴近膈肌切断食道，顺势将胃和十二指肠取出。然后分别切断肝与膈和肾的韧带以及后腔静脉取出肝脏。分离肾周围组织切断肾门血管和输尿管将肾和肾上腺取出。最后切断膀胱及母马生殖器官周围的结缔组织，取出盆腔器官。在摘除腹腔和盆腔器官的同时，应注意检查各组织器官有无病理变化。

(3)打开胸腔，摘除和检查胸腔器官　用刀尖在第五至第六肋间穿透胸壁放气后，把横膈膜沿季肋部切下，用锯子逐条锯断每条肋骨或逐一分离每条肋骨与周围的联系后取下肋骨，打开胸腔，把心脏、肺脏及其周围的包膜、食道、气管、血管和神经等全部切断取出并进行检查 。

(4)口腔及颈部的器官摘除　以锋利的尖刀紧靠下颌骨内侧刺入口腔，紧贴骨面切断所有附着在下颌骨上的肌肉，在下颌骨角，切断舌骨大枝与中枝间的联结部，将左手从切口伸入口腔，抓住舌体向外牵引，同时右手用刀及时切断与喉、气管、食道相连的软骨、结缔组织和肌肉，将口腔器官连同气管、食道一起取下。

(5)剖开颅腔，摘除脑组织　分离头颈后，将头平放在解剖台上，去掉头顶部的皮肤和肌肉，沿两侧额骨颧突后缘做两条平行横锯线，再经枕骨大孔沿颅顶两侧，经颞骨鳞状部做左右两条弧形锯线，使其与先做的横锯线的外端相接。锯骨线时应注意不要伤及脑组织，如果部分骨组织未完全锯断，可用骨凿细心分离，除去颅骨露出大脑，并小心分离脑与周围的联系，取出大脑。

(6)鼻腔的切开和检查　用锯沿头骨正中线旁边将头骨锯成两半(注意不要伤及鼻中隔)，检查鼻中隔和鼻腔黏膜有无丘疹、溃疡、斑痕，检查鼻甲骨是否完整，有无萎缩等。

(7)摘除脊髓　将胸椎的肋骨去掉，用锯把脊椎锯成数个小段，用肋骨插入椎孔，推出脊髓。

对摘出的内脏器官，要根据由表及里的原则进行全面检查。除在摘出时仔细观察各组织器官的大小、形状、重量、质地和表面的变化外，还应切开组织或器官，检查内部的变化。

2.牛羊的尸体剖检　剖检方法与马基本相同。但尸体应取左侧卧位，打开腹腔和摘出肠管。打开腹腔后，先切除网膜，在十二指肠接近幽门处和十二指肠乙状弯曲的后边分别进行结扎，并在这两个结扎处分别切断。然后切除瘤胃与周围的联系，结扎并切断食道，将瘤胃、网胃、瓣胃、皱胃和脾脏一起摘出。再将肝脏和十二指肠的切断部分与胰腺一起摘出。在骨盆入口处结扎并切断直肠，将大小肠一并摘出。其他器官的摘出方法与马相同。

3.猪的尸体剖检　剖检方法大致与马相同。但不剥皮，而且要特别重视外部检查和下颌淋巴结及周围组织的检查。

在摘出猪的内脏器官时，尸体应取仰卧位。在颈胸腹部正中切开皮肤，打开腹腔，用刀切开耻骨联合，暴露骨盆腔；用刀或骨剪切断两侧肋骨与肋软骨的连接，分离肋骨与膈肌等软组织的联系，除去胸骨，暴露胸腔器官。在胸腔打开后，左手抓住食道和气管，自猪体前部拉向猪体后部，边牵拉边用右手执刀割断脏器与体壁之间的联系，一次性将所有器官全部摘出。

4. 家禽的尸体剖检

(1)剖检前的检查和处理　在剖开体腔以前，应对家禽尸体的体表进行仔细检查。即用手触摸胸骨两侧的肌肉以判断死禽的营养状况；检查冠、肉髯有无出血、丘疹和溃烂；检查天然孔有无异常分泌物、阻塞和肿胀；以手挤压鼻孔，看有无液体流出；检查泄殖孔的黏膜、内容物有无变化及周围羽毛是否被粪便污染；观察腹壁及嗉囊皮肤的颜色，注意是否发生腐败变化等。外部检查完毕后，用水浸湿羽毛，以防止羽毛在解剖时随风飞扬，影响解剖和观察。

(2)剖检方法　禽类尸体取仰卧位放在解剖台上；用刀切开两腿股内侧的皮肤，将两边股骨向外压迫，致使股关节发生脱臼；再用同样的方法使两侧肩关节脱臼，使尸体平放在解剖台上。

用刀自喙尖沿颈部至嗉囊切开皮肤，再沿胸骨至泄殖孔切开胸腹部皮肤，用手从切口将皮肤向两边剥离，观察皮下有无出血、水肿、变性和坏死等变化。

皮下检查完毕后，用刀自胸骨的尖端向泄殖腔纵切开腹壁肌肉，用剪刀沿肋骨两侧剪开体腔，再用尖刀自肋骨中点，自后向前剪开肋骨、乌喙骨和锁骨，细心剪断胸骨与肝脏和心脏相连的韧带，除去胸骨。检查体腔内各组织器官的位置、腹膜以及器官的外观变化，并注意观察雌禽腹腔内有无融解卵和半熟的卵黄。然后用尖刀剪断腺胃与嗉囊的连接，左手提起腺胃断端向后拉，右手执剪依次剪去各器官与体壁的联系，将除肺、肾以外的体腔器官一并摘出。由于禽的肺陷于肋间间隙，肾脏嵌入腰荐骨的凹下部，不能连同其他器官一起采出，因此可在其他器官摘除后，以外科刀柄分别剥离后采出。颈部器官的剖开，用尖剪插入禽口腔中，顺喙角将下颌骨及食道、嗉囊剪开，再将剪刀插入喉头向下剪开气管。观察口腔、食道、嗉囊、气管黏膜的变化及嗉囊内容物的性状。

最后将头部皮肤剥离，沿头顶骨缝把头切成两半，用刀柄分别取出脑的两半球。

(三)病变的描述

在记录观察到的病理变化时，要客观描叙病变的大小、色泽、硬度等。

1. 病变的大小　用实物来形容病变大小和形状。表示圆形体病变可用粟粒大、豌豆大、铜钱大、乒乓球大、拳头大、篮球大等；表示椭圆形病变可用小豆大、扁豆大、蚕豆大、鸡蛋大等；表示面积可用实物表示，也可用尺子度量后准确记录，如圆形面积可用 1 分(2 分、5 分)硬币大、手掌大等表示，也可用直径长度单位(cm，mm)表示。在用实物大小描述面积时，应在其后描述该病变的形状如圆形、椭圆形、近长方形、三角形等；形容出血点的大小，常用针尖大、针头大来描述，以使阅读者一目了然。

2. 病变的色泽　描述病变的颜色时，如颜色混杂交错，常用大理石样、槟榔样和斑纹样等来比拟。如呈混合色，则应分清主色和次色，一般次色在前，主色在后，如紫红色、黄绿色、黄白色等。腹水如呈淡红色可描述为葡萄酒样，出血的肠内容物可形容为红豆汤样。

3. 病变的硬度　描述组织器官的硬度时，常用坚硬、坚实、柔软、脆弱等来形容，有时也用致密、疏松等来形容。形容组织弹性时，常用橡皮样、面团样等来描述。

(四)尸体剖检的病理诊断

通过尸体剖检对已死动物各个组织器官的病理变化以及各种病理变化之间的相互关系进行认真的分析和加以综合的判断，确定各个组织器官的病症，并进一步提出死亡动物生前所患的主要疾病及致死原因的过程称为病理诊断。因此，在尸体剖检过程中，不仅要仔细的观察各个组织器官的病理变化，而且要客观准确的如实记录，防止主观臆断，出现误诊。在全面收集完整的剖检资料后，再结合生前的临床表现进行全面分析，加以综合判断，以得出最准确的诊断。如通过严密的分析，仍难以得出确诊时，可采取病料作进一步的病理组织学、微生物学、毒物化验等检查，最后根据这些检验结果进行分析，做出综合诊断。

(五)尸体剖检的注意事项

1.掌握解剖时间　动物死亡后，为避免体内的病变因微生物和机体的发酵而发生改变，应尽快进行剖检。一般要求动物死亡后冬天应在 24 h 之内，夏天在 12 h 内进行解剖。

2.尸体剖检后的处理　动物因病死亡后的尸体不能食用，应进行深埋、焚烧或工业炼油等。剖检用过的污水、污物和病变器官组织液可经消毒后深埋或发酵处理。深埋动物尸体或污物、组织器官等时，应在剖检前挖好 2 m 深的土坑，剖检后立即将尸体、污物、干草和污染的表土等放入坑中，撒上生石灰，或 10%石灰乳，或 3%～5%来苏儿，或 5%氢氧化钠再用土掩盖并夯实，以防止狼、犬等动物偷食。埋好后，再对埋尸的地方进行消毒。

剖检完毕后，应用 0.1%新洁尔灭溶液或 2%的来苏儿溶液清洗和消毒手指后再用清水冲洗。衣物可以煮沸或蒸汽消毒；地面先用水洗，再撒上生石灰或用臭药水消毒；剖检器械用具先用水清洗干净，再煮沸消毒或浸入来苏儿溶液中消毒后彻底擦干，涂上凡士林以防生锈。

3.认真填写病理剖检报告书　在剖检时，应该对尸体的病理变化边剖检边记录。如确因人手不足，可以在剖检结束后迅速追记。记录应如实反应病理变化的本质，避免主观臆断。记录的文字要准确、精练和通俗，并要符合剖检程序，重要病变要详细记录，次要者可简略。剖检后应对记录加以整理，提出主要病理诊断，填写病理剖检报告书。

(六)病料的采取、保存及送检

1.病料的采取

(1)病料采取注意事项　为确保诊断结果的准确性，采取的病料应尽可能新鲜。因此，采取病料的最佳时间，应在动物扑杀后或在死后立即进行，以免尸体发生腐败。为防止某些烈性传染病的扩散，在剖检采取病料前，应对发病情况和临床症状进行仔细分析，如疑为炭疽病时，应严禁剖检，先采取少量血液或皮下浮肿液等进行涂片检查，并对采取病料后的伤口进行烧烙处理，在排除炭疽病后方可进行剖检采取病料。为防止空气中的微生物污染病料，在剖检前最好用消毒药对空气进行喷雾消毒，并用消毒药水(2%～3%来苏儿溶液)清洗尸体皮肤。采取病料所用的器械及容器应按常规进行消毒处理。

(2)病料采取方法　由于所采病料组织的不同以及检查目的的差异，所用的器械、用具、采取方法也有很大的差异。

用于微生物检查的病料　采取病料时，要求所用器材和采集过程不受污染，因此，对容器和刀剪、注射器和镊子等用具根据条件进行高压灭菌、干热灭菌或煮沸消毒，或临用时用火焰烧灼灭菌。

采取病料的种类应根据疾病种类而定，对急性败血性疾病，可采取心血、脾脏、肝脏和淋巴结等;其他慢性或局部性病变,主要采取病变部分材料。采取活体动物的脓汁、鼻液和阴道分泌物常用消毒棉签蘸取;采取未破溃脓肿的脓汁可直接用注射器抽取脓汁或切开脓肿后用注射器吸取,将采取的液体病料放入灭菌容器内。采取粪便时,应选取刚排出的新鲜粪便并除去表层,挑取深层未受污染的粪便 2～10 g 放入灭菌瓶中。采取乳汁,应先将乳房清洗干净,用消毒药水消毒后,挤出最初部分乳汁弃去,再将乳汁直接挤入灭菌瓶内。采取死亡动物的病料时,先用 2%～3%来苏儿溶液作体表消毒后,打开体腔,对被污染的器官,用火焰或烧红的刀片在器官表面烧灼约半秒钟,再用灭菌刀剪去除表面烧灼过的部分,从深层采取病料。实质器官病料应选择具有典型病变的部位,连同一部分正常组织一同切下,放入预先消毒好的容器内。

用于显微镜直接检查的病料 可无菌操作直接制成涂片、组织触片或压片。涂片、压片等玻片材料干燥后,使两涂面彼此相对,在两玻片之间用火柴棍等隔开后以线缠住,用纸包裹。每份病料制片,应不少于 2 张。

供病理组织学检查的病料 对病情不明的尸体采样,应全面系统地采取,分开固定,贴上标签。采取病料的工具如刀剪要锐利,切割要迅速而准确,严禁采用拉锯似的切割方法,亦不能挤压病料。采取病料时应将病变组织及其附近眼观正常的部分组织一同切下,而且应保持器官的重要结构部分,如肾脏应有皮质、髓质和肾盂等;肝脏、脾脏和肺脏等应有被膜。采取的胃、肠等有黏膜组织的器官,应将浆膜表面贴于硬纸板上,既不挤压,也不用水冲洗,以避免其微细结构的改变。采集的病料以 2～3 cm 为宜,不宜过大过厚。每个病料附上铅笔写好并经过油浸的标签后,分别用纱布包好,立即放入 10%甲醛溶液或 95%酒精中固定。

用于血液学检验的病料 血样采集必须无菌操作(见实习十三)。

用于中毒检验的病料 见实习十五。

2. *病料的保存* 无论液体病料还是固体病料,如果短时间内(夏季 20 h,冬季 2 d)不能进行检验或送检的,均应进行合理保存,以防止病料发生变化影响诊断。

(1)用于组织学检验的材料 投入 10%甲醛溶液或 95%酒精中固定的病理材料,在固定 24～48 h 后取出,用浸渍固定液的脱脂棉包裹,装入广口瓶或塑料内,再将袋口或瓶口密封保存。

(2)用于细菌学检验的病料 如病料为组织块,则保存于饱和盐水或 50%甘油生理盐水中,容器加塞封固;如系液体病料,则将盛液体的容器密封后放进有冰块的保温瓶或冰箱中保存。

(3)用于病毒检验的病料 将采取的病料块放进鸡蛋生理盐水中,容器加塞密封保存。鸡蛋生理盐水的配制:先将新鲜鸡蛋表面消毒,然后打破,将蛋清、蛋黄倒进灭菌容器内,按 9∶1 的比例加入生理盐水,充分摇匀后用灭菌纱布过滤加热至 56～58℃,持续 30 min,第二天及第三天按相同方法各加热一次,即可使用。

3. *病料的运送* 病料运送之前,应在盛装病料的容器上编号,注明病料名称、保存方法、采取日期及地点,附上送检单、病历表和剖检记录等,提出检验目的和要求。病料采取后应尽快送检,并保证病料不污染、不腐败,包装要坚固,不易破碎。供微生物检查的病料,为防止因送检时间过长而造成微生物死亡,可将病料接种实验动物体内后送检。

四、分析讨论

1. 动物尸体剖检是疾病诊断的重要手段，尸体剖检技术是建立在诊断学、病理学、微生物学等学科基础上的一项重要技术，是众多相关学科的综合运用。

2. 在进行尸体剖检时，应按照先外后内的程序仔细检查，以获得全面系统的病理资料。外部检查包括动物的一般变化（如动物种类、品种、性别、毛色、年龄、特征、营养状况等），皮肤，黏膜以及天然孔等。外部检查对分析死亡时间、原因和性质都具有一定的价值。

3. 采取病料要具有代表性。不同的疾病，需要不同的实验室检查方法，所需的病料也不相同。所以，应针对不同的检验目的，全面采集具有代表性的病料，及时保存和送检，在获得相关的化验资料后，再结合临床和尸体剖检资料进行详细分析，才能获得准确的诊断。

（赖勤农）

实习五　动物接近与保定技术

一、实 习 目 的

掌握接近和保定动物的常用方法和注意事项，确保临床诊疗过程中人和动物的安全。

二、实 习 材 料

1. 动物　牛、羊、猪、马、犬、猫、兔等。

2. 器材及药品　保定绳；保定器械(牛鼻钳、鼻捻子、嘴套、耳夹子、保定架等)；化学保定药物。

三、实 习 内 容

(一)接近动物的方法

接近动物的场地应尽量在原饲养厩舍、畜栏、运动场。需要在其他场合进行时，应选择明亮、宽敞、安静的环境，人员数量亦应限制。检查者应先向动物主人或饲养员了解被接近动物的习性和有无恶癖；应熟悉各种动物的习性，特别是异常表现(如马竖耳、瞪眼；牛低头凝视、喷气；犬、猫龇牙咧嘴、伏地吠叫)等，以便及时躲避或采取相应措施。

在接近动物时，应请动物主人或饲养员协助工作。检查者应先发出接近信号，然后从动物的前方徐徐绕至前侧方视线范围内，再一面观察其反应一面接近。单眼瞎动物应从健眼侧接近，双眼瞎动物在接近过程中更须加倍注意动物的异常反应。

接近动物后，检查者用手掌或其他软物轻轻抚摸动物的被毛和皮肤(如马牛的额部、颈侧、肩部；猪下腹部；犬猫头顶、背部)。同时密切观察其反应，待动物安静后方可进行保定或诊治活动。

(二)常用的绳结法

1. 单活结　一手持绳在另一手上绕一周，然后用被绳缠绕的手握住绳的另一端并经绳环处拉出即成(图 5-1)。

2. 双活结　两手握绳，左手掌向上，右手掌向下，两手同时右转至两手相对为止，此时绳子形成两个圈。再使两绳圈并拢，左手圈通过右手圈，然后两手分别向相反方向拉绳，于是形成两个圈套即可(图 5-2)。

3. 拴马结　左手握持缰绳的游离端，右手握持缰绳绕过木桩，再在左手上绕成一个圈套。将左手的小圈套从大圈套内向上向后拉出，同时换右手拉缰绳的游离端，把游离端做成小套穿入左手所拉的小圈内，然后抽出左手，拉紧缰绳的近端即成(图 5-3)。

4. 猪蹄结　一种方法是将绳端套于柱上后，再套 1 圈，使两绳端压于圈的里边，一端向左，

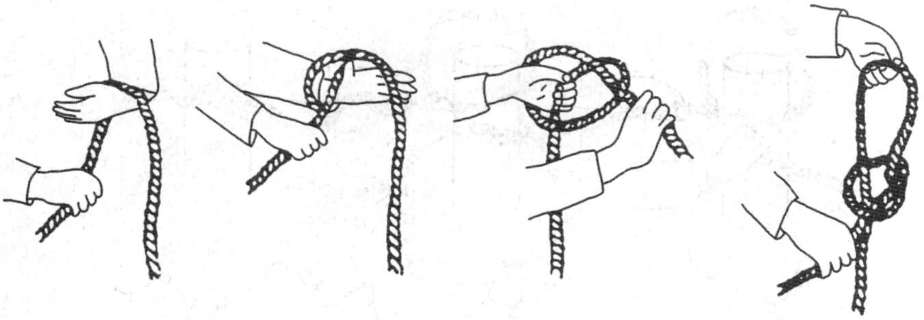

图 5-1 单活结

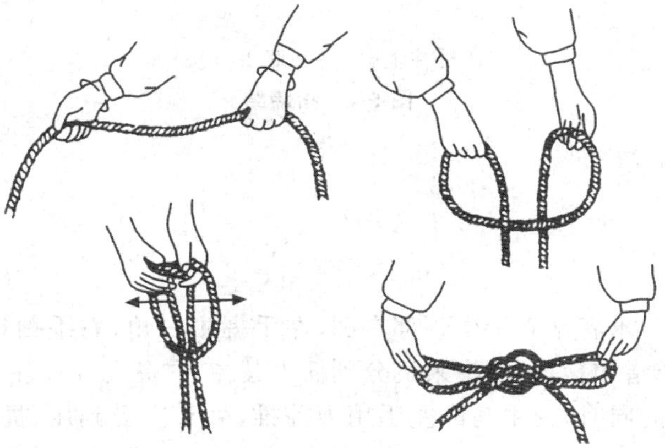

图 5-2 双活结

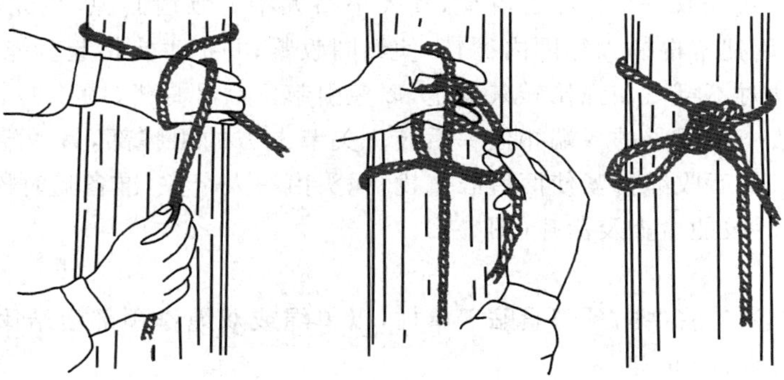

图 5-3 拴马结

一端向右(图 5-4-1);另一种方法是两手交叉握绳,各向原来手的方向移动,最后两手一转即成(图 5-4-2)。

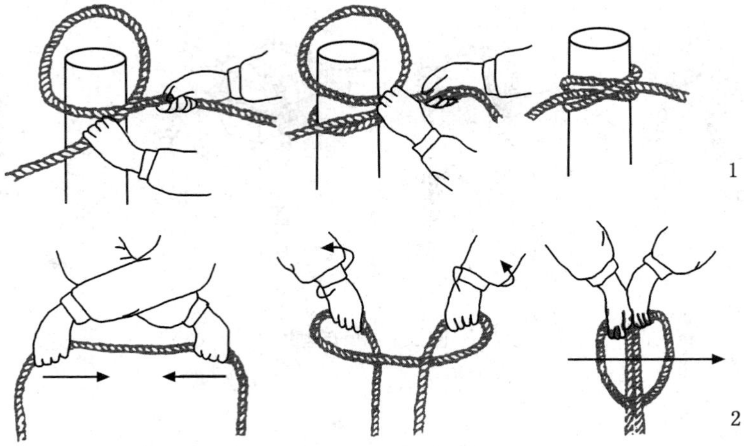

1. 桩柱上打法；2. 双手打法。

图 5-4 猪蹄结

(三)物理保定法

1. 牛的保定方法

(1)简易保定

徒手握鼻保定法　术者站立于牛颈部右侧，左手握牛右角，右手拍打牛的左眼，在牛不断闭眼或眨眼时，右手拇指和食指、中指乘机分别插入其左、右鼻孔并捏住鼻中隔，并用力提起拉向右侧。在提拉牛鼻的同时，捉牛角的左手用力前推，牛头应受到压、提、拉 3 种力量的作用，向左后方弯曲而被固定。此法适用于一般临床检查、灌肠、肌肉及静脉注射。

鼻钳保定法　鼻钳是兽医较常用的保定工具，其保定方法是用鼻钳紧夹鼻中隔。对烈性牛，用鼻钳尚不能控制时，可将牛缰绳套于鼻钳或鼻环的基部，用力扭拧，即可控制(图 5-5)。

下颌上撬保定法　取一小指粗的麻绳，其大小略大于下颌齿间隙，绕成适当大小的圈，套入门臼齿间隙，然后把木棍插入绳圈内捻转，使绳圈收紧，并把牛头抬起。绳圈扭转不能太紧，特别是牛发生骚动时不可以加强捻转来保定，以免引起下颌骨骨折(图 5-6)。

两后肢保定法　用绳子的一端扣住一后肢跗关节上方的跟腱部，另一端则转向对侧肢相应作“8”字形缠绕，最后收绳抽紧使两后肢靠拢，绳头由一人牵住，准备随时松开。此法适用于牛的直肠、乳腺及后肢的检查及治疗(图 5-7)。

(2)柱栏保定

单柱颈绳保定法　将牛的颈部紧贴于单柱，以单绳或双绳作颈部活结固定。适用于一般临床检查或直肠检查(图 5-8)。

单柱缚头保定法　用缰绳将牛角固定在柱桩上，使牛头紧抵柱桩，再将缰绳连同牛嘴一起绕柱一周，最后把缰绳穿过柱侧绳圈，牛头即可被牢固地固定再柱桩上。

角根保定法　找一支柱，使牛角弯部嵌在支柱上卡紧，利用牛角缰绳由前至后绕柱侧至牛颈背侧，再引向颈对侧，由颈下柱后拉回，并用力拉紧，如牛头仍能摆动，可把缰绳端扭成圈，套在角上，用力向后拉紧即可。此法适用于头部各器官的检查及豁鼻修补手术等。

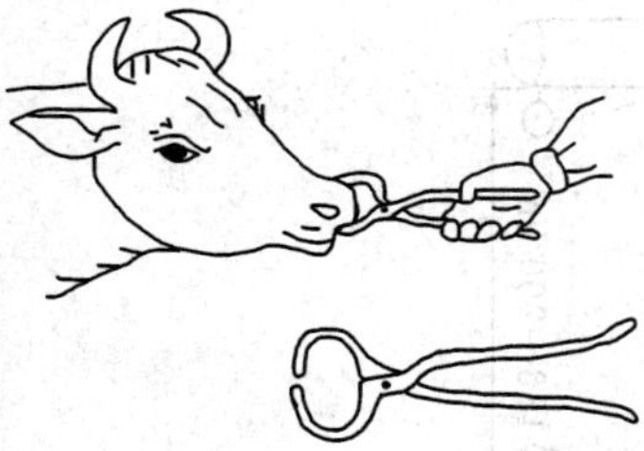

图 5-5 鼻钳保定法

图 5-6 下颌上撬保定法

图 5-7 两后肢保定法

横杠缚头保定法 设置两根相距 1～2 m 的两根桩柱，再用一根 2 m 长的木杠，横着固定在两柱的适当位置上(高低根据牛的体高而定)。再把牛角紧紧地绑在横杠上。再取一根 2 m 长的横杠，横在两柱之前，嘴端之后，随着此杠的上移，牛头即可被充分的固定。

图 5-8 单柱颈绳保定法

二柱栏保定法 两根相隔一定距离的柱子，如在野外则可选相距约 2 m 的两根树或在相距一棵树 2 m 处埋一木桩。取 2～3 m 长的木杆或竹竿两根作横杆，一根两端先分别固定在两柱的适当位置上，应略高于牛的肘关节，另一根的一端固定，一端用绳索拴住，把牛牵至两横杆内，鼻绳系于头前柱子上，将牛头固定在树干上，将横杆未固定端向后树拉紧。两横杆对牛体形成左右夹持之势。然后缠绕围绳在肩关节水平位与膝前上好吊挂胸、腹绳带即可。亦可用保定绳代替左右横杆形成二柱栏保定法。此法适用于各种注射及颈、腹、蹄部疾病的治疗(图 5-9)。

三柱栏保定法 在条件不具备，没有保定栏的村庄、牧场进行保定时，可利用一根大树和两根长约 3 m 的木棍(或竹子)形成三角形进行保定。将牛牵入两木棍(或竹子)之间，牛头置于树的一侧，然后迅速将木棍夹住并将两木棍用绳绑紧。此法适用于各种注射和腹腔手术，但不能用于性情凶猛的牛。

四柱栏和六柱栏保定法 四柱栏和六柱栏由铁制和木制两种。当动物进入栏内后，为防止其前跳或下卧，一定要用绳分别将背上、胸下、腰上、腹下加以约束，限制其活动。绳结应为活结，特别是鼻绳，便于紧急时解脱(图 5-10)。

(3)倒卧保定

提肢倒牛法 是临床常用的倒牛方法。用一条长约 10 m 且柔软的圆绳，把绳折成一长一短，于折转处做上套结，套在倒卧侧前肢系部；将短绳经胸下从对侧向上绕过肩峰部，由倒卧侧一人拉住；长绳端向上从臀部绕住两后肢，交助手牵引。畜主牵牛向前，当牛的倒卧侧前肢抬起时，保定者拉紧短绳端并往下压，同时助手将臀部的绳下移，紧缚两后肢并用力向后拉，前后合力，即可倒卧。牛倒卧后，牵牛人用力按住牛角；拉短绳的人用力抽紧短绳，并压住肩峰部；拉长绳的人压住臀部，另一人将腰部的绳套放松并通过臀、尾部拉至跖部收紧，并与前肢绑在一起(图 5-11)。

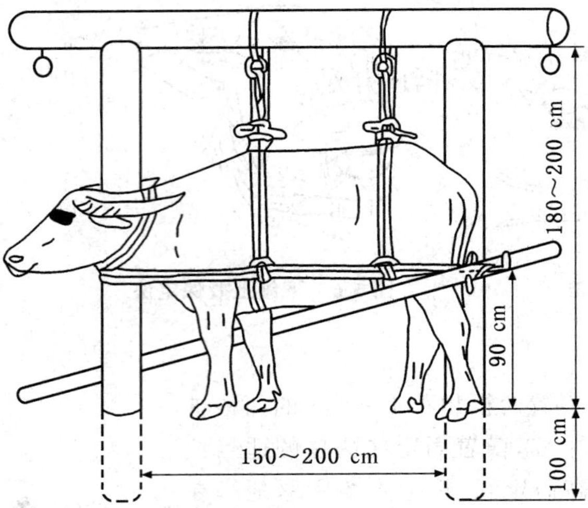

图 5-9 二柱栏保定法

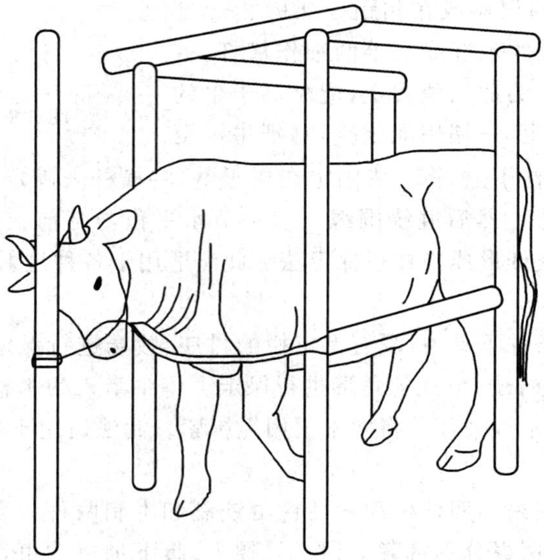

图 5-10 四柱栏保定法

“8”字形缠绕倒牛法 用两条手指粗的长绳，由两人同时将绳的一端分别拴在非倒卧侧前、后肢球节的上方，再用另一端与倒卧侧前、后肢相应部位作“8”字形缠绕，然后将前肢的绳向后牵引，后肢的绳向前牵引，几人同时用力牵拉，使四肢大体合于胸腹下而向后倒卧(图 5-12)。

两道箍倒牛法 取 6～8 m 长绳一根，先把绳双折，使两绳头并齐，双折头搭过腰背，由腹下再拉回，将两绳头穿过双折头向前后分开，形成两道箍。前箍放在肘后，绳头交给前方一助手；后箍放在腰肷部，绳头通过腰背部拉回到倒卧侧，与中背平行。然后，前、后方的助手同时

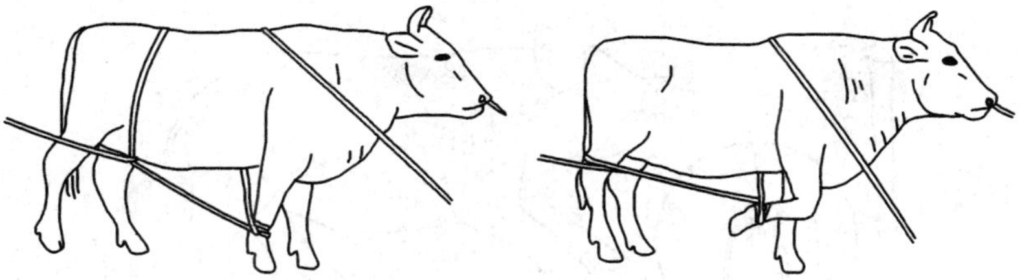

图 5-11 提肢倒牛法

向前、后下方拉压。牵牛人妥善保定牛头，防止跳跃，牛则后躯先着地，而后向倒卧侧倒下(图 5-13)。

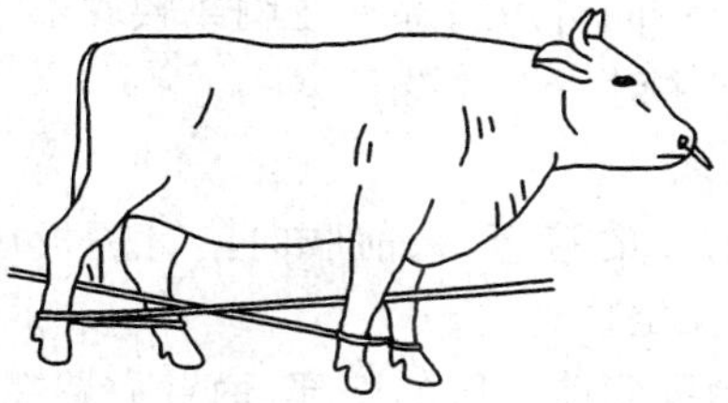

图 5-12 "8"字形缠绕倒牛法

图 5-13 两道箍倒牛法

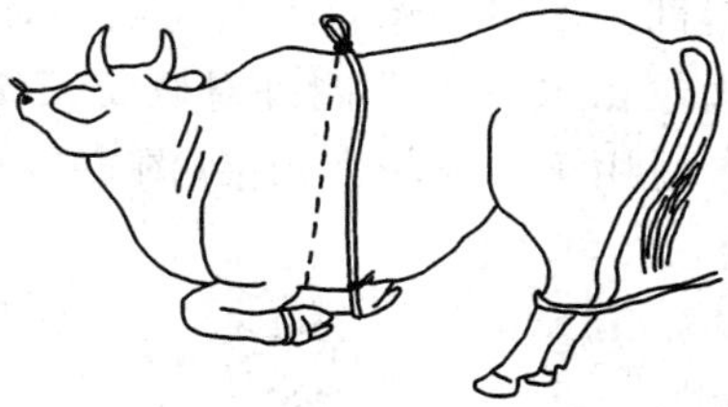

图 5-14 双跪式倒牛法

双跪式倒牛法　为了避免倒牛时勒伤乳房或阴茎，且倒牛后易充分捆缚四肢，适宜用此法。本方法需保定者 4 人，4 m 长绳 2 根。由一人牵拉牛鼻环或鼻保定牛头。另两人分别站于牛胸侧两旁，取绳一根，将绳中段搭置在牛背上；两人各执一绳头于胸腹下互换绳头后，分别拴系在前肢系凹部；再经牛背分别提拉对侧绳段。第四人将另一长绳双折，双折头做"8"字缠绕两后肢跖部。做好以上的准备工作后，牵牛前进，两侧助手用手向下拉绳，迫牛跪地，充分收紧绳后于背部打结固定。紧接着，牵牛人将牛推向倒卧对侧，拉后肢的人向倒卧对侧用力拉，两侧助手向倒卧侧推牛体，牛即卧倒。拉后肢的人将绳端绕两前肢系部的交叉处，用力收紧，四肢靠拢后打结固定(图 5-14)。

2. 猪的保定方法

(1)站立保定

鼻勒保定法　取一根筷子粗的结实柔软细绳，在绳的一端系一个双活结。保定时，一人抓住猪的两耳并向上提；在猪嚎叫时，把绳的活结立即套入猪的上颌犬齿后面的齿槽间隙内，用力拉紧长绳即可(图 5-15)。解脱时只要拉短绳头，绳圈即可全部松懈。猪鼻被勒住时，有只往后退，拒不前进的习惯，故绳套不会松脱，保定牢固。

鼻捻棒保定法　鼻捻棒的把柄长 2～3 cm，绳圈适当大点，绳质较硬，便于套嘴。保定时，以绳圈套住猪的上颌，用力拧紧即可，此方法用于保定公猪，即使是非常凶猛的公猪一旦被拧

图 5-15 鼻勒保定法

上鼻捻棒，也可安静接受诊治。

提举保定法　抓住猪两耳，迅速提起，使前肢腾空；同时用膝部夹住胸或腰腹部，使猪头高抬，腹朝前。适合于体重 25 kg 以下猪的灌药或肌肉注射。

(2)倒卧保定

提单肢保定法　将猪放倒后，迅速抓住倒卧侧前肢的腕部，将前肢向猪背侧扳压，猪因一肢被固定，另外三肢腾空，失去挣扎能力而被牢固地保定住。

提双肢保定法　将猪放倒后，用两手分别提握倒卧侧前后肢的腕部，两臂放置在上侧前后肢之间的胸腹部，两臂同时用力，两手向上提倒卧侧前后肢，两肘向下压，使猪上侧的前肢前伸，后肢后展，即被牢固保定(图 5-16)。

提肢倒卧保定法　取长绳两根，分别在绳的中部结一个猪蹄结，并套在倒卧侧前肢和后肢的腕部。四绳端经腹下引向倒卧对侧，前后肢各一绳端经胸腹侧拉回倒卧侧，由一人拉住；另两绳端由另一人向倒卧对侧交叉牵拉。四绳端同时拉动，将猪放倒，用下端两绳捆绑四肢即可。适用于个体较大的猪(图 5-17)。

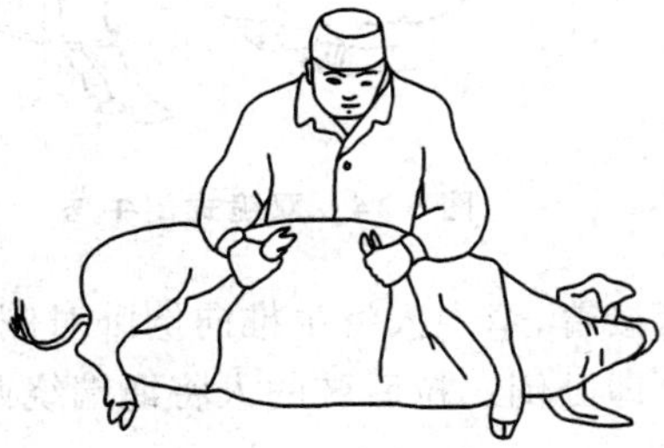

图 5-16 提双肢保定法

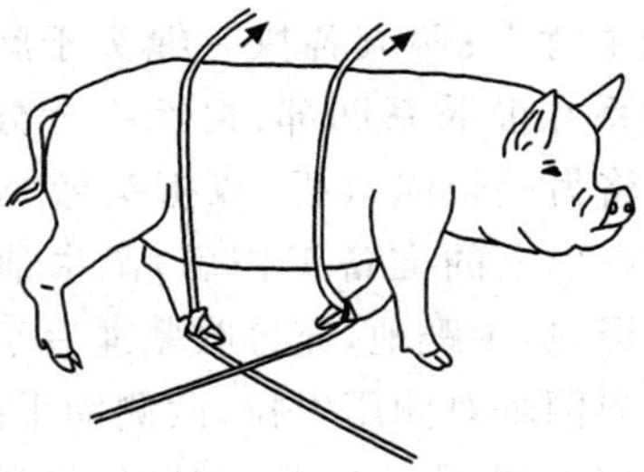

图 5-17 提肢倒卧保定法

压杠保定法　将猪放倒后，在其颈部放一根木杠，两端各由一人按压，猪头部被固定。还可将四肢捆在一起，木杠的一端插入绳下，杠体压在猪的胸腰部，助手按压在杠的另一端，猪的四肢被挑起，呈半仰卧式被牢牢固定。

棒绳保定法　取 1.2 m 长的木杠一根，一端系上绳索，放于地面上。术者站在倒卧侧，以两手分别握住倒卧对侧的猪耳和膝皱襞，提举将猪放倒，使猪胸侧壁压在木杠上；然后以膝抵压猪的腰臀部，拉起绳索，从猪腋下绕上来，经胸壁倒背侧绕过木棒后，引绳向前；将猪嘴缠绕后拉紧,使猪头部向后上方弯曲;再将绳端通过腋下,绕胸侧横绳,返回向前拴系再嘴与棒之间的绳上,保定者踩住地上的木棒即可。

伏卧保定法　取 2 m 长的保定绳一条,绳的一端固定于猪的一前肢的系部。猪伏按于地,拉绳经猪背引向对侧,缠绕另一前肢系部,同时抽紧绳子,使两前肢充分反背于胸背部,打结固定。

单柱侧卧保定法　将猪只放倒在立柱或树干旁,使其背部紧贴立柱。取短绳一根,绕立柱并通过猪倒卧上侧腋下,拉紧绳索,使倒卧侧前后蹄离开地面,打结固定。为防止猪向上翻转,一人可向后下方按压住倒卧上侧的后肢。此法适合于大猪的保定(图 5-18)。

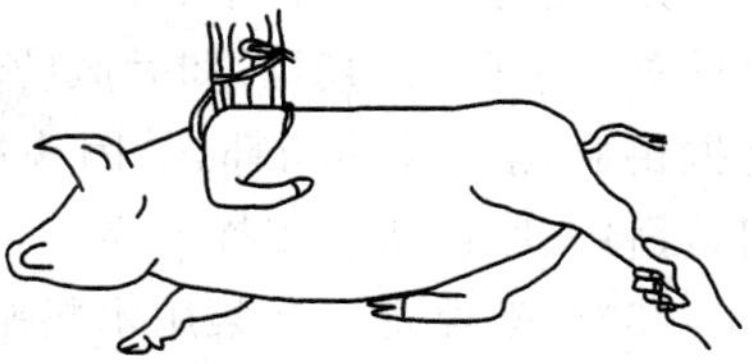

图 5-18　单柱侧卧保定法

(3)倒提保定　保定者双手持猪后肢跗关节、腹部向外,向上提起离地,用膝和大腿夹住猪头部即可。多用于小猪的腹腔注射(图 5-19)。

(4)凳架保定

保定架保定法　将保定架开张后放置即可。此法可用于一般检查、静脉注射及腹部手术。

方凳保定法　将一方凳倒置,小猪放置在凳腿的横杠上,可仰可伏,作临时性保定。

网格保定法　用两根长约 2 m 的木棍,中间用绳索盘绕,制成担架状网格。将网架两头分别在两条长凳上,将猪抬起按站立姿势放置在网架上(图 5-20)。

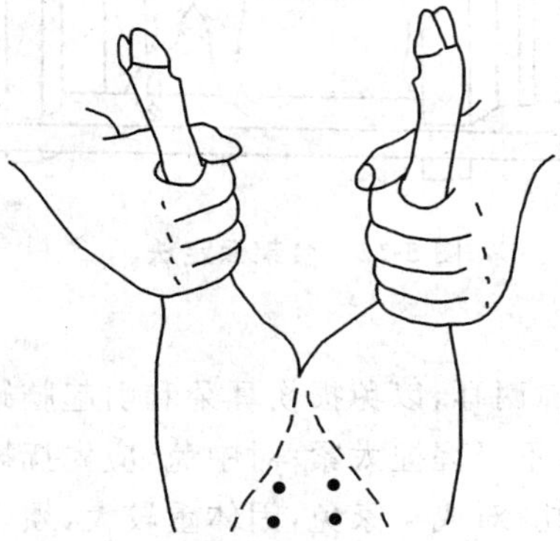

图 5-19　提举后肢保定法

图 5-20　网格保定法

梯架保定法　取一梯架,平放于地,使猪横卧其上,用绳分别将其四肢捆绑于梯架上。此法可根据需要将斜靠,侧靠或直立,即使猪呈侧卧,仰卧,倒吊等体位。

多功能保定架保定法　多功能保定架由升降台、液压管、多功能保定板、接污盘、输液架等组成。适用于猪及其他中、小动物的保定,并可根据不同的保定需要进行灵活拆装。

3. 羊的保定方法

(1)站立保定

倒立式保定法　保定者倒骑在羊背上,两手提握两侧膝皱皮肤,并提起后躯,两腿紧夹胸腹侧。此法适用于阉割、后躯检查。

夹后肢保定　在无助手的情况下，术者可面向羊头蹲在羊的一侧，提起羊的一后肢夹压在术者靠近羊侧屈的腿弯内，此法适用于羔羊。

骑跨保定法　保定者骑在羊背部，两腿膝部用力夹住羊的两侧胸壁，两手握紧两个羊角，或一手握角（耳），另一手握羊的下颌。此法适合于一般检查、注射和灌药（图 5-21）。

围包式保定法　用两臂在羊的胸前围抱即可固定。

（2）侧卧保定　将羊放倒后，保定者两只手分别提握羊倒卧侧前肢的掌部和后肢的跖部，手臂置于羊前肢的肘后和后肢的膝前，两肘下压，即将羊牢牢地保定；或以一手握按头角，一手提握倒卧侧后肢的跖部，羊因头部被下压，倒卧侧后肢被固定而无法活动。如需保定较长时间，可将三肢或四肢集拢于腹下，用绳索捆绑。

（3）台架保定　台架用木料制成，前部设有颈夹，上夹可上下活动，上部设有横梁，供吊羊体，结构简单，可任意移动（图 5-22）。

图 5-21　骑跨保定法

图 5-22　台架保定法

4. 兔的捕捉及保定方法　正确的捉兔方法，应避免抓两耳，以免损伤耳朵和引起脑缺血或充血。对幼兔，其个体小，体重轻，可直接抓其背部皮肤，不可握捏太紧；对中兔，应先抚摸消除恐惧感，待静伏后，抓住两耳及颈肩部皮肤，兔多不会挣扎；对成年家兔，因体重较大，须两手配合，一手抓住两耳及颈肩部皮肤，一手托起臀部以支持其体重。

（1）徒手保定　将兔放在手术台上，一手抓住两耳及颈肩部皮肤即可，也可同时用一手扶住臀部（图 5-23）。

（2）台架保定　台架由平台和颈夹两部分组成，夹颈孔上部为活动插板，将兔的颈部牢固卡住即可保定（图 5-24）。

（3）保定箱保定　保定箱的大小相当于兔体。分上、下两部，下部用于装兔体，前方有一缺口，上部是一盖；下部用活页相连。装进兔子后，盖上盖子，使兔头暴露于外，筒身和上盖正好卡住其颈部。此法适用于静脉注射、灌药、采血和治疗口腔疾病、耳疥癣。

（4）包布保定　用一块边长 1 m 左右的正方形或三角形包布，其中一角缝 2 条 30 cm 左右的带子，铺平包布，将兔子置于包布上；折起包布，盖于兔的背部；再将两侧包布向上折，包裹兔体；然后用前面的布绕颈包起，用带子绕兔胸打结，即保定完毕。此法简单可靠，适用于条件较差、一人进行静脉注射或灌药时的保定。

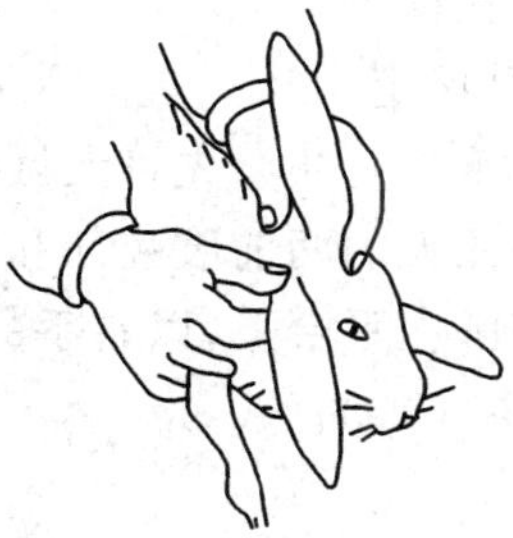

图 5-23　徒手保定法

图 5-24　台架保定法

(5)侧卧保定　一手抓住两耳及颈肩部皮肤,一手捉住两后肢跖部,两手拉紧,将兔侧卧保定在台上(图 5-25)。

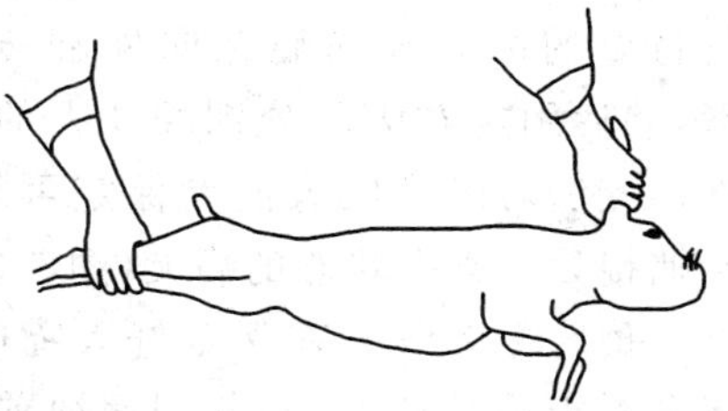

图 5-25　侧卧保定法

5. 犬的保定方法

(1)缚嘴保定

扎嘴保定法　用长约 1 m 的绷带(或麻绳、尼龙绳)打一猪蹄结套住犬嘴,结头在犬嘴下方,收紧绷带两头并绕到犬的枕后系结,以防止箍嘴带滑脱(图 5-26)。套犬嘴最好由犬主人操作。

嘴套保定法　嘴套有皮革制和铁制两种,一般选择大小适宜或调节成适宜大小后给犬带上(图 5-27)。

图 5-26　扎嘴保定法

图 5-27　嘴套保定法

头套保定法　取高于犬头长、直径稍粗于犬头的废旧塑料桶一只,去掉桶底,边缘磨圆,距边缘 1～2 m 处等距离、钻 4 个孔,每孔系上布条或细绳并结成环套,再用皮革颈圈或绷带穿入环套。保定时将圆桶套在犬的头颈部,收紧颈圈扣牢或将绷带打结固定(图 5-28)。

(2)站立保定　用一根约 3 m 长拇指粗的很结实的绳子,在其一端打一个活结套子。让犬主把绳套套进犬头和右前肢,抽紧套子,并把套结转移在左颈部。然后使犬左颈部依靠着柱子,将绳端绕柱一周,再绕过犬背、右腋、胸下、左腋部,上提勒紧。再将绳端在犬和柱子之间,围绕着已勒紧的两股绳,由后上方,经上方、前方、下方、后下方再后上方绕过 1 圈,勒紧,让犬

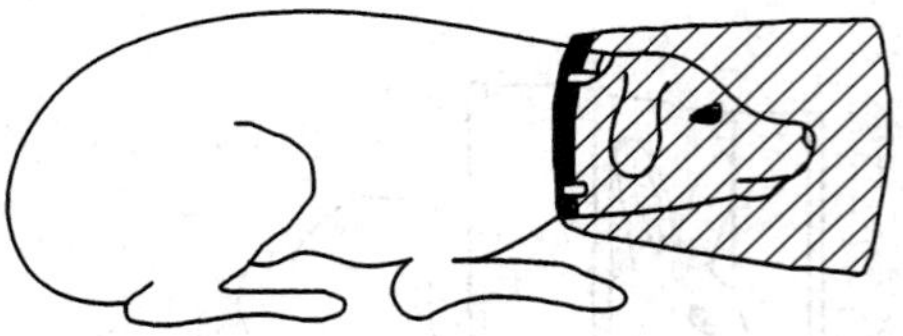

图 5-28　头套保定法

颈钳保定法　颈钳由 90～100 cm 的铁杆制成，钳端是两个 20～25 cm 半圆形的铁嘴，大小恰能套入犬的颈部。保定时，张开钳嘴，夹住犬的颈部将其按在地上，由助手拉住犬的两后肢使犬呈侧卧或仰卧。仰卧时，可先将犬的两后腿向后并向外翻转成"V"字形，然后用左右脚掌分别踩住犬的两后肢跖部。此法对凶猛咬人的犬保定可靠，也适用于捕捉处于兴奋状态的病犬（图 5-30）。

倒卧保定法　在保定好犬嘴的基础上，将犬置于手术台上，并分别捆缚前、后肢，使犬成倒卧姿势（仰卧或俯卧）固定在手术台上。此法多用于静脉注射、腹部、阴部等手术。

主时刻拉紧绳端，和将绳端绕前上方，确实拉紧后牢固地拴在柱子上。

（3）倒卧保定

徒手倒卧保定法　先将犬做扎嘴保定，然后两手分别抓住犬的两前肢腕部和两后肢的跖部，将犬提起横卧在平台上，以右手的臂肘压住犬的颈部保定（图 5-29）。

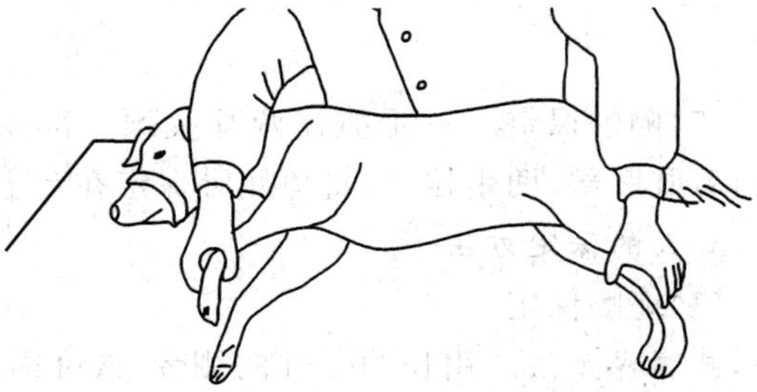

图 5-29　徒手倒卧保定法

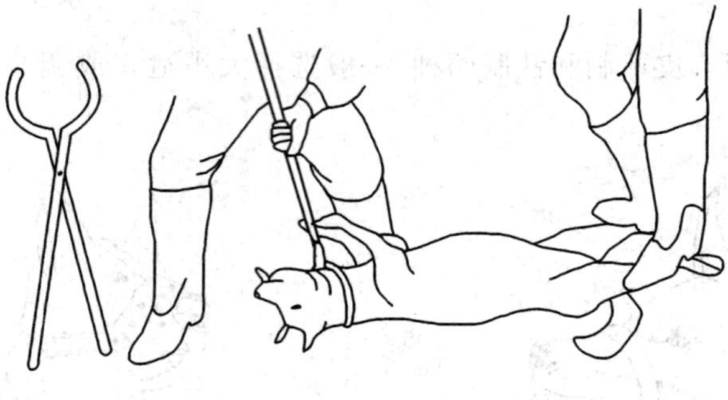

图 5-30　颈钳保定法

6. 猫的保定方法

（1）徒手保定　保定成年猫时，应由两人操作。一人抓住猫的颈背部皮肤，另一人双手分别抓住猫的两前肢和两后肢，将猫牢牢固定。此法适用于性情温驯的猫。

（2）扎口保定　尽管猫嘴短而平，仍可用扎口保定法，以免被咬致伤，其方法与犬的扎口保定相同（图 5-31）。

（3）台架保定　同兔台架保定法。

（4）猫袋保定　用人造革或粗厚布制成大、中、小型号的猫袋。

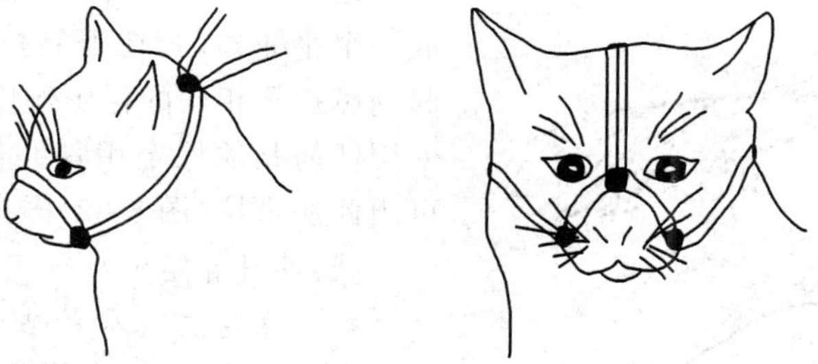

图 5-31 扎口保定法

(5)倒卧保定

凹形板保定法 先制备凹形保定板。方法是取长约 50 cm 的大竹筒从中间劈开，取其一半，将两边相应于四肢的部位挖去，用以固定四肢；相当于猫颈、胸、腰的部位分别钻孔拴上绳带，以固定头颈、胸背和腰部。保定时，抓住猫的颈背部皮肤将猫放入凹形板内，将前后肢分别插入凹形板的前后 4 个缺口中，使四肢悬于板下，用绷带固定。再系结两侧绳带，将头颈、胸背和腰部固定。猫伏于凹形板内，由助手托起即可进行手术。

保定钳保定法 保定钳由手柄、活动关节和钳嘴组成，钳嘴呈 90°弯曲，闭合时形成一个较大的椭圆形颈孔和两个较小的椭圆形臂孔。保定时，使钳手柄位于猫的颈背部，钳嘴弯曲朝向猫的颈腹部，张开钳嘴，将猫颈部夹于颈孔内，两前腿夹于臂孔内，使猫侧卧。然后一手握紧钳柄，另一手握住猫的两后腿即可。此法适用于 250 g 以上的猫。

颈钳保定法 颈钳的结构与犬的颈钳相似，只不过小一些而已。保定时一人用颈钳夹住猫的颈部，另一人双手分别捉住猫的前后肢。此法适用与野性较大的猫。

7. 马的保定方法

(1)缚鼻保定

鼻捻子保定法 将鼻捻子的绳套套于一手上并夹于指间；另一手抓住笼头；持有绳套的手自鼻梁向下轻轻抚摸至上唇时，迅速有力地抓住马的上唇，此时另一手离开笼头，将绳套套于唇上，并迅速向一方捻转把柄，直至拧紧为止(图 5-32)。

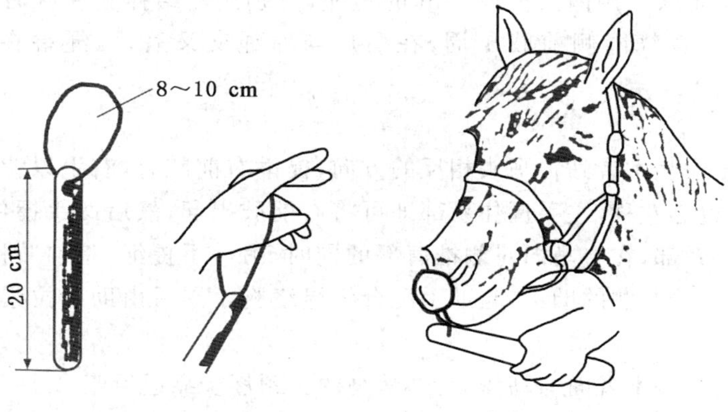

图 5-32 鼻捻子保定法

图 5-33 缰绳代鼻捻保定法

缰绳代鼻捻保定法 把缰绳的近笼头处折扭成一个小绳圈，套住上唇拉紧缰绳即可。此法可起到鼻捻子相同的保定作用，且操作方便，不需要使用任何其他保定用具。若马不愿靠近桩栏，也可用此法牵拉(图 5-33)。

(2)缚耳保定

拧耳保定法 术者站在马的颈侧，用手抓住耳朵，用力拧紧即可。如果该马的性情暴烈，或需要较长时间保定时，可先备一块小石头或瓦砾，大小如李子，把它塞垫在耳壳内，再拧耳，则不易滑脱，保定更加牢固。此法简单易行、应用范围广，除马外，其他动物也可使用。

耳夹子保定法 耳夹子多用硬木质材料制成。使用时，一手抓住耳壳，另一手持耳夹柄使其张开，迅速夹于耳基部抓紧即可。

木棒拧耳保定法 取短木棒一根，一端蘸水湿润后，贴于耳尖背面，然后将耳尖向外翻转包卷木棒直至耳根处，拧紧木棒即可。此法适用于耳朵较大的马属动物。

(3)口勒保定 给马匹戴上口勒。如无口勒，可将缰绳套勒于口内，即成为临时口勒，或把缰绳勒于上齿龈部，俗称“牙索子”。对一般马也可起到保定作用。若两种口勒法同时应用，名为“霸王嚼子”，对马是一种比较严厉的控制方法。

(4)缚头保定 把缰绳的游离端由左向右绕过两前肢的后部，折向前穿过笼头下绊绳，再折向后下方，至两前肢间，绕过两前肢后部的横绳，再折向前，用力拉紧绳，马即可低头。

(5)柱栏保定 同牛柱栏保定法。

(6)绊肢保定

三脚绊保定法 三脚绊多用皮绳或铁链制作。绊前两肢、一后肢称正三脚绊，可施针投药；绊两后肢、一前肢称为倒三脚绊，可防止马后踢；只绊同侧前后肢称为顺腿绊，可防马“背缰逃跑”；对较温驯的马或有前肢刨人恶习的马，仅绊两前肢称为跳绊。操作时应注意，一定要先绊前肢，再绊后肢。如果先绊一后肢，当马骚动时，后肢拖甩一条三脚绊，非常危险。

双绳绊后肢保定法 用两条长约 4 m 的短绳，分别用活结拴套在两后肢的系部，另一端由两前肢间向前并各绕同侧前肢 1 周，在肘后与原绳交叉后，两绳端在背部以平结固定(图 5-34)。

(7)提肢保定

屈曲前肢保定法 术者站在马头相反的方向，提举右前肢时，右手以背部为支点，向左侧轻推马体，使马体重心左移，左手握住系部即可将右前肢提起，然后两手握住系部即可。也可用一绳打活结拴住系部，在将马向对侧推肩部的同时，另一手提绳，将前肢提起。然后将绳的游离端越过背部，交给对侧的助手，与助手配合将绳绕胸 1 周后由助手拉紧，或经腋窝挽活结固定于胸部。

提举后肢保定法 术者面向马体后方，从马的头颈逐步靠近后躯，以一手抵于髂骨外角或股部作为支点，将马尾抓在作支点的手中，以防止马尾摆动时伤人；另一人顺后肢向下抚摩，直至球节。此时，作支点的手用力向对侧推动体躯，以转移其重心，另一手用力将后肢提举。当

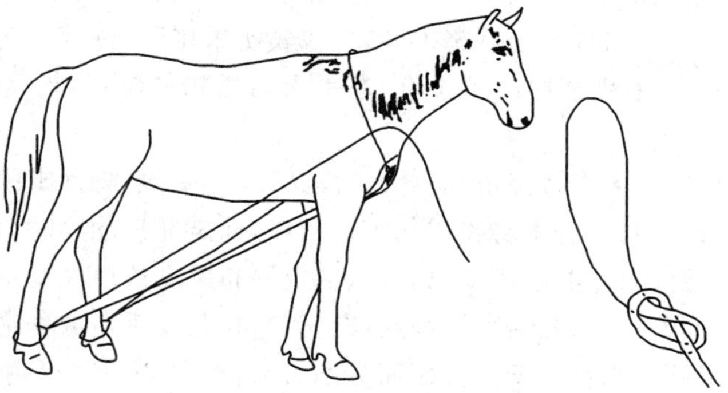

图 5-34 双绳绊后肢保定法

后肢离开地面时，术者立即用自己内侧大腿将其顶向后方，用内侧手将跗关节上部夹入腋间并紧握跖部，把球节放于大腿上，用两手加以固定。也可利用绳索，具体方法为取一根 2 m 长的麻绳，一端与马的尾作一活结，另一端由后肢的前方向内后绕过系部，并从后面绳内侧穿出，拉紧绳端提起后肢，术者弓腿托住提起的后肢，将绳向内绕一圈，套于飞节上，再将绳的游离端绕系部一圈，拉紧即可。

(8)倒卧保定

缰绳倒马保定法　术者站在马体倒卧侧，通过马背拉住缰绳，使马头后转位，术者体位随即后移至马臀部，胸部紧贴在马髂骨外角的后方，用力后拉马头，同时双肘用力下压马的腰背部，马即卧倒。倒卧后，术者仍拉紧缰绳，同时坐压于马臀部，使马不能起立。此法适用于体质弱小的马，或在倒马使没有任何倒马用具和绳子的情况下。

头尾靠拢保定法　本法适用于不让往肢端上套绳索的烈性马，一般马匹也可应用。助手固定马头，术者站于倒卧对侧，将马尾打结，缰绳由结上毛中间穿过，用力拉缰绳的游离端，助手将马头向后转位，使马头与马尾靠拢，助手松开马头，协助术者拉紧缰绳，并尽量把缰绳放低，因马向倒卧对侧旋转，放低的缰绳正好绊住倒卧侧后肢的系部，马则倒卧。倒卧后，勿使缰绳松缓，马因头颈后转，失去挣扎能力，更不能起立。此时进一步捆缚四肢，即可进行手术。

8. 其他动物的保定方法

(1)骆驼的保定　令骆驼伏卧于地，取长绳一根，绳的 1/2 处搭在骆驼的颈凹部，两端分别由外向内绕屈曲的前肢一周，绳圈置于腕关节后方的前臂部和掌中部，游离端上引，在两峰间互相交叉后，引向对侧后肢，再分别由内向外绕飞节一周，绳圈紧绕重叠的小腿部和掌部，绳端分别系在同侧的斜绳上。

(2)猴子的保定　助手的双手戴上手套，从背后突然抓住其头或颈部，另一只手握住双腿进行保定，必要时可用布袋将其双腿及双手绑住后进行检查。

(3)豚鼠的保定　双手戴上手套，一只手抓住背部皮肤，另一只手伸展托住后躯进行保定后再进行检查。

(4)大鼠的保定　双手戴上手套，一只手掌紧紧地置于其背腰部，用大拇指和食指在下颚后部将头固定，另一只手托住后躯进行保定，也可用特制的塑料圆柱形固定器保定。

(5)小鼠的保定 将小鼠放置于网格上，右手拉紧小鼠尾巴，待其安定，左手大拇指和食指拧住其颈部皮肤提起，右手将其尾部稍拉直，左手无名指扣住尾根，松开右手，即可对其进行注射。

(6)经济动物的保定 大多数经济动物犬齿发达，动作敏捷，野性未脱，捕捉保定不当常会对人造成咬伤和抓伤以及对动物本身造成伤害。所以，保定经济动物时，首先要注意的是嘴的固定。对水貂、麝鼠、毛丝鼠一类小型动物，可以戴上厚布手套或厚橡皮手套直接捕捉保定，动作要迅速。首先抓住颈部皮肤，然后抓紧两后肢。为防止其咬手造成伤害，必要时可进行嘴的固定，用纱布绑住上下颌。水貂由于面部短而尖圆，固定时需要一直径约 1 cm 的圆木棍压入口中犬齿后面，然后用绷带分别扣在一端，以保持圆木棍夹于上、下犬齿与两颌之间。值得注意的是，在进行嘴的固定时，不要使绷带扣得太紧，而堵住鼻孔，以免造成动物的窒息死亡。对狐狸一类比较凶猛的动物，为防止被其咬伤，需要借助一些器械(捕捉板、捕捉钳和捕捉网)进行捕捉保定。

(四)化学保定法

1. 化学保定的给药方式 对于能接近的动物可用普通注射器或长柄注射器注射；对于难于接近的动物则用麻醉枪发射保定剂。

2. 各种动物常用的保定剂及其剂量 见表 5-1。

表 5-1 各种动物常用的保定剂及其剂量(每千克体重)

动物	保定宁	静松灵	氯胺酮	氯丙嗪	氯化琥珀胆碱	眠乃宁	846 合剂
黄牛	0.6～1.0	0.2～0.6		1.0～2.0	0.016～0.020	0.008～0.02	0.015
水牛		0.4～1.0					
羊		1.3～3.0	20.0～40.0	1.0～3.0	2.0		0.06～0.08
猪		4.0	12.0～20.0	1.0～3.0	2.0		
犬			7.0～8.0	1.0～8.0	0.06～0.15	0.01～0.06	0.04～0.08
马	0.8～1.2	0.5～1.2	1.0	1.0～3.0	0.10～0.15		0.01～0.015
驴	2.0～3.0	1.0～3.0					0.02～0.025
骡	0.8～1.2	0.5～1.2					
梅花鹿		1.0～3.0	10.0		0.06～0.08	0.015～0.02	
熊			8.0～10.0	2.5		0.02～0.04	0.05

说明：表中除眠乃宁、846 合剂的剂量单位为 mL 外，其他均为 mg，肌肉注射。

四、分析讨论

1. 兽医工作者为了达到某种诊断及治疗目的，并避免动物和工作人员遭受伤害而经常采用一些限制动物活动的措施，临床上称为保定法。保定是否良好，是临床诊疗成败的前提，应熟练掌握。

2. 物理保定法是一种非常经济实用的保定方法，因其对动物的刺激不是太大，在对动物进行临床检查、注射、灌药、一般处治时经常采用。各种动物有不同的习性，兽医工作者必须根据其特点采取不同的方法，即使是对同一种动物，也不能拘泥于形式，必须根据不同的检查需要灵活的应用各种方法。

3. 化学保定法是指某些化学药剂，使动物暂时失去其正常运动能力的一种保定方法。此法常用于不易捕捉的经济动物和野生动物。化学保定剂的使用必须严格注意使用剂量。

（李文平）

实习六 基本检查法及一般临床检查技术

一、实 习 目 的

掌握检查动物的基本方法、各种方法的应用范围及其注意事项；了解临床检查的程序；掌握动物整体状态、被毛、皮肤、眼结膜、浅表淋巴结的检查方法和体温、脉搏数、呼吸数的测定方法；结合临床病例认识有关症状，并了解其临床意义。

二、实 习 材 料

1. 动物　牛、羊、猪、马、犬、猫、兔等。

2. 器材　听诊器、体温表、叩诊器、酒精棉球、镊子、保定器具等。

三、实 习 内 容

（一）临床检查的基本方法

1. 问诊　问诊就是以询问的方式，听取动物主人或饲养管理人员关于动物发病情况和经过的介绍，一般在进行体格检查前进行。

（1）内容　问诊的主要内容包括：现病史，既往史，平时的饲养、管理及使役或利用情况。

（2）注意事项　问诊态度要和蔼；要采用启发或提问的方式；语言要通俗易懂，要熟悉当地群众的语言；对问诊所得到的材料不能简单地肯定或否定，应结合现症检查的结果进行深入的分析，更不能单凭问诊而草率做出诊断。

2. 视诊

（1）检查方法　视诊分为肉眼视诊和器械视诊，但兽医临床检查通常是用肉眼直接视诊。

视诊的检查方法一般是先检视全群动物，判断其总的营养和发育状态、管理情况、发现患病的个体。然后再对个体进行视诊。

对个体动物进行视诊时，应尽量使动物保持自然的姿态。检查者在离动物左前方或前上方适当距离（一般 1～1.5 m）开始，先观察其一般状态（如精神、体格发育、营养、姿势及行为等）；然后由前到后，从左到右，边走边看，观察动物头、颈、胸、腹、脊柱及四肢；当至正后方时，应注意其尾、肛门、会阴部，并对照观察两侧胸、腹部是否有异常，最后绕到前方或前上方。为观察运动过程及步态，可进行牵遛，以发现其运步的异常；最后再接近动物，进行局部检查。

（2）应用范围　视诊检查主要观察动物的体格大小，发育程度，营养状况，体质强弱，躯体结构，胸腹及肢体的匀称性；精神及体态、姿势与运动、行为；与外界相通的体腔；被毛状态，皮肤及可视黏膜；某些生理活动异常，如呼吸动作，采食、咀嚼、吞咽、反刍、嗳气等消化活动及排粪、排尿动作等；粪便、尿液及其他病理产物的数量、性状与混合物等。

(3)注意事项　视诊应在自然光下和宽敞的场所进行;对初来就诊的动物,应先让其休息、熟悉周围环境,待其呼吸、心跳等平静后再进行检查;视诊所得的资料,应结合现病检查结果进行综合分析,不要单纯依据视诊所见材料就做出诊断。

3.触诊　触诊的方法是用指端、手掌或拳、手背及指甲来完成。指端触诊是用手指按压、牵引或移动被检部位的组织;手掌触诊是用掌面1次或反复多次抚摸或按压或冲击患部及其周围组织;手背触诊是用手背感知患部温度;指甲触诊是用指甲压诊骨瘤及骨裂。

(1)检查方法

按压触诊法　用手掌平放于被检部位,轻轻按压,感知其内容物的性状与敏感性。适用于检查胸、腹壁的敏感性及中、小动物的腹腔器官与内容物性状。

切入触诊法　以1个或几个并拢的手指,沿一定部位进行深入的切入或压入,以感知内部器官的性状。适用于检查肝、脾的边缘等。

冲击触诊法　以拳或手掌在被检部位连续进行2～3次用力的冲击,以感知腹腔深部器官的性状与腹膜腔的状态。如腹侧壁冲击触诊到有回击波或振荡音,提示腹腔积液或靠近腹壁的胃囊、肠管中存有多量的液状内容物;对反刍兽于右侧肋弓区进行冲击触诊,可感知瓣胃或真胃的内容物性状。

对动物的不同部位进行检查时,应采取不同的方式:①检查体表的温度、湿度或感知某些器官的活动情况(如心搏动、脉搏、瘤胃蠕动等)时,应以手指、手掌或手背接触皮肤进行感知。②检查局部与肿物的硬度,应以手指进行加压或揉捏,根据感觉及压后的现象去判断。③以刺激为目的而判定动物的敏感性时,应在触诊的同时注意动物的反应及头部、肢体的动作。④对内脏器官的深部触诊,须依被检动物的个体特点(如畜种、大小等)及器官的部位和病变情况的不同而选用压迫、插入、揉捏、滑动或冲击等手法进行。⑤对中、小动物可通过腹壁深部触诊,对大动物还可通过直肠进行内部触诊。⑥对某些管道(食管、瘘管等),可借助器械(探管、探针等)进行间接触诊(探诊)。

(2)应用范围　主要检查动物的体表状态;感知某些器官、组织生理性或病理性的冲动;判定腹壁的紧张及敏感性;感知腹腔状态,胃、肠的内容物性状;对动物机体某一部位给予机械刺激,从而判断其感受力与敏感性。

(3)注意事项　触诊时应注意安全,应先了解被检查动物的习性及有无恶癖,必要时应进行保定。触诊时一手放在动物适当部位(如肩上部、鬐甲部、髋结节等)做支点,一手进行检查。应从前往后,自上而下地边抚摸边接近欲检部位,切忌直接突然接触患部。检查某部位的敏感性时,应先健区后病部,先远后近(先边缘后中心),先轻后重,并注意与对应部位或健区进行比较。必要时,可先遮住动物的眼睛,但注意不要使用能引起动物疼痛或妨碍动物表现其反应动作的保定法。

4.叩诊　叩诊是对动物的某一部位进行叩击,根据所产生的音响的特性去判断被检查的器官、组织的物理状态的一种方法。

(1)检查方法　叩诊的方法可分为直接叩诊法与间接叩诊法。

直接叩诊法　即用一个或数个并拢且呈屈曲的手指,向动物体表的一定部位轻轻叩击。适用于检查肠臌气时的鼓响音及弹性,反刍兽瘤胃臌气时判定其含气量及紧张度,或诊察鼻窦、喉囊。

间接叩诊法　①指指叩诊法:以左手的中指代替叩诊板,使之紧紧地放在动物体表的检查部位上，再以右手的中指，在第二指关节处呈 90°的屈曲，用该指端向做叩诊板的手指的第二指节上，垂直地轻轻叩击，指指叩诊法适用于中、小动物的诊察。②槌板叩诊法：见实习一。

(2)应用范围　叩诊主要应用于胸、腹腔器官的检查。①检查含气器官(肺脏、胃肠)的含气量及病变的物理状态。②检查浅在的体腔及体表的肿物，以判定内容物的性状与含气量的多少。③根据叩诊产生某种固有的音响的区域轮廓，去推断某一器官的位置、大小、形状及其与周围器官、组织的相互关系。

(3)注意事项　①叩打应该是短促、断续、快速而富有弹性，叩诊槌或用做槌的手指在叩打后应很快的离开。②叩诊板不应过于用力压迫，除做叩诊板用的手指外，其余不应接触动物的体壁，以免妨碍振动。③叩诊板须紧密地贴在动物体表，其间不得留有空隙。对被毛过长的动物，宜将被毛分开，以使叩诊板与体表皮肤很好的接触，当检查胸部时，叩诊板应顺肋间放置，以免横放在两条肋骨上而与胸壁之间产生空隙。④在叩打对称部位时，叩打的力量、叩诊板的压力、动物的体位与呼吸周期均要相等，当用较强的叩诊所得到的结果模糊不清时，则应依次进行中等力量与较弱的叩诊再进行比较。⑤当确定含气器官与周围无气器官的分界时，可由含气器官的部位开始逐渐转向无气器官部位，反之，再从无气器官部位开始而转向含气器官部位，如此反复之，最后依叩诊音转变的部位而确定其边界。

(4)叩诊音　叩诊动物的不同部位，可产生清音、浊音、鼓音 3 种基本叩诊音，3 种叩诊音的特性及代表区见表 6-1。

表 6-1　3 种叩诊音的特性及代表区

声音的性质	清音	浊　音	鼓　音
强度	强	弱	强
时间	长	弱	长
高度	低	高	低或高
音色	非鼓音	非鼓音	鼓音
代表区	肺区中部	臀部及实质器官(如心、肝、脾)	马盲肠基部(右肷部)牛瘤胃上方 1/3 处

5. 听诊

(1)检查方法

直接听诊法　一般先在动物体表上放一听诊布做垫，然后将耳直接贴于体表的相应部位进行听诊。

间接听诊法　即器械听诊法，用听诊器在被检器官的体表部位进行听诊。

(2)应用范围　①听取心脏及大血管的声音，特别是判定心音的频率、强度、性质、节律、心杂音、心包的摩擦音以及击水音等。②听取喉、气管以及肺泡呼吸音、附加的杂音与胸膜的病理性声音。③听取胃肠的蠕动音。④听取动物的呻吟、喘息、咳嗽、喷嚏、嗳气、咀嚼的声音等。

(3)注意事项　①在安静的室内进行。②防止听诊器胶管与其他物体摩擦产生杂音。③听诊器的耳件要适宜地插入检查者的外耳道(耳件的凹面朝向检查者)，不能松也不能太紧。④听头要紧密的放在动物体表的检查部位，避免被毛的摩擦，必要时可将其打湿，但也不应过于用力压迫。⑤听诊胆小易惊或性情暴烈的动物时，要由远及近地逐渐将听诊器集音头移至听诊区，以免引起动物反抗。⑥防止动物踢咬。

6. 嗅诊　嗅诊主要应用于嗅闻动物呼出气体、口腔的臭味以及动物所分泌和排泄的带有特殊臭味的分泌物、排泄物以及其他病理产物。

(二)临床检查的程序

为了全面而系统地搜集动物的症状、资料，并通过科学的分析以便做出正确的诊断，临床工作者应有系统地按照一定程序和步骤进行临床检查。

在门诊条件下，对个体动物，大致按下列步骤进行：动物登记，问诊，流行病学检查，现症的临床检查。

1. 动物登记　动物登记就是系统地记录就诊动物的标志和特征，主要在于明确动物的个体特征，以便于识别，并在这些登记事项中给诊断工作提供某些参考性条件。主要的登记事项有动物种类、品种、性别、年龄、毛色、动物的所属单位或管理人员的姓名及住址等。

2. 问诊　在动物登记后开始临床检查前，通常进行必要的问诊。

3. 流行病学调查　对动物怀疑为传染病、寄生虫病、代谢病和中毒病时，除了询问上述内容外，还应对动物所在的群体及周围的发病情况或流行病学情况进行调查。调查的主要内容有：①群体中同种或其他种动物有无类似的疾病发生，发病率多少；有无死亡，死亡率多少；邻舍及附近村庄最近有什么疾病流行；过去的检疫及预防接种情况；迁徙动物的发病情况等。②动物饲料的来源、质量、加工调制方法、放置场所，附近有无排出毒气体及废水的工矿。对放牧牲畜，则应了解牧场及牧草的组成情况。此外，对饮水水源、饮水情况，气候条件及生产、使役情况等亦应加以了解。③了解动物群体及当地既往发病情况，必要时应查阅该单位、地区各种有关兽医文件，如疫情资料、发病和死亡统计材料、病志、剖检记录、化验单等。

4. 现症的临床检查　对动物的临床检查，通常按以下程序进行：首先进行整体及一般检查(如体格发育，营养状态，精神状态，体态、姿势、运动、行为的检查；体温、脉搏数及呼吸数的测定；眼结合膜的检查；被毛、皮肤及皮下组织的检查；浅在淋巴结及淋巴管的检查)。然后按各系统进行检查(即心血管系统检查、呼吸系统检查、消化系统检查、泌尿生殖系统检查、神经及运动系统检查)。必要时进行某些特殊检查。临床检查必须全面而系统，在一般的全面检查的基础上，更要对病变的主要器官和部位再做详细、深入的检查，以求全面的揭示病变与症候，为临床诊断提供充分、可靠的资料。

(三)整体及一般临床检查

1. 整体状态的观察

(1)体格发育

检查方法　主要根据骨骼的发育程度及躯体的大小而定。必要时应测量体长、体高、胸围等体尺。健康的动物体格发育良好，其体躯高大，结构匀称，肌肉结实。

临床意义　动物躯体矮小，结构不匀称，提示营养不良或慢性消耗性疾病(如慢性传染病、寄生虫病或长期的消化紊乱等)，如幼龄动物患佝偻病时，则表现为体格矮小，并且躯体结构呈明显改变，如头大颈短、关节粗大、肢体弯曲或脊柱凹凸等特征性状。动物躯体结构改变，各部比例不匀称，如牛的左肋胀满是瘤胃臌胀的特征；马的右胁隆起可提示肠臌气；左、右胸廓不对称，宜考虑单侧气胸或胸膜与肺的严重疾病；动物头部、颜面歪斜是面神经麻痹的特征。

(2)营养状态

检查方法　根据肌肉的丰满度，皮下脂肪及被毛情况而判定。健康动物营养良好，肌肉丰满，躯体圆满而骨骼棱角不突出，被毛光顺。

临床意义　在病理情况下，动物表现为消瘦，且被毛蓬乱、无光，皮肤缺乏弹性，骨骼表露明显，同时表现精神不振、躯体乏力。短期内急剧消瘦，应考虑为急性热性病的可能或由于急性胃肠炎频繁下痢而大量失水的结果；病程如果发展缓慢，则多提示为慢性消耗性疾病，如慢性传染病、寄生虫病、长期的消化紊乱或代谢障碍性疾病。

(3)精神状态

检查方法　观察动物的神态，根据其耳的活动，眼的表情及各种反应、举动而判断。

临床意义　动物过度兴奋时，表现为不顾障碍地一直往前冲或后退不止，啃咬物体，甚至攻击人和其他动物，多提示为中枢神经系统的重度疾病。动物精神抑制时，轻则表现沉郁，重则嗜睡，甚至为昏迷状态，意识不清，卧地不起，呼唤不应，对刺激几乎无反应甚至仅有部分反射功能，或有时伴有肌肉痉挛与麻痹，或有时四肢呈游泳样动作。可见于脑及脑膜疾病、中毒病或某些代谢性疾病的后期。在猪应注意侵害中枢神经系统的传染病，如李氏杆菌病、伪狂犬病等，肥猪在中暑、发热的后期，也可呈现昏迷状态；在乳牛宜考虑某些代谢紊乱性疾病，如生产瘫痪、酮尿病等。

(4)姿势与体态

检查方法　观察动物的姿态特征。健康动物的姿势自然、动作灵活协调。

临床意义　病理状态下动物所表现的反常姿态常由中枢神经系统疾病及其调节机能失常，骨骼、肌肉或内脏器官的痛疼及外周神经的麻痹等原因而引起。当动物站立时呈典型的木马样姿态(如头颈平伸、肢体僵硬、四肢关节不能屈曲、尾根挺起、鼻孔张开、牙关紧闭)，乃破伤风的特征。当牛在站立时经常保持前躯高位、后躯低位的姿势时，常提示为牛的前胃及心包的创伤性病变。乳牛呈曲颈侧卧的同时伴有嗜睡或半昏迷状，常为生产瘫痪的特征。猪的两后肢瘫痪而呈犬坐样姿势，常提示传染性麻痹。

(5)运动与行为

检查方法　对动物的运动和行为进行检查，主要采取牵蹓运动的方法，检查者与动物保持3～5 m的距离，有顺序地从前方、侧方、后方进行比较观察。健康动物在运动中动作协调，反应灵敏。

临床意义　在病理情况下，动物运动与行为的异常可表现为以下几种：

共济失调　动物在运动中四肢配合不协调，而呈醉酒样，走路摇摆或肢蹄高抬、用力着地，步态似涉水状。可见于脑脊髓的炎症、寄生虫病、某些中毒以及营养缺乏与代谢紊乱性疾病，此外，当急性脑贫血时，也可呈现共济失调现象。

盲目运动　动物无目的地徘徊，直向前冲、后退不止，绕圈呈圆圈运动，有时以一肢为轴而呈时针样动作，可提示为脑、脑膜的充血、出血、炎症或某些中毒与严重的内中毒，如马的流行性脑脊髓炎、乙型脑炎、霉玉米中毒；牛、羊的脑包虫症；猪的伪狂犬病、李氏杆菌病、食盐中毒等。此外，病猪处于长期的病程经过中，如反复呈现一定方式的盲目运动，可提示颅脑的占位性病变。

跛行　动物运动过程中如患肢着地，负重时因痛疼而表现有变化称为支跛；当患肢提举时有障碍者，称悬跛；兼而有之者称混合跛。跛行多因四肢的骨骼、关节、肌腱、蹄部或外周神经的疾病引起。多肢的转移性跛行，常提示风湿病与骨软症的可能。

痉挛　阵发性痉挛表现为单个肌群发起如触电样重复收缩，突然发作，并迅速停止，可见于病毒和细菌感染性脑炎、中毒、低钙血症等。强直性痉挛发生于一定的肌群，常见于破伤风、脑炎与脑膜炎、侵害脑与脑膜的传染病以及中毒。

麻痹 动物表现为随意运动减弱或消失,常见于脊髓受压、脊髓骨骨折、脑脊髓丝虫病等。

2.表被检查

(1)被毛的检查

检查方法 检查时应注意观察羽毛和被毛的清洁、光泽及脱落情况。健康动物的被毛整洁、平顺而富有光泽,每年春、秋两季脱换新毛。

临床意义 ①被毛蓬乱而无光泽、易脱落或换毛季节推迟,常为营养不良的标志。可见于慢性消耗性疾病(如鼻疽、传染性贫血、内寄生虫、结核病等),长期的消化紊乱,营养物质不足,过度劳累以及某些代谢性紊乱疾病。②局限性脱毛应注意皮肤病或外寄生虫病;如头颈及躯干部有多数脱毛、落屑并伴有剧烈痒感时,提示螨病的可能。③马尾根部脱毛并经常向周围物体摩擦,宜考虑为蛲虫症;牛的头面部,呈圆形的局限性病变,应注意匐行疹;猪有大片的结痂、落屑,应提示慢性猪丹毒,还要注意有虱的可能。

(2)皮肤颜色的检查

检查方法 检查白色皮肤的动物或动物无色素沉着的部位。

临床意义 白色皮肤的动物,其皮色的改变可表现为苍白、黄染、发绀及潮红与出血斑点。①皮肤苍白:为贫血之症,可见于各种贫血,如仔猪贫血及营养不良、下痢、维生素缺乏、白肌病、蛔虫症等继发性贫血。②皮肤黄染:见于肝病、胆道阻塞、溶血性疾病。③皮肤发绀:见于严重的呼吸器官疾病;重度心力衰竭;多种中毒病(尤其亚硝酸盐中毒);中暑;某些传染病(如慢性仔猪副伤寒、蓝耳病等)。④皮肤潮红及出血斑点:皮肤小点状出血发于腹侧、股内、颈侧等部位时,常为猪瘟的特征,也可见于猪肺疫及急性副伤寒等;当皮肤有较大的充血性红色疹块时,提示猪丹毒,此时,疹块可隆起呈丘疹块状,指压褪色为其特征。

(3)皮肤温度、湿度及弹性的检查

皮肤温度 检查皮温,用手背触诊为宜。对马可触摸耳根、颈部及四肢;牛、羊可检查鼻镜(正常时发凉)、角根(正常时有温感)、胸侧及四肢;猪可检查耳及鼻端。全身性皮温增高可见于一切热性病;局限性皮温增高提示局部的炎症。皮温降低是体温过低的标志,可见于衰竭症及营养不良、大失血及重度贫血、严重的脑病及中毒。另外,根据中兽医的经验,认为患腹痛症的马骡如有鼻寒耳冷症候,常提示为肠痉挛性腹痛。

皮肤湿度 检查皮肤的湿度,可采用视诊和触诊。少量的汗多表现在耳根、鼻端、肘后、鼠蹊部、犬的脚垫部,触之有湿润感;汗较多时,可见这些部位的被毛濡湿并呈卷束状;大量出汗则可见汗液滴流,甚至汗如雨下。多汗见于高热性病、中暑与中热。在皮温降低、末梢冷却的同时伴有冷汗淋漓,常预后不良,可见于虚脱、休克或重度心力衰竭,也偶尔见于内脏破裂。

牛的鼻镜正常时湿润并附有少许水珠,鼻镜干燥可见于发热病及重度消化障碍。严重时发生龟裂,提示瓣胃阻塞、牛瘟、恶性卡他热等。猪的鼻盘正常时也表现湿润、清凉,鼻盘干燥常见于发热病。

皮肤弹性 马在颈侧,牛在最后肋骨后部,小动物可在背部。检查时将该处的皮肤拉起形成皱襞后再放开,观察其恢复原态的情况。皮肤弹性良好的动物,拉起、放开后,皱褶很快恢复、平展;如恢复得很慢,是皮肤弹性降低的标志,可见于机体的严重脱水以及慢性皮肤病(如湿疹)。

(4)皮下组织的检查 发现皮下或体表有肿胀时,应注意肿胀部位的大小、形态,并触诊判定其内容物的性状、硬度、温度、移动性及敏感性等。

皮下浮肿　依发生的原因可分为营养性、肾性及心性浮肿。营养性浮肿见于重度贫血、高度的衰竭;肾性浮肿多见于肾炎或肾病;心性浮肿则是由于心脏衰弱、末梢循环障碍并进而发生淤血的结果。

某些疾病时的皮下浮肿是由多种原因引起的。如马传染性贫血,是贫血和心功能不全两者作用的结果。牛的皮下浮肿多见于下颌、颈下、胸垂、胸下及腹下等处,除应注意一般的营养性、肾性及心性浮肿外,也应考虑创伤性心包炎或肝片吸虫病。猪的颜面与眼睑的浮肿,是猪水肿病的一个特征。

皮下气肿　颈侧的皮下气肿常为肺间质气肿时空气沿气管、食管周围组织窜入皮下而引起;肘后的气肿可为附近皮肤损伤后,随运动因空气窜入皮下而引起。此外当厌氧菌感染后,由局部组织腐败分解也可引起皮下气肿。

3. 眼结合膜的检查

(1)检查方法　首先观察眼睑有无肿胀、外伤及眼分泌物的数量、性状,然后再打开眼睑进行检查。

牛眼结合膜检查　检查者站立于牛头一侧,一手握住牛的鼻中膈,另一手的食指的第一指节置于上眼睑的前 1/3 的边缘处,拇指放于下眼睑,其余三指屈曲并放于眼眶上面作为支点,食指沿眼眶朝对侧前下方略加压力,拇指则同时拨开下眼睑,即可使第三眼睑露出而视检,同时应注意观察其巩膜的颜色及其血管情况。亦可采用一手握牛角,另一手握住其鼻中膈并用力扭转其头部,即可使巩膜露出;也可用两手握牛角并向一侧扭转,使牛头偏向侧方(图 6-1)。

马眼结合膜检查　检查者站立于马头一侧,一手持缰绳,另一手的食指第一指节置于上眼睑中央的边缘处,拇指放于下眼睑,其余三指屈曲并放于眼眶上面作为支点,食指向眼窝略加压力,拇指则同时拨开下眼睑,即可使眼结合膜露出(图 6-2)。

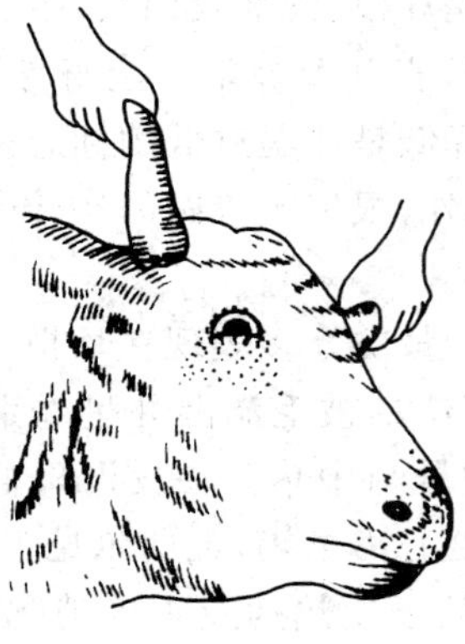

图 6-1　牛眼结合膜检查法

图 6-2　马眼结合膜检查法

羊、猪、犬猫等中小动物眼结合膜检查　用两手拇指分别打开其上、下眼睑。

(2)眼结合膜的颜色　眼结合膜的颜色取决于黏膜下毛细血管中的血液数量及其性质以及血液和淋巴中的胆色素的含量。正常时,马和犬眼结合膜呈淡红色;牛羊的颜色较马稍淡,但水牛则较深;猪眼结合膜呈粉红色。

(3)眼结合膜色泽变化的临床意义　眼结合膜色泽变化主要有潮红、苍白、发绀及黄疸。

①潮红：是眼结合膜毛细血管充血的结果。单眼潮红，常为局部结合膜炎；弥漫性潮红，可见于各种热性病及某些器官系统的广泛性炎症；树枝状充血，可考虑为血液循环或心机能障碍的结果。②苍白：结合膜色淡，甚至呈灰白色，是贫血的特征，见于各型贫血。③发绀：即可视黏膜呈蓝紫色，是缺氧的特征。可见于上呼吸道高度狭窄、肺炎、胸膜炎、心脏衰弱与心力衰竭以及亚硝酸盐中毒等。④黄疸：眼结合膜被黄染，是血液胆色素代谢障碍的特征。可见于实质性肝炎、肝变性、胆结石、肝片吸虫、胆道吸虫、胆道蛔虫、马焦虫病以及牛的血红蛋白尿症等。

4. 浅在淋巴结的检查

(1)检查方法　一般采用视诊和触诊的方法。马常检查下颌淋巴结，检查时，一手持笼头，另一手伸于下颌间而揉捏或擦压。牛常检查颌下、肩前、膝襞、乳房上淋巴结等。猪可检查腹股沟淋巴结等。

(2)检查内容　注意检查淋巴结的位置、大小、形状、硬度、光滑度、表面状态、敏感性及其可动性。健康动物浅在的淋巴结大小、硬度适中，表面光滑，可动性良好，不敏感、不疼痛。

(3)病理变化　淋巴结的主要病理表现是急性或慢性肿胀，甚至化脓。①急性肿胀：淋巴结呈明显肿大，表面光滑，且伴有明显的热、痛反应。可见于周围组织器官的急性感染。②慢性肿胀：淋巴结肿胀、硬结、表面不平，无热、无痛，且多与周围组织粘连而固着，难于活动。在马主要可见于鼻疽，在牛主要见于结核病。③化脓：在淋巴结肿胀、热感、呈痛疼反应的同时，触诊有明显的波动。如配合进行针刺，则可吸出脓性内容物。

5. 体温的测定

(1)方法　通常测直肠温度，家禽测翼下温度。给马属动物测体温时，检查者站在左侧面向后方，以左手提起其尾并推向对侧，压在马左侧髋结节处，右手持体温计经肛门徐徐捻转插入直肠中测温。给其他动物测体温时，检查者可站在其直后，左手提起尾根暴露肛门，右手持体温计测温。各种动物的正常温度见表6-2。

表6-2　健康动物体温、呼吸数与脉搏数参考值

动物	体温 T/℃	呼吸 R/(次/min)	脉搏 P/(次/min)
牛	38.5～39.5	10～30	50～80
马	37.5～38.5	8～16	36～44
羊	38.0～40.0	12～20	70～80
猪	38.0～40.0	10～20	60～80
犬	37.5～39.0	10～25	70～120
家兔	38.5～39.5	40～60	140～160
猫	38.0～39.0	20～30	110～120
骆驼	36.0～38.5	5～12	30～60
鹿	38.0～39.0	15～25	36～78
鸡	41.0～42.5	20～30	150～200

(2)临床意义　在排除生理因素影响之后，体温的升高、下降变化多为病理现象。①体温升高：体温超出正常标准，一般称为发热，可见于多数传染病，呼吸道、消化道及其他组织器官的炎症与感染性疾病，日射病与热射病等。②体温降低：低于常温称低体温，主要见于某些中枢神经系统的疾病与中毒，重度的衰竭，营养不良及贫血等。

6. 脉搏数的测定

(1)方法　测量脉搏时，要注意脉搏次数的变化，感知脉搏的性质(如大脉与小脉，软脉与硬脉，实脉与虚脉，迟脉与速脉)，把握其节律。

牛通常检查尾动脉，检查者站在牛的正后方，左手抬起牛尾，右手拇指放于尾根部的背面，用食指、中指在距尾根 10 cm 左右处尾的腹面检查。马属动物可检查颌外动脉，检查者站立于马头一侧，一手握住笼头，另一手拇指置于下颌骨外侧，食指、中指伸入下颌枝内侧，在下颌枝的血管切迹处，前后滑动，发现动脉血管后，用指轻压即可感知。猪、羊、犬和猫可在后肢内侧的股动脉处检查。各种动物的正常脉搏数见表 6-2。

(2)临床意义　①脉搏数增多：常见于发热性病，某些心脏病，呼吸器官疾病引起肺通气障碍，各型贫血及失血性病，伴有剧烈疼痛性的疾病以及某些中毒病。②脉搏数减少：主要见于某些脑病及中毒，也可见于胆血症。

7. 呼吸数的测定

(1)方法　测呼吸数时，多观察动物胸、腹壁的起伏动作或鼻翼的开张动作，也可用听诊器在动物的喉部进行听诊，冬季可观察鼻部呼出的气雾。应注意在测呼吸数时要待动物安静后再检测。各种动物的正常呼吸数见表 6-2。

(2)临床意义　①呼吸数增多：可见于呼吸器官特别是支气管、肺、胸膜的疾病；多数的热性病；心脏衰弱及贫血、失血性疾病；脑及脑膜充血、炎症的初期等。②呼吸数减少：主要见于颅内压的显著升高，某些中毒与代谢扰乱，当上呼吸道高度狭窄时也可引起呼吸数的减少。

四、分析讨论

1. 临床检查的基本方法有问诊、视诊、触诊、叩诊、听诊和嗅诊。因其简单、方便、易行，对任何动物、在任何场所均可实施，故一直被沿用，必须熟练掌握。

2. 在对就诊的动物进行登记及问诊之后，通常要对其进行直接的、客观的检查。临床检查过程中，首先要做一般临床检查，即对动物全身状态的概括性观察。通过一般临床检查可以对动物所患疾病的严重程度和可能患病的器官或系统作出初步的估计，为进一步的系统(或部位)检查提供线索，明确方向和重点。

3. 只有在熟悉动物正常状态的基础上才能发现和辨认常见的、主要的临床症状与病理现象，因此平时必须养成善于观察动物生理状态下的各种表现的习惯。经过反复、不断的临床诊断实践，最终才能提高分析和解决临诊问题的能力。

(李文平)

实习七　器官系统检查技术

一、实 习 目 的

掌握动物的各器官系统检查的基本方法、主要内容及其注意事项；熟悉健康动物各器官系统检查的正常状态；结合临床病例认识有关症状，并了解其临床意义。

二、实 习 材 料

1.动物　牛、羊、猪、马、犬、猫、兔等。

2.器材　听诊器、叩诊器、酒精棉球、保定器具、开口器、胶围裙、手套等。

三、实 习 内 容

(一)心血管系统的检查

1.心搏动的检查

(1)部位　一般在左侧进行，必要时可在右侧。马在胸廓下 1/3 部的第三至第六肋间，第五肋间的下 1/3 的中间处最明显；牛羊在肩端线下 1/2 部的第三至第五肋间，第四肋间最明显；犬在第四至第六肋间的胸廓下 1/3 处，第五肋间最明显。

(2)方法　被检动物取站立姿势，使其左前肢向前伸出半步，以充分露出心区。检查者位于动物左侧方。视诊时，仔细观察左侧心区被毛及胸壁的振动情况；触诊时，站在被检动物的左侧，右手放于动物的鬐甲部，用左手的手掌紧贴于肘头后上方 2～3 cm 处的胸壁上(马、犬)或将左手插于肘头内侧(牛、羊等)；对小动物可用两手掌抱住其左右两胸侧，两手同时进行检查。注意感知胸壁的振动，主要判定其频率及强度。

(3)临床意义

心搏动增强　可见于一切心机能亢进之时，如发热病的初期，轻度的贫血，心脏病的代偿期以及病理性的心肥大。

心搏动减弱　常见于心脏的代偿障碍期，病理性原因引起的胸壁肥厚以及胸壁与心脏之间的介质状态的改变时，如肺气肿、胸腔积水、渗出性或纤维蛋白性心包炎等疾病；心搏动移位则多见于胃扩张、腹水等。

2.心脏听诊检查

(1)方法　听诊心音，一般采用听诊器进行听诊。先将动物的左前肢向前拉伸半步，以充分暴露出心区，通常于左侧心区部位听取，必要时再于右侧心区听诊。听诊时，宜将听诊器的听头放于心区部位，并使之与体壁密切接触。各种动物心音的最佳听取点见表 7-1。

表 7-1　各种动物心音的最佳听取点

动物	第一心音		第二心音	
	二尖瓣口	三尖瓣口	主动脉瓣口	肺动脉瓣口
马	左侧第五肋间，胸廓下1/3中央水平线上	右侧第四肋骨，胸廓下1/3的中央水平线上	左侧第四肋间，肩端线下方1～2指处	左侧第三肋间，胸廓下1/3的中央水平线下方
牛	左侧第四肋间，主动脉瓣口的远下方	右侧第三肋间，胸廓下1/3的中央水平线上	左侧第四肋间，肩端线下方1～2指处	左侧第三肋间，胸廓下1/3的中央水平线下方
犬	左侧第五肋间，胸廓下1/3中央水平线上	右侧第四肋间，肋骨和肋软骨结合部一横指上方	左侧第四肋间，肩端线下方或肋骨和肋软骨结合部上2～3横指处	左侧第三肋间，接近胸骨处或肋骨和肋软骨的结合处
猪	左侧第五肋间，胸廓下1/3中央水平线上	右侧第四肋间，肋骨和肋软骨结合部稍下方	左侧第四肋间，肩关节线下1～2指处	左侧第三肋间，胸廓下1/3中央水平线下方

(2)正常心音的特点　健康动物的心音因动物品种不同而有一定差异，黄牛、乳牛、山羊的心音较为清晰，尤其第一心音明显，但第一心音持续时间较短，山羊的第二心音较弱；水牛的心音不及黄牛清晰。马属动物第一心音的音调较低，持续时间较长且尾音长，第二心音响亮、短促、清脆，尾音锐断。猪的心音较钝浊，且两个心音的间隔大致相等。犬的心音清晰，且两心音的音调、强度、间隔及持续时间均大致相等。

(3)临床意义

心音强度的改变　可分为病理性心音增强和减弱。病理性心音增强可见于心肥大或某些心脏病的初期而其代偿功能亢进时；伴有剧烈的疼痛性疾病；轻度的贫血与出血；病理性心音减弱可见于心肌炎或心肌变性的后期，心脏代偿障碍时；也见于渗出性心包炎、心包积水、渗出性胸膜炎、胸腔积水以及重度的胸壁浮肿及肺气肿等。

心音性质的改变　可分为心音混浊和心音清脆。心音混浊主要表现为心音不纯，音质低、浊、含糊不清，两个心音缺乏明显界限。在牛可见于结核病、口蹄疫；在猪可见于猪瘟、猪肺疫、流行性感冒、猪丹毒等。心音清脆可见于破伤风，膈疝。

心音节律的改变　听诊时每次心音的间隔时间不等，强度不一。在临床上主要表现为：①过快而规则的心律，如窦性心律过速，阵发性心动过速等。②过慢而规则的心律，如窦性心动过缓，心传导阻滞。③不规则的心律，如窦性心律不齐，期外收缩或过早搏动，心传导阻滞，心房颤动等。

心杂音　心杂音是指伴随心脏的舒、缩活动而产生的正常心音以外的附加的音响。心杂音可分为心外性杂音和心内性杂音两种。①心外性杂音是心包病变的结果，可分为心包击水音和心包摩擦音，见于心包炎的不同时期。②心内性杂音是心内瓣膜及其相应的瓣膜口发生形态改变或血液性质发生改变时，伴随心脏的活动而产生的杂音，可分为器质性心杂音与非器质性心杂音。器质性心杂音可见于心收缩期和舒张期，非器质性心杂音可见于心收缩期。一般可提示为慢性马传染性贫血病和心内膜炎。

3. 颈静脉的检查

(1)检查方法

视诊　观察颈静脉的充盈状态及颈静脉的波动。正常时颈静脉不显露，可见由颈根部向颈上部的逆行波动，一般不超过颈的下1/3处。

触诊　用手指触诊颈静脉，感觉其充盈情况和有无肿胀；用食指和中指压住颈静脉中部，观察其逆行波的波动情况。

(2)临床意义

心房性颈静脉波动(阴性波动) 视诊逆行波超过颈静脉中部,指压颈静脉中部,远、近心端波动均消失,可见于心衰和右心淤血。

心室性颈静脉波动(阳性波动) 视诊逆行波超过颈静脉中部,指压颈静脉中部,远心端波动消失,近心端波动仍然存在,称为阳性颈静脉波动,见于三尖瓣闭锁不全。

伪性波动 视诊逆行波超过颈静脉中部,指压颈静脉中部,远、近心端波动均不消失,可见于颈动脉波动过强。

颈静脉局部肿胀、敏感、疼痛 见于静脉周围炎症。

颈静脉怒张 见于心衰、创伤性网胃心包炎等。

(二)消化系统的检查

1. 口腔的检查

(1)检查方法 口腔时,首先观察口腔外部特征;然后打开口腔,检查口腔气味、温度、湿度、黏膜以及舌头。健康动物口腔稍湿润,黏膜呈淡红色,一般无异味。

动物的开口法,可根据临床的需要,采用徒手开法或借助一些特制的开口器械进行。

马徒手开口法 检查者站于马头侧方,一手把住笼头,另一手食指和中指从一侧口角伸入并横向对侧口角方向,手指下压并握住舌体,将舌拉出的同时用另一手的拇指从它侧口角伸入并顶住上腭,使口张开(图 7-1)。

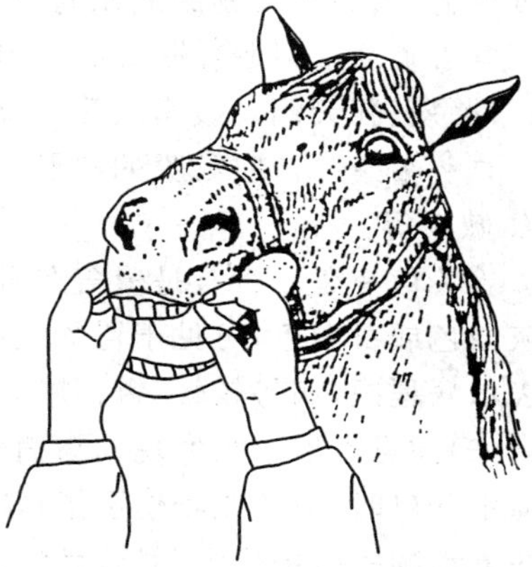

图 7-1 马徒手开口法

马开口器开口法 一般可使用单手开口器,一手把住笼头,一手持开口器自口角处伸入,随动物张口而逐渐将开口器的螺旋形部分伸入上下齿之间,而使口腔张开。检查完一侧后,再同样检查另一侧。必要时可应用重型开口器,首先应妥善地进行动物的头部保定;检查者取开口器并将其齿板嵌入上、下门齿之间,同时保持固定;另由助手迅速转运螺旋柄,渐渐随上、下齿板的离开而打开口腔(图 7-2)。

牛徒手开口法 检查者位于牛头侧方,一手握住牛鼻并强捏鼻中隔的同时向上提起,另一手从口角处伸入并握住舌体向侧方拉出,即可使口腔打开(图 7-3)。若牛骚动不安,可用开口器开口。

羊、猪徒手开口法 以一手拇指与中指由颊部捏握上颌,另一手拇指及中指由左、右口角处握住下颌,同时用力上下拉之即可开口,但应注意防止咬伤手指。

羊、猪开口器开口法 由助手紧握羊、猪的两耳,检查者将开口器平直伸入口内,待开口器前端达到口角时,将开口器的柄下压,口即张开(与马开口器开口法相似)。

禽类开口法 以一手拇指与食指于两侧口角处捏开或用两手分别将之上下拉开即可。

肉食动物开口法 常用布带开口法或开口器开口法。布带开口法用布带或绷带两段,各横置于上下犬齿之后,然后两手同时将口上下拉动。开口器开口法根据选用的开口器而不同,犬常用弹簧式或螺旋式开口器,前者用时先将弹簧压紧,置于上下臼齿之间,然后放开弹簧,口腔即被撑开;后者插入口腔之后逐渐扭开螺旋,直至开口至适当程度为止。

图 7-2　马开口器开口法

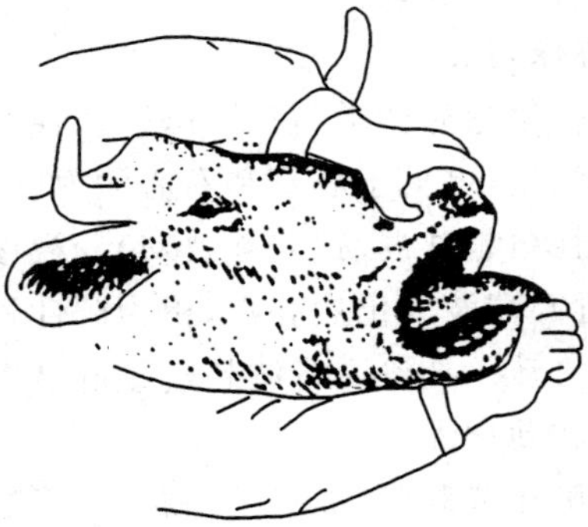

图 7-3　牛徒手开口法

(2)临床意义

口腔气味　动物消化功能紊乱时，由于长时间饮食废绝，口腔上皮脱落及饲料残渣腐败分解可产生臭味。可见于口腔炎症、食管疾病、胃肠道的炎症和阻塞等。

口腔温度　口腔温度升高见于一切热性病、口腔黏膜的各种炎症等。口腔温度降低见于重度贫血、虚脱及动物的濒死期等。

口腔湿度　口腔黏膜湿润可由唾液分泌增多或吞咽障碍引起，常见于口炎、咽炎、唾液腺炎、口蹄疫、狂犬病及破伤风等。口腔干燥则见于一般热性病及抗胆碱药的应用等。

口腔黏膜　口腔黏膜的红肿、疱疹、溃烂可见于口炎、口蹄疫、传染性水疱病、痘疮、维生素 C 缺乏等。

舌苔的变化　舌苔是覆盖在舌体表面的一层疏松或紧密的脱落不全的上皮细胞沉淀物，呈灰白色或黄白色，可见于胃肠疾病(如胃肠卡他、胃肠炎、大肠便秘)及热性病。舌苔薄且色淡表示病程短，病势较轻；舌苔厚而色深，则标志病程长、病势较重。

(3)注意事项　当发现动物消化功能障碍、咀嚼、吞咽障碍、流涎时，必须重视口腔的检查。在徒手开口时，应防止咬伤手指；拉出舌时不要用力过大，以免造成系带的损伤；使用开口器时应注意动物的头部保定，对软骨症的动物应防止开口过大，造成颌骨骨折。

2. 咀嚼、吞咽、反刍、嗳气及呕吐的检查

(1)检查方法　一般多采用视诊的方法，观察其咀嚼状态、吞咽活动、反刍和嗳气的方式以及有无呕吐。

(2)临床表现及临床意义

咀嚼障碍　表现为咀嚼小心、缓慢、无力，常见于狂犬病、骨软症及口腔疾患。

吞咽障碍　吞咽时头颈伸直，前肢刨地，吞咽动作小心缓慢，见于咽炎等。有时食物和饮水从鼻口返出，并随吞咽伴发剧烈咳嗽，见于咽炎、咽部异物阻塞、食道阻塞等。严重时完全不能吞咽，见于脑炎、咽神经麻痹、狂犬病、食道阻塞等。

反刍障碍　昼夜间反刍次数减少，每个食团的再咀嚼次数减少，再咀嚼缓慢无力，严重时完全停止。可见于前胃弛缓、瘤胃积食、瘤胃臌气、创伤性网胃心包炎、瓣胃及真胃阻塞等。

嗳气减少　表现为瘤胃机能障碍或其内容物干涸，常见于前胃弛缓、瘤胃积食、瓣胃阻塞等。

呕吐　胃内容物不由自主经口或鼻腔反排出来的现象称呕吐，是一种病理性的反射活动。

应注意观察呕吐发作的时间、频度与特点，呕吐物的量、性质及混杂物，并详细了解饲养管理情况。常见于过食、胃炎、胃肠炎、肠阻塞、寄生虫病、中毒以及中枢神经系统疾病；马属动物呕吐除在急性胃扩张的情况下偶有发生外，多为胃破裂的体征。

3.咽、食管及嗉囊的检查

(1)咽部检查　咽部检查用两手同时自咽喉部左、右两侧加压并向周围滑动，以感知其温度、敏感性及肿胀的硬度和特点。咽喉部及其周围组织肿胀，有热感并呈疼痛反应，提示咽部炎症。

(2)食道检查　食管检查用两手分别沿颈部食管沟自上向下加压滑动检查，感知有否肿胀、异物，内容物硬度，有无波动感及敏感反应。食管触诊能发现该部肿大、硬结，压迫时常呈疼痛反应，提示食道疾患。

(3)嗉囊检查　嗉囊检查应注意内容物的多少，软硬度等情况。嗉囊的病变主要有软嗉囊、硬嗉囊、悬嗉囊及空嗉囊。软嗉囊的主要特点是嗉囊膨大，触诊内容物柔软并有波动感，可见于鸡新城疫、嗉囊卡他；硬嗉囊的特征是嗉囊坚硬或呈捏粉状；悬嗉囊的特征是嗉囊极其扩大而悬垂；空嗉囊的特征是嗉囊内空虚，是重病末期的症候。

4.反刍动物的胃肠检查

(1)瘤胃检查

检查方法　瘤胃位于腹腔的左侧，可采用视、触、叩、听4种方法进行检查。①视诊观察左肷部的形状。②触诊时检查者位于动物的左腹侧，左手放于动物背部，右手可握拳，或屈曲手指，或以手掌放于左肷部，先静静放置以感知蠕动力量并计算蠕动次数，然后用力反复触压瘤胃，以感知内容物性状。③叩诊时用手指和叩诊器在左肷部进行直接叩诊，以判定内容物性状。④听诊多采用听诊器进行听诊，以判断瘤胃蠕动音的次数、强度、性质及持续时间。

正常状态　食前左肷部凹陷，食后左肷部变平。瘤胃收缩时，其中食团沿胃表面呈波浪状散布，互相混合。食团在胃背囊中混合时，肷窝部膨起。此时，手可感知腹壁显著变紧张并隆起，将检查的手抬起，然后逐渐降下。叩诊健康牛只时左腹肋上部为鼓音，根据胃内容物及气体的变化，由肷窝部向下逐渐变为半浊音、浊音。健康反刍兽瘤胃蠕动音为由远而近，又由近而远的雷鸣声；牛每两分钟2～3次，羊每分钟2～4次；持续时间20～30 s。

临床意义　瘤胃蠕动次数稀少，力量微弱，则标志瘤胃机能衰弱，可见于前胃弛缓、瘤胃积食以及引起瘤胃机能障碍的慢性前胃病、热性病、全身性疾病与传染病。长期的、顽固性的瘤胃机能障碍，宜提示创伤性网胃炎。瘤胃积食时，浊音范围扩大，甚至肷窝部亦为浊音；瘤胃臌气时，中上部呈鼓音，甚至带有金属音。

(2)网胃检查

检查方法　网胃位于腹腔的左前下方剑状软骨突起的后方，前缘紧接膈肌而靠近心脏，相当于第六至第七肋间。检查时，主要采用触诊和叩诊方法判断其敏感度。常用方法有①凹腰反射：检查者用手抓住鬐甲部的皮肤往上紧捏，正常只会出现凹腰反射，无敏感反应。②拳头顶压：检查者面向动物蹲坐于其左胸侧，屈曲右膝于动物腹下，将右肘支于右膝上；右手握拳并抵在动物的剑状突起部，然后用力抬腿并以拳顶压网胃区，健康动物无异常表现。③压迫：由二人分别站于动物胸部两侧，各伸一手于剑突下相互握紧，各将其另一手放于动物的鬐甲部，二人同时用力上抬紧握的手，或先用一木棍横放于动物的剑突下，由二人分别自两侧同时用力上抬，迅速下放并逐渐后移压迫网胃区，以观察动物反应。④走下坡路：使动物走上、下坡路或急转弯等运动，观察其反应。

临床意义　网胃触诊时，如病牛表现呻吟、疼痛不安、躲闪、反抗或企图卧下等行为时，则为网胃敏感反应的标志。患创伤性网胃炎时，病牛不愿走下坡路，表现为运步小心、步态紧张、不敢前进，甚至呻吟、咬牙等。

(3)瓣胃检查

检查方法　瓣胃位于右侧腹部的第七至第九肋间，可采用触诊、听诊及穿刺的方法进行检查。在右侧瓣胃区进行强力触诊或以拳轻击，以观察动物有无疼痛反应；在右侧第七至第九肋间沿肩关节水平线上、下 1～2 cm 的范围内进行听诊，以听取瓣胃蠕动音。正常情况下，可听到微弱的蠕动音，类似细小的捻发音。

临床意义　若瓣胃蠕动音显著减弱或消失，可见于瓣胃阻塞或热性病。在瓣胃区用手指重压触诊时，如有敏感反应，可提示瓣胃阻塞或创伤性炎症。

(4)真胃检查

检查方法　真胃位于第九至第十一肋的肋骨弓附近，其大弯直接与腹底壁接触。可采用视诊、触诊、叩诊、听诊 4 种方法进行检查，在判定真胃移位或扭转时多采用听叩诊结合的方法，即在听诊的同时，用手指或叩诊锤在听诊器听头的周围叩击。

临床意义　真胃严重阻塞、扩张时，视诊可见到右侧腹壁真胃区向外侧突出，左右腹壁显得很不对称。触诊动物表现回顾、躲闪、呻吟，乃真胃敏感的标志，见于真胃炎、真胃溃疡和真胃扭转等。若触诊真胃区坚实或坚硬，则提示真胃阻塞。健康动物真胃叩诊为浊音，如出现鼓音，为真胃扩张的特征。真胃蠕动音呈流水声或含漱声，胃炎时蠕动音增强，若蠕动音稀少、微弱，则表示胃内容物干涸或机能减退，见于真胃阻塞。若听叩诊结合产生高朗的钢管音，提示真胃移位或扭转。

(5)肠管检查

检查方法　多采用触诊和听诊。健康牛只，在整个右腹侧，可听到短而稀少的肠蠕动音。触诊时有软而不实之感。

临床意义　肠音频繁似流水状，见于各型肠炎及腹泻；肠音微弱，可见于一切热性病及消化道机能障碍。触诊时，若有充实感，多为肠便秘。

5. 单胃动物的胃肠检查

(1)检查方法

触诊　使动物取站立姿势，检查者位于后方，两手同时自两侧肋弓后开始，加压触摸的同时逐渐向上后方滑动进行检查；对小动物亦可用手通过下腹部向上方捏压的方式进行触诊，或使动物侧卧，然后用手掌进行深部触诊。在犬猫等小动物，通过腹部触诊几乎可以了解腹腔和盆腔所有脏器的状态。

听诊　用听诊器进行胃、肠蠕动音的检查，在每一个听诊点应听诊不少于 30 s。健康动物小肠蠕动音如流水声或含漱音，大肠音犹如雷鸣音。

(2)临床意义　触诊胃肠区，动物表现不安、呻吟，可见于胃炎、胃食滞。听诊胃肠区，肠蠕动音亢进，可见于肠炎的初期或胃肠炎；肠蠕动音减弱，见于便秘、胃肠炎的后期。

6. 直肠检查

(1)检查方法　将动物保定好后，检查者将拇指放于手心，其余四指并拢集聚呈圆锥状，稍旋转前伸通过肛门进入直肠，将肠内蓄积粪便取出，如膀胱内储有大量尿液，应按摩、压迫膀胱排空。

牛直肠检查顺序　肛门→直肠→骨盆腔→膀胱→子宫→卵巢→瘤胃→盲肠→结肠袢→左肾→输尿管→腹主动脉→子宫中动脉。

马直肠检查顺序　肛门→直肠→骨盆腔→膀胱→子宫→小肠结→左侧大结肠及骨盆曲→腹主动脉→左肾→脾脏→前肠系膜根→十二指肠→胃→盲肠→胃状膨大部。

(2)注意事项　检查者应剪短、磨光指甲，露出手臂涂以润滑油，必要时戴上胶手套。对腹围膨大的动物应先进行盲肠穿刺术或瘤胃穿刺术排气；对心脏衰弱的动物，可先给予强心剂；对腹疼剧烈的动物应先进行镇静。直检过程中检手前进的原则是"努则退，缩则停，缓则进"。检手确切地套入直肠狭窄部后方可进行检查，是马属动物直肠检查时安全操作的关键。整个检查过程中，检手手指均应并拢，用指肚感觉脏器的位置、大小、形状、硬度、移动性、内容物等，绝不允许叉开手指随意抓、搔，以免损伤肠管。

(3)临床意义

肛门括约肌紧张性高，可见于各型肠阻塞；紧张力减弱，可见于衰老动物、长期腹泻、脊髓麻痹。

直肠膨大空虚，见于肠便秘；直肠壁紧张，见于直肠炎症及肠变位；直肠内有热感而温度增加，见于各种炎症；触摸直肠的手带有血液，表明直肠破裂。

膀胱敏感、疼痛，表示膀胱炎症；触之发现囊内有硬块，可见于膀胱结石；膀胱高度膨大，充满尿液，可见于膀胱括约肌痉挛和膀胱麻痹，尿道结石阻塞。

脾胃的后移及胃囊的膨大，可见于马的胃扩张。

小结肠、大结肠的骨盆曲、胃状膨大部和左侧上、下大结肠、盲肠、十二指肠等部位发现较硬的积粪，可见于该部位的肠便秘。

大结肠及盲肠内充满大量气体，腹内压过高，检查的手只移动困难，可见于肠臌气。

肠系膜动脉根部有明显的动脉瘤，可见于肠系膜动脉栓塞。

母畜可触诊卵巢、子宫的大小、形状和形态的变化。

7.排粪动作及粪便的感官检查

(1)检查方法　观察动物排粪姿势、次数、排粪持续时间，并注意粪便的臭味、数量、性状、颜色及混有物。

在正常状态下，各种动物均有固定的排粪姿势。马、牛、羊排粪时，背腰稍拱起，后肢稍开张并略向前伸；犬排粪采取近于坐下的下蹲姿势。马和山羊在行进中可以排粪。

(2)排粪动作障碍的表现及临床意义

便秘　动物排粪费力，排粪次数减少，粪便干结，色深，又称排粪迟缓。见于一切热性病，慢性胃肠卡他或胃肠弛缓、肠管狭窄与闭塞，黑斑病甘薯和青冈叶中毒等。

腹泻或下痢　动物频繁排粪，粪质稀薄，粪便呈稀粥状、液状甚至水样，多带有黏液，有时还带有脓液和血液、脱落的黏膜或未消化的饲料。见于各种侵害胃肠道的细菌、病毒、寄生虫感染，一些中毒病、营养代谢病性及饲养管理因素等，尤其是各种肠炎的重要特征。

排粪失禁　动物未取粪便姿势而不自主地排出粪便，主要是由于肛门括约肌松弛或麻痹所致。见于荐部脊髓损伤和炎症，也见于大脑的疾病。在持续性腹泻时，稀粪常污染两后肢及尾部，也常见排粪失禁。

里急后重　动物屡呈排粪动作并强度努责，而仅排出少量粪便或黏液，见于直肠发炎、肛门腺囊肿。

排粪带痛　动物排粪时疼痛不安、弓腰努责、呻吟等，见于腹膜炎、胃肠炎、创伤性网胃炎、直肠炎、肛门腺囊肿等。

(3)粪便异常的表现及临床意义

排粪次数和排粪量检查　排粪次数及排粪量减少，见于便秘初期及热性病等，肠肠管完全阻塞时，排粪停止。排粪次数增多，即不断排出粥样、液状或水样稀粪，见于重剧性肠炎及急性肠卡他。慢性胃肠卡他时，常表现便秘、腹泻交替现象等。

粪便硬度及外形　健康马骡的粪便呈球形，约含75%水分，粪球呈一定的硬度，落地即破碎。牛粪比马粪软(如奶牛粪常呈糊状)，约含85%水分，落地呈叠饼状，放牧吃青草时呈稠粥状。羊粪小而硬，呈圆豆状球形，约含55%水分，放牧吃青草时呈圆柱状或条状。猪、犬猫粪便呈圆柱状。禽类为圆柱状、细而弯曲，外被一薄层白色尿酸。

病理情况下，粪便硬度及形状均可发生改变，如便秘时，粪便干燥，落地不破碎；牛的瓣胃阻塞时，粪干小呈算盘球状。腹泻时粪便稀薄呈稀粥状，甚至呈水样。

粪便的颜色及气味　粪便的颜色因饲料种类及有无异常混合物而不同。放牧或喂青草时，粪呈暗(黄)绿色；舍饲喂稻草、谷草、小麦秆(糠)时，为黄褐色。病理情况下，当胃及前部肠管出血，粪呈褐色或黑色(沥青样便)；后部肠管出血，粪便表面附有鲜红色血液。阻塞性黄疸时，粪中缺乏粪胆原及粪胆素，呈灰白色。犊牛白痢及仔猪下痢，粪为黄白色或灰白色。鸡的尿酸盐增多时，粪便表面有大量白色沉着物聚集。内服铁剂、铋剂、木炭末时，粪便呈黑色。内服白陶土时，粪便呈白色。

健康草食兽的粪便无恶臭气味。肉食兽粪便有特异的恶臭味。草食兽患酸性肠卡他、幼畜单纯性消化不良时，粪呈酸臭味；患胃肠炎或粪便长期停滞时，由于肠内容物腐败发酵，粪呈恶臭味。

粪便杂物检查　正常粪便表面有微薄的黏液层。患肠炎时或排粪迟滞(肠阻塞、肠套叠等)时，粪中混有多量黏液或脓液。纤维蛋白膜性肠炎，粪中有灰白色坚韧的同心圆状的管型，长约数厘米或数十厘米。消化不良时，粪中带有未消化的食物。犬的细小病毒性肠炎，粪中有大量暗红色血液。当患肠道寄生虫时候，注意粪便中虫卵的检查，这对寄生虫诊断很有意义。此外，马粪便中可见到沙石，牛粪便中可见到各种小金属片、破布、塑料薄膜碎片等，绵羊可见到毛球，在犬、猫粪便中可混有骨和毛发等。有时在粪中还可发现寄生虫，如蛔虫、毛首线虫、马胃蝇幼虫等。

(三)呼吸系统的检查

1. 呼吸运动的检查

(1)检查方法　观察呼吸过程中胸、腹壁的起伏活动情况，呼吸的深度及间隔时间，以判定呼吸类型呼吸节律和呼吸困难。健康动物除犬以胸式呼吸为主，其他动物呈胸腹式呼吸，即胸壁起伏和腹壁起伏的程度基本一致；而且每次呼吸的深度、长度及间隔时间具有一定节律。

(2)临床意义

呼吸类型的改变　包括胸式呼吸和腹式呼吸。①胸式呼吸：表现为胸壁的起伏动作特别明显，腹壁起伏较微弱，说明腹部有疾病。常见于胃扩张、瘤胃膨气、肠膨气、腹腔大量积液以及腹壁外伤和腹壁疝。②腹式呼吸：表现为腹壁的起伏动作特别明显，胸壁起伏较微弱，说明胸壁有疾病。常见于急性胸膜炎、胸膜肺炎、胸腔大量积液。

呼吸节律的改变　包括毕氏呼吸、库氏呼吸和陈-施氏呼吸。①毕氏呼吸：表现为数次连续的、深度大致相等的深呼吸和呼吸暂停交替出现，可见于各种脑膜炎和中毒症。②库氏呼吸：表现为呼吸不中断，发生深而慢的大呼吸，呼吸次数少，并带有明显的呼吸杂音，可见于酸中毒、尿毒症、濒死期。③陈-施氏呼吸：表现为呼吸不断加强、加深、加快，当达到高峰后，又逐渐变弱、变浅、变慢，而后呼吸中断，约经数秒短暂间隙以后，又以同样的方式出现，可见于脑炎，心力衰竭及某些中毒。

呼吸困难　呼吸困难是复杂的呼吸障碍，不仅表现呼吸频率的增减和深度与节律的变化，而且伴有呼吸肌以外的辅助呼吸肌有意识的参与活动，但气体的交换不完全，即"呼吸用力"。高度的呼吸困难称气喘。临床上一般将呼吸困难分为吸气性呼吸困难、呼气性呼吸困难和混合性呼吸困难 3 种，吸气性呼吸困难见于上呼吸道狭窄或阻塞性疾病；呼气性呼吸困难多见于肺泡弹性高度减退和细支气管管腔狭窄的疾病；混合性呼吸困难见于肺脏疾病、贫血、心力衰竭、腹压加大、中毒、中枢神经系统疾病和急性感染性疾病等。

2. 呼出气和咳嗽的检查

(1)检查方法　注意嗅诊呼出气及鼻液有无特殊臭味；听取喷嚏、咳嗽的声音、性质及咳嗽反应，必要时做人工诱咳试验。具体方法为：动物取站立姿势，检查者位于动物胸前的侧方；一手放于动物的鬐甲部，用另一手的拇指、食指和中指分别握住动物的喉头及一、二节气管环，轻轻加压的同时向上提举，同时观察动物的反应。牛可用暂时捂鼻的方法诱发咳嗽。健康动物两侧鼻孔呼出的气流相等、无特殊气味、稍有温热感，在人工诱咳时只引起一两声咳嗽反应，称为人工诱咳阴性。

(2)临床意义　动物的呼出气有难闻的腐败臭味，可见于上呼吸道或肺脏的化脓和腐败性炎症。人工诱咳时出现连续性的频繁咳嗽，称为人工诱咳阳性，常为喉、气管的敏感反应，可见于气管炎、重症气喘病、猪肺疫等。

3. 鼻部检查　健康动物鼻黏膜稍湿润，有光泽，呈淡红色，鼻孔无鼻液流出。

(1)检查方法　首先观察鼻外部形态，然后将动物头略为抬高，使鼻孔对着阳光或人工光源进行检查。用单手法时，一手握笼头，另一手的拇指和中指挟住其外鼻翼并向外拉开，食指将其内鼻翼挑起；用双手法时，由助手保定并抬起动物的头部，检查者分别用两手拉开动物的两侧鼻翼即可。重点检查鼻液、鼻黏膜的状态。

(2)临床意义　在病理状态下，鼻黏膜潮红可见于鼻卡他、流行性感冒、鼻疽、发热及各种全身疾病。而出血斑点，则见于败血病、血斑病、马传染性贫血和某些中毒。

鼻液因炎症的种类和病变的性质而有所不同，一般分浆液性、黏液性、脓性、腐败性和血性。浆液性鼻液可见于急性鼻卡他、马腺疫初期、流行性感冒等；黏液性鼻液多见于急性上呼吸道感染和支气管炎；脓性鼻液常见于化脓性鼻炎、副鼻窦炎；腐败性鼻液见于坏疽性鼻炎、腐败性支气管炎和肺坏疽；血性鼻液提示肺充血和肺出血。大量浆液性细小泡沫样鼻液提示肺水肿。

4. 胸廓的检查

(1)检查方法　胸廓的检查方法一般采用视诊和触诊。主要检查胸廓的形状，判断其敏感性，并注意肋骨有无变形或骨折。健康动物胸廓两侧对称，脊柱平直，肋骨隆起，肋间隙的宽度均匀，呼吸亦对称。

(2)临床意义　桶状胸可见于严重的肺气肿、小动物的胸水、急性纤维性胸膜炎等。扁平胸又称鸡胸，可见于佝偻病、软骨症、慢性消耗性疾病。两侧胸廓不对称可见于一侧肋骨骨折、单侧性胸膜炎、胸膜粘连、骨软症、代偿性肺气肿等。叩诊胸部时，动物表现回视、躲闪、反抗等疼痛不安现象，提示胸壁敏感，可见于胸膜炎。

5.肺部的检查

(1)肺部的叩诊

检查方法　大动物宜用锤板叩诊法，中小动物可用指指叩诊法。健康动物的肺区叩诊呈清音。正常的叩诊清音区多呈近似的直角三角形。

临床意义　叩诊肺脏时，若清音区的后下界明显扩大，可见于肺气肿。出现局灶性浊音，常见于小叶性肺炎、肺脓肿、肺结核、肺肿瘤等；大面积浊音区，可见于大叶性肺炎；叩诊呈水平浊音，可见于渗出性胸膜炎和胸腔积水；叩诊呈鼓音或过清音，可见于肺泡气肿和气胸以及大叶性肺炎的充血期与吸收期。

(2)肺部的听诊

检查方法　听肺泡呼吸音及支气管呼吸音的强度、音调、性质及持续时间。在健康动物的肺区可听到柔和的肺泡呼吸音，其音性类似吹风样的“夫、夫”音，吸气末最为清楚。除马外，其他动物在肺区的前部可听到“赫、赫”的支气管呼吸音。

临床意义　①肺泡呼吸音的变化：可分为增强、减弱及断续性呼吸音。肺泡呼吸音增强，如重度“夫、夫”之音，可见于大叶性肺炎、小叶性肺炎、渗出性胸膜炎等。肺泡呼吸音减弱，可见于各型肺炎、肺结核及肺气肿。肺泡呈断续性呼吸音，可见于肺结核、支气管炎、肺硬变等。②病理性支气管呼吸音：在肺区内听到明显的支气管呼吸音，即系病态，可见于肺炎(实变)、肺结核等。③啰音：可分为干啰音和湿啰音。干啰音是支气管炎的典型症状，由于支气管狭窄或有少量黏稠分泌物所致，见于支气管炎、肺炎等。湿啰音又称水泡音，见于肺水肿、肺出血、支气管炎及各型肺炎的渗出期、肺结核液化期等。④捻发音：类似揉捻毛发样的声音，是细小的水泡音。由于肺泡内有少量黏稠分泌物，吸气时黏合的肺泡被气流冲开所致。⑤胸膜摩擦音：出现于吸气末期及呼气初期，呈断续性，类似两层的胸膜面互相摩擦而产生杂音。摩擦音为纤维蛋白性胸膜炎的特征，亦可见于大叶性肺炎、牛肺疫、肺结核及猪肺疫等。

(四)泌尿生殖系统的临床检查

1.排尿动作及尿液的感官检查

(1)排尿动作的检查

检查方法　各种动物依其性别的不同而采取固有的排尿姿势。在检查时，要注意观察动物在排尿过程中的行动与姿势。

临床意义　①多尿与频尿：多尿表现为排尿次数增多，同时每次均有大量尿液排出，可见于慢性肾病或渗出性胸膜炎的吸收期；频尿则表现为时呈排尿动作，而每次仅有少量尿液排出，主要见于膀胱炎及尿道炎。②少尿与无尿：少尿表现为排尿次数减少而且尿量也减少，可见于热性病、急性肾炎。真性无尿则无尿排出，可见于急性肾炎；假性无尿可见于尿道结石或阻塞，此时可见排尿行为，但无尿液排出。③尿失禁：动物未采取一定的准备动作和排尿姿势，而尿液不由自主地经常自行流出。可见于某些脑病、昏迷、中毒等。

(2)尿液的感官检查　利用视诊和嗅诊检查尿液的气味、透明度、颜色及混有物。

检查方法　健康动物尿液的颜色因畜种不同而不同，马尿为深黄色，黄牛尿为淡黄色，水牛和猪尿呈水样外观。

临床意义 尿呈强烈的氨臭味，可见于膀胱炎；猪尿有腐败臭味时，应注意于猪瘟。尿色变深，可见于热性病或尿量减少；尿呈深黄色且其泡沫亦被染成黄色，可见于肝病及胆道阻塞。血红蛋白尿多透明，放置后无红细胞沉淀，血红蛋白尿是溶血的特征，可见于新生仔畜溶血病、牛血红蛋白尿症或梨形虫病。在马则应注意肌红蛋白尿症。血尿混浊，放置后可出现红细胞沉淀，血尿是肾或尿路、膀胱出血的结果。如为鲜血，可见于尿道损伤；如混有大量血凝块，可见于膀胱出血、肾或膀胱肿瘤。

2. 膀胱的检查

(1)检查方法 检查者由后腹部由下方或侧方进行触诊，以判定膀胱的内容物、充盈度及其敏感性。

(2)临床意义 在病理情况下，膀胱疾病所引起的临床症状表现有尿频、尿痛、膀胱压痛、排尿困难、尿潴留和膀胱膨胀等。触诊膀胱区呈波动感，见于膀胱内尿液潴留；如随触压而被动的流出尿液，则提示膀胱麻痹；动物对触诊呈敏感反应，可见于膀胱炎。

3. 肾脏的检查

(1)检查方法 视诊主要观察动物腰背部肾区有无异常情况。叩诊检查大动物时，检查者先将左手掌平放于肾区腰背部上，然后用右手握拳，轻轻在左手背上叩击，同时观察动物的反应。检查小动物时，检查者可用两手在腰椎横突下面自腹上侧方进行触诊。

(2)临床意义 视诊动物表现腰背僵硬、拱起，运步小心，后肢向前移动迟缓；牛的腰肾区呈膨隆状；猪表现弓背，后躯摇摆；马呈现轻度肾性腹痛等，可见于急性肾炎、化脓性肾炎、肾水肿等。肾区的捶击实验或触诊时动物表现为疼痛不安，可提示肾炎。

4. 外生殖器及乳房的检查

(1)检查方法

公畜 观察动物的阴囊、阴茎有无变化。特别要注意睾丸的大小、形状、硬度以及有无隐睾、压痛、结节和肿物等。

母畜 注意观察外阴部的分泌物，阴道黏膜的颜色、湿度、损伤、炎症、肿物、溃疡以及乳房、乳头的外部形态。

(2)临床意义 阴道分泌物增多，流出脓性物或腐败物，可提示阴道炎、子宫炎。阴道黏膜潮红、肿胀、溃疡，提示阴道炎；阴道黏膜黄染，可见于黄疸。乳房肿胀，有热痛反应，乳腺硬结，乳汁凝结或混有血液、脓汁，为乳房炎的症状。

(五)神经系统的检查

1. 中枢神经机能的检查

(1)检查方法 观察动物的面部表情、眼、耳、尾、四肢及皮肌的动作，身体的姿势，运动时的反应。健康动物姿态自然，动作敏捷而协调，反应灵活。

(2)临床意义 ①精神兴奋：动物表现不安、易惊，对轻微的刺激产生强烈的反应，狂奔乱走，甚至攻击人畜。可见于脑膜充血、炎症，颅内压升高，代谢障碍以及各种中毒。②精神抑制：动物低头垂耳，眼半闭，尾巴不摇摆，呆立不动，不注意周围的事物，反应迟钝。可见于脑炎、脑肿瘤、代谢病以及中毒症。

2. 头颅和脊柱的检查

(1)检查方法 观察头颅的形状、大小及脊柱的外形。

(2)临床意义 ①头颅局限性隆突，可见于局部外伤、肿瘤、副鼻窦蓄脓；头颅骨骼变形，可见于骨软症、佝偻病、纤维性骨炎等；头颅局部增温，可见于热射病、脑充血、脑膜和脑的炎症。②脊柱上弯、下弯或侧弯，可见于脑膜炎、脊髓炎、破伤风以及骨软症；脊柱局部肿胀、疼痛，常为外伤的结果；脊柱僵硬，常见于破伤风、腰肌风湿、猪肾虫病等。

3. 感觉机能的检查

(1)特种感觉的检查

检查方法　①视觉检查：观察眼睑、眼球、角膜、瞳孔的状态；检查视力时，可牵引动物前进，使其通过障碍物；还可用手在动物眼前晃动，或做欲将打击的动作，观察其是否有无闭眼反应。②听觉检查：一般在安静的环境下，利用人的吆喝或给予其他声音的刺激，以观察动物的反应。

临床意义　①视力减弱甚至完全消失，可提示眼疾、视神经异常以及中毒症等。动物视觉增强，表现为羞明，可见于结膜炎、脑膜炎、日射病、热射病以及眼炎初期等。②听觉增强时，动物听到轻微的声音，即将耳朵转向发音的方向，同时惊恐不安、肌肉痉挛等，可见于破伤风、牛酮血症、狂犬病等；听觉减弱时，动物对较强的声音刺激无任何反应时，主要提示脑中枢疾病。

(2)浅感觉的检查

检查方法　浅感觉的检查是指皮肤和黏膜感觉，包括触觉、痛觉、温觉和电感觉。在动物主要检查其痛觉和触觉。检查时，为了避免视觉的干扰，应先将动物的眼睛遮住，然后用针头以不同的力量针刺皮肤，观察动物的反应。一般先由感觉较差的臀部开始，再沿脊柱两侧向前，直至颈侧、头部。健康动物针刺后，立即出现反应，表现相应部位肌肉收缩，被毛颤动或迅速回头、竖耳或做踢咬动作。

临床意义　①感觉增强，可见于局部炎症、脊髓膜炎。②感觉减弱，可见于脊髓横断性损伤，如挫伤、压迫及炎症等。③感觉异常，不受外界的刺激影响而产生的感觉，如痒感、蚁行感、烘灼感等，可见于皮肤病、外寄生虫引起的痒感以及伪狂犬病。

4. 运动机能的检查　首先观察动物静止时肢体的位置、姿势，然后让动物自由活动，观察有无不自主运动、共济失调等现象。另外，用触诊的方法检查肌腱的能力及硬度。

四、分析讨论

1. 在一般临床检查后，根据习惯和具体情况，按照一定的顺序进行器官系统的临床检查。对不同动物或动物的不同部位，系统检查的重点和方法不尽相同，临床应灵活应用。

2. 在全面、系统的临床检查后，有时可以根据取得的症状、资料，而提示诊断或建立初步诊断。但更多的情况是仅仅根据一般的临床检查所得到的症状、材料，尚不足以做出明确的诊断，因此，要在临床检查结果的提示下，实施某些特殊的检查项目和内容，如实验室检查、其他的特殊器械的应用等。

（李文平）

实习八　病历及处方

一、实 习 目 的

了解病历及处方的作用和内容；结合兽医院病例或临床病例，学会规范书写病历，能正确开写处方。

二、实 习 材 料

1. 动物　牛、羊、猪、马、犬、猫、兔等。

2. 器材　临床检查常规器械；病历表、处方笺。

三、实 习 内 容

(一)病历记录

1. 填写病历的原则

(1)全面而详细　所有关于问诊、临床检查、特殊检验的所见及结果都要详尽地记入，以求全面而完整。某些检查项目的阴性结果亦应记入，可作为排除诊断的依据。

(2)系统而科学　为了使记录系统化，便于归纳整理，所有内容应按系统或部位有秩序地记载。

(3)精炼而恰当　各种症状、所见应以名词或术语加以客观的描述，描述要精炼，用词要恰当。不宜以病名概括所见的现象，如口腔黏膜潮红、肿胀、口温增高、唾液分泌增多等现象，不能简单地记录为“口腔发炎”。

(4)真实而具体　各种症状、变化、现象力求真实而具体，最好以数字、程度标明或用实物加以恰当的比喻，必要时附以略图进行确切的形容和描述，以避免用“可能”、“似乎”、“好像”等模棱两可的词句。

(5)通俗而易懂　词句应通顺、简明，便于理解。有关主诉内容，可用群众的自述语言记录之。

(6)现场记录　切忌补记和涂改。

2. 病历的内容　病历记录的内容可参考表 8-1 和表 8-2。

(1)患病动物登记事项　参考实习六。

(2)主诉及问诊资料　参考实习六。

(3)临床检查所见　是病历组成的主要内容，特别是初诊时更应详尽，应按以下顺序填写。①临床三大指标：记录体温(℃)、脉搏次数(次/min)及呼吸次数(次/min)。②一般临床检查结果：包括整体状态、表被状况、眼结合膜的颜色、浅表淋巴结及淋巴管的变化等。③系统检查结果：按心血管系统、呼吸系统、消化系统、泌尿生殖系统、神经系统及运动系统等的顺序记录。也可依头颈部、胸部、腹部、脊柱及肢蹄等躯体部位和器官记录。④实验室及特殊检查结果：直接记录实验室或特殊检查结果，或以附表的形式记入病历表中，如血、尿、粪、胃内容物、脑脊液、渗出液与漏出液等的检验结果，X 线透视或摄影报告，心电图、超声波记录等。

(4)病历日志　即复诊记录，逐日重点记录初诊后病情的变化和治疗效果，补充的检查结果及诊断、治疗措施。

表 8-1　病历记录表　　第 1 页

<table>
<tr><td rowspan="2">门诊编号</td><td rowspan="2"></td><td rowspan="2">初诊日期：
年　月　日</td><td rowspan="2">住院号</td><td rowspan="2"></td><td>入院日期</td><td>年　月　日</td></tr>
<tr><td>出院日期</td><td>年　月　日</td></tr>
<tr><td>畜主姓名</td><td></td><td>住址</td><td colspan="2"></td><td>联系电话</td><td></td></tr>
<tr><td>畜别</td><td></td><td>性别</td><td></td><td>年龄</td><td></td><td>毛色</td><td></td><td>品种</td><td></td></tr>
<tr><td>用途</td><td></td><td>体重</td><td></td><td>过敏药物</td><td></td></tr>
<tr><td colspan="10">主诉或病史：</td></tr>
<tr><td>一般
临床
检查</td><td colspan="9">临床检查：体温　　℃，脉搏数　　次/min，呼吸数　　次/min
整体状态：
皮肤和被毛：
可视黏膜：
浅表淋巴结：</td></tr>
<tr><td>系统
临床
检查</td><td colspan="9">心血管系统：
呼吸系统：
消化系统：
泌尿生殖系统：
神经系统：
运动系统：</td></tr>
<tr><td colspan="10">其他检查：</td></tr>
<tr><td>诊断</td><td colspan="4"></td><td>兽医师</td><td colspan="4"></td></tr>
</table>

表 8-2　病历记录表(病历日志)　　第 2 页

日　期	经　　过	治　　疗	兽医师签名

(5)诊断、治疗及处方　有些患病动物在检查之后暂时无法确诊，应提出初步诊断意见，待

进一步检查及会诊后作出最后诊断。根据诊断提出治疗方案并开出处方，并指出在饲养、管理上应注意的事项。如动物以死亡为转归时，应进行剖检，并记录剖检所见。

(6)病历的总结　每个病例治疗结束时，应对诊断和治疗过程及结果加以评定，最后应总结全部诊疗过程中的经验教训。或者同一种疾病的病历积累了很多以后，详尽地分析多年的病历记录，可以查明某一疾病发展和消灭的规律，形成经验总结，并利用各种资料进行科学研究。因此，根据记录的实际资料，参考有关文献，综合分析才能对某一疾病的病因、发病机理、临床症状与病程的特点等有一个清晰全面的概念，同时可以判断和分析自己的诊断与治疗是否合理，进而在总结的基础上提高一步。

(二)处方原则

1. 处方的内容及书写格式　一般兽医院(站)都有印好的处方笺，开写处方时，只需按照各项内容填写即可。一个完整的处方应当包括下列内容(表 8-3)：

(1)登记部分　根据处方笺的内容填写患病动物种属、年龄、性别、体重；动物主人的单位或姓名；门诊号或住院号等。

(2)处方上项　在空白的处方部分，常以“R”或“Rp”开头，这是拉丁文 recipe 的简写，是“请取”的意思，也就是请药房工作人员取下列药物；也可用中文书写“处方”作为开头。

(3)处方中项　在“Rp”或“处方”下面，应按药物的名称、规格和数量，每药 1 行，逐行书写。药物的名称写在左边，药物的剂量写在右边。药物名称应写《兽药规范》规定的名称全称，或通用商品名或缩写名称。书写剂量时，数量以阿拉伯数字书写，如有小于 1 的数量时，小数点前应加 0；如为整数，小数点后也要写 0，且上下小数点应对齐。剂量单位按统一规定，制剂要注明规格及含量。

表 8-3　处方笺样例

×××兽医处方笺

处方编号：　　　　　　　　年　月　日

动物单位：　　　　　　　　门诊号(住院号)：

动物种别：　　　　　　　　体重：

处方：

磺胺嘧啶	2.0 g
磺胺噻唑	2.0 g
非那西汀	0.5 g
甘草粉	5.0 g
碳酸氢钠	4.0 g
常水	适量

配制：加水调成糊状

用法：(猪)一次投服

兽医师(签名)　　调剂师(签名)　　药价：　元

(4)处方下项　写明制成何种剂型，若处方是现有的剂型可省略。

(5)使用方法　对药房人员指明如何配法，对动物主人指明如何用法(间隔时间和次数等)。

(6)兽医师及药剂师签名　兽医师签名前应仔细核对处方，确认无误方可签名，并注明处方开写日期。药剂师也应校对签名。

2. 处方开写的注意事项　①处方不可用铅笔书写，并且不得涂改。②开写的毒、剧药品剂量不得超过极量，如因特殊需要而超量时（如阿托品用于抢救有机磷中毒），应在剂量旁加惊叹号，同时加盖处方医师印章（或签名），以示负责。③一张处方开有多种药物时，应将起主要作用的药物（主药）写在前面，依次开写起辅助作用的药物（辅药）、矫正主药和辅药不良作用或不良气味的药物（矫正药）、赋予处方中药物一定剂型的药物（赋形药）。④如在同一张处方笺上书写几个处方时，每个处方的中项均应完整，并在每个处方第一个药名的左上方写出次序号，如①，②，③等。⑤处方中不用不规范的简体字。

四、分析讨论

1. 病历记录是全面系统收集病例临床资料的书面材料，也是提高临床诊疗水平，有利于经验总结的原始记载，更是诊疗机构的法定文件。它不仅供内部诊疗人员查阅，也可供外来工作者的参考。因此必须认真填写、妥善保管。

2. 分析病历时应注意以下要点。①确定疾病的性质：应将所观察的病例，按一般临床分类法，列入一定的疾病类别之中。②明确病因：根据所观察的病例确定相应的发病原因。如果不能正确的肯定，则提出可靠的推断。③发病机理分析：应分析该病一般的发病机制，尤其是上述病因如何作用于机体，导致出现其临床表现及病理变化的，并将所观察病例的病程特点与文献中所记录的该病的病程加以比较。④临床症状分析：应分析该病的典型症状，所观察病例的症状特点。对于少见的症状以及从未记载过的症状，应特别仔细地加以分析。⑤疾病的鉴别诊断：叙述与类似疾病的鉴别诊断要点。⑥诊断结论的论证：即提出建立该诊断结论的依据。在这一部分中必须利用病史、临床症状及流行病学资料，还要引用实验室检查及特殊检查等补充资料。⑦治疗分析：简要分析该病常用的疗法，特别强调用于该病的特效疗法。不仅要论证治疗方法和药物的选用，还要表明各种药剂的特点并阐明应用的理由。如果作手术治疗，应叙述手术方法及手术过程中的关键要领。⑧预后分析：应根据患病动物的状况、治疗效果分析其预后，并说明饲养管理的注意事项。如果动物死亡，应分析死亡原因。

3. 处方是兽医师给患病动物开的药方（药单），应开写在正规处方笺上。处方是药房配药、发药的依据，也是药房管理中药物消耗的原始凭证。处方是否正确，直接影响治疗效果和病例安全，兽医及药剂人员都必须有高度的责任感，不容许在开写处方或调配处方时产生任何差错。若由此而造成医疗事故及生产上的损失，兽医师及药剂师将要负法律上的责任，一定要严肃认真对待。为了正确开写处方，兽医师不仅应具有丰富的临床兽医学知识，而且要掌握药物的药理作用、用途、毒性、剂量、用法和配伍禁忌等知识。处方应保存一定的时间，以备查阅。

（邓俊良）

实习九　临床给药技术

一、实 习 目 的

学会临床上常用给药技术的操作方法;掌握每种给药方法的应用范围和注意事项。

二、实 习 材 料

1.动物　牛、羊、猪、马、犬、猫、兔等。

2.器材及药品　常规药物;长颈塑料瓶、橡胶瓶、斜口竹筒、药匙、投药枪、胃管、开口器、灌肠器、漏斗;各种注射器及注射针;穿刺针;通乳针;碘酒及酒精棉球等。

三、实 习 内 容

(一)药物内服法

1.拌料给药法　将药物混入饲料中给药,称为拌料给药。

(1)适用范围　当发病动物尚有食欲或大群动物发病和进行药物预防时使用。该方法在禽类中使用最多。

(2)方法　首先根据动物的数量、采食量、给药剂量计算出药物和饲料的用量,准确称取后将所用药物先混入少量饲料中,反复拌和,然后再加入部分饲料拌和,这样多次逐步递增饲料,直至将饲料混完。充分混匀后将混药饲料喂给动物,让其自由采食。对于个体发病动物,也可将个体剂量的片剂、散剂或丸剂药物包入大小适中的面团、馒头、肉块中,让其单个自由吞食。

(3)注意事项　用于混饲的药物一般为粉剂或散剂,如为片剂应将其研成细粉状再用;混药的饲料也应为粉末状,才能将药物混匀,以免发生中毒和达不到防治目的。混饲的药物应无异味或刺激性,不影响动物食欲。一般情况下要求将混药饲料现混现用,每次食净。为防止动物争食、暴食,应将其按大小、体质不同分群喂给药料。在给药料前进行适当停食,以保证药料迅速食净。

2.饮水给药法

(1)适用范围　尚有饮欲的发病动物以及大批动物进行药物防病和经口补液,尤其是禽类更为适用。

(2)方法及注意事项　根据动物的数量、饮水量及药物特性和剂量等准确算出药物和水的用量。一般在水中不易破坏的药物,可以在 1 d 内饮完。在水中一定时间易破坏的药物,宜在规定时间内饮完,以保证药效。饮水应清洁,不含有害物质和其他异物,不宜采用含漂白粉的自来水来溶解药物。投药前停止供水 1～2 h,然后再饮用药水。药物应充分溶解于水,并搅拌均匀。冬季应将药水加温到 20℃左右,再给动物饮用。

3.简易经口灌药法

(1)适用范围　经口灌药法是将药液投到患病动物胃内,以达到治疗疾病的方法。适用于水剂药物或散剂及研碎的片剂等加适量的水而制成的溶液、混悬液。各种动物均可应用,但多用于牛。

(2)器材　灌角,灌药瓶(长颈的塑料瓶、橡胶瓶),竹筒(斜口),药匙或不接针头的注射器,开口器,盛药盆等。

(3)方法

马属动物的灌药法　①站立保定,用一条软细绳从柱栏前方的横木穿过,一端制成圆套从笼头鼻梁下面穿出,套在上腭切齿后方,另一端由马主人拉紧将马头吊起,使口角与耳根连线呈水平,并令马主人另手把住笼头。②术者站在马侧前方,一手持盛药液的灌角(或灌药瓶),自一侧口角通过门、臼齿间的空隙插入口中送向舌根,翻转灌角并提高把柄将药液灌下,取出灌角,待其咽后再灌,直至灌完。

牛的灌药法　①站立保定,助手一手握角根,另一手握鼻中隔,或安装牛鼻钳,使口角与眼角连线呈水平。②术者站在牛头斜前方,左手从牛的右侧口角处伸入口腔,并压着舌头,右手持盛满药液的灌药瓶,自牛的左侧口角伸入舌背部,抬高瓶底并轻轻振抖,如用橡胶瓶时可压挤瓶体,促进药液流出,待其咽后再灌,直至灌完。但不要连续灌,以免误咽。

猪的灌药法　①哺乳仔猪给药时,助手右手握两后肢,左手从耳后握住头部,使猪呈腹部向前,头在上的姿势;并用拇、食指压住两边口角,猪口腔自然张开。术者用药匙或注射器(不连接针头)自口角处,徐徐灌入药液;投入药后使其闭嘴,可自行咽下。②仔猪、育成猪或后备猪灌药时,助手握住两前肢,使腹部向前将猪提起,并将后躯夹于两腿之间,或将猪仰卧在猪槽中。灌药时一手用小木棒(或开口器)将嘴撬开,另手用药匙或小灌角进行灌服。

禽的灌药法　一人握住禽的两腿及两翼,灌药者一手拇指和食指将禽嘴打开,另一手持药匙或注射器将药液徐徐滴入口中使其咽下,直至灌完。

犊、驹、羊、犬、猫、兔的灌药法　可参考猪的灌药方法。

(4)注意事项　①灌药前应将动物保定确实,操作须谨慎细心,切忌粗暴,防止将药物灌入气管和肺中,防止被动物抓、咬伤。②每次灌入的药量不宜过多,不宜过急,不能连续灌,以防误咽。③头部吊起或仰起的高度,以口角与眼角连线呈水平为佳,不宜过高。④灌药中,患病动物如发生强烈咳嗽时,应立即停止灌药,并放低动物头部,促使药液咳出,安静后再灌。⑤动物(猪、羊)在嚎叫时喉门开张,应暂停灌药,待停叫后再灌。⑥当患病动物咀嚼吞咽时,如有药液流出,应以药盆接取之,以免不必要的流失。

4.胃管投药法　用胃管经鼻腔或口腔插入食道,将大量的水溶性药液、可溶于水的流质药液或有恶臭的刺激性药物投到患病动物食道(或胃)内的给药方法。

(1)适用范围　适用于各种动物疾病的治疗;探查食道的通透性;抽取胃液、排出胃内气体及胃内容物;人工喂饲流食;中毒或过食的洗胃。

(2)器材　胃管、开口器、漏斗、注射器,根据动物种类及大小合理选用。

(3)方法

马属动物经鼻胃管投药法　①病马妥善保定,畜主站在马头左侧握住笼头,固定马头。②术者站于马头稍右前方,用左手无名指与小指伸入左侧上鼻翼的副鼻腔,中指、食指伸入鼻腔,与鼻腔外侧的拇指固定内侧的鼻翼。③右手持胃管将前段通过左手拇指与食指之间沿鼻中隔徐徐插入胃管，并加以固定，防止患病动物骚动时胃管滑出。④当胃管抵达咽部后，随患病动物咽下动作将胃管插入食道。动物拒绝下咽、推送困难时不要强行推送，应稍停或轻轻抽动胃管，诱发吞咽动作，顺势将胃管插入食道。⑤判定胃管正确插入食道后（表 9-1），再将胃管推送至颈部下 1/3 处，外连接漏斗，先投少量清水证明无误后，即可投药。⑥投药结束，再投入少量清水，冲净胃管内残留的药液（或折叠胃管末端或堵塞胃管口），然后再慢慢抽出胃管。用完的胃管清洗后放在 2%煤酚皂溶液中浸泡消毒，清洗后备用（图 9-1）。

表 9-1　胃管插入正误判定

鉴别方法	插入食道内	误入气管内
手感和观察反应	胃管前端到达咽部时稍有抵抗感，胃管进入食道，推送胃管稍有阻力感，发涩	推送胃管无阻力，有时咳嗽，骚动不安
来回抽动胃管	胃管前端在食管沟呈明显的波浪式蠕动	无波动
向胃管内充气反应	随气流进入，颈沟部见明显波动	无波动感
接压扁的橡皮球	橡皮球不再鼓起（反刍兽除外）	压扁的橡皮球迅速鼓起
将胃管外端放到耳边听	听到不规则的"咕噜"声或水泡声，无气流冲击耳边	随呼吸动作出现有节奏的呼出气流
将胃管外端浸入水里	无气泡或出现与呼吸无关的气	随呼吸动作出现规律性水泡
触摸颈沟部	颈沟区有一硬的管索状物，抽动胃管更明显	无
鼻嗅胃管外端气味	有酸臭气	无
外接注射器回抽（小动物）	抽不动，或胃管变扁，松手后注射器内芯回缩	轻松抽动，有大量气体进入注射器

牛经口胃管投药法　①保定栏内站立保定，安装牛鼻钳，或一手握住角根，另一手握鼻中隔，使牛头稍高抬固定，然后装上横木开口器（或特制开口器），并用绳系在两角根后部。②术者取胃管，从开口器的中间孔插入，前端抵达咽部时，轻轻来回抽动以刺激吞咽动作，随动物吞咽时将胃管插入食道中，以后的操作与马的相同。③最后取下开口器，解除保定（图 9-2）。

图 9-1　马胃管投药法

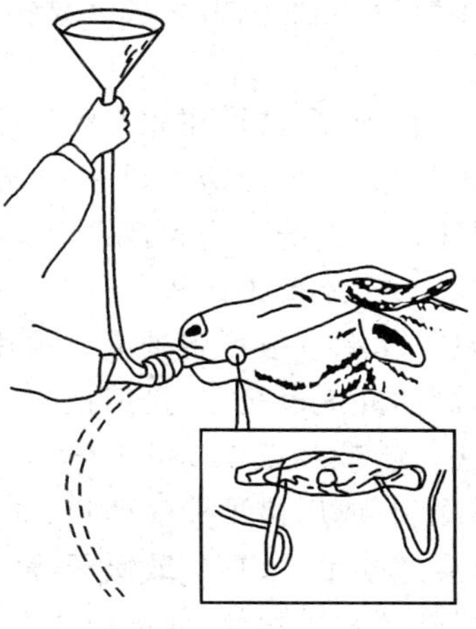

图 9-2　牛胃管投药法

猪、羊经口胃管投药法　助手抓住动物的两耳（或羊角），将前躯夹于两腿之间，如果是大猪可用鼻端固定器固定，并装上横木开口器（或特制开口器）固定于两耳后。术者取胃管，从开口器的中间孔插入食道内，以后的操作要领与牛的经口胃管投药法相同。

犬、猫、兔经口胃管投药法　动物确实保定，使其头部前伸。将开口器放入口内，一般情况下动物会自动咬紧开口器，或抓住嘴稍加用力即可固定。将胃管（一般为适宜大小的人用导尿管）沿开口器小孔插入口中，经口咽部送入食道内，验证后，再送入一定深度，然后接上注射器或漏斗，慢慢灌入药液。

(4)胃导管插入食道的判定方法　胃管投药时，必须准确判断是否插入食道，否则会将药液误投入气管和肺内，引起异物性肺炎，甚至窒息死亡。因此必须谨慎操作，投药前应采用各种方法综合判定胃管是否插入食道内，判定方法见表 9-1。

(5)注意事项　①胃管投药前应根据动物的种类和大小选择相应的开口器、口径及长度和软硬适宜的橡胶管（胃管）。开口器（尤其横木开口器）应压住动物舌部，以免舌的活动将胃管推出或咬断。胃管及其他用具使用前应以温水清洗干净，将胃管前端涂以润滑剂，然后盘成数圈（涂油端向前上方，另端向前下方）备用。②患病动物呼吸极度困难或有鼻炎、咽炎、喉炎时，应禁用胃管给药。③反刍兽插入胃管后，如有气体排出，应鉴别是来自胃内还是呼吸道内。来自胃内气体有酸臭味，与呼吸动作不一致。④当胃管进入咽部或上部食道时，有时会发生呕吐，此时应该放低动物头部，以防呕吐物误入气管中。如果呕吐物很多，则应抽出胃管，待吐完后再投。⑤经证实胃管插入食道深部后，方可进行投药。如果投药中引起咳嗽气喘，应立即停止。如果投药过程中因动物骚动，使胃管移动脱出时，也应停止投药，在重新插入判断无误后再继续投药。⑥经鼻插入胃管，有时会引起鼻出血。少量出血时，可将动物头部适当高抬或吊起，冷敷额鼻部，并不断淋浇冷水；出血过多冷敷无效时，可采用 1%鞣酸棉球塞于鼻腔中，或皮下注射 0.1%盐酸肾上腺素 5 mL，必要时可注射全身止血药。⑦插入或抽动胃管时要小心、缓慢，不宜粗暴。

(6)药物误投入呼吸道的表现及其抢救措施　药物误投入呼吸道后，动物立即表现不安，频频咳嗽，呼吸急促，鼻翼开张或张口呼吸；然后出现肌肉震颤、出汗，黏膜发绀，心跳加快，心音增强；数小时后体温升高，表现为异物性肺炎的症状。如果投入大量药液时，可造成动物窒息或迅速死亡。

在投药过程中，应密切注意患病动物的表现，一旦发现异常，应立即停止投药。使患病动物低头，促进咳嗽，呛出药液。可采用强心剂或给予呼吸中枢兴奋剂，也可大量注射抗生素。严重者按异物性肺炎的疗法进行抢救。

5. 片剂、丸剂、舔剂投药法

(1)用具　舔剂一般可用光滑的木片或竹片。丸剂、片剂可用徒手投服，亦可用镊子投服，必要时用特制的丸剂投药器（投药枪）。

(2)方法　①动物确实保定。②术者或助手打开或撬开动物口腔，另一手持药片、药丸或用竹片刮取舔剂，或用镊子夹住药片（丸），自另一侧口角送入舌根部投药（反转竹片将药剂抹在舌背面），急速抽出手、竹片或镊子等，使其闭口，并用右手掌托其下颌骨，使头稍高抬，让其自行咽下（或外部刺激咽部，促进快速吞咽）。③如用丸剂投药器，先将药丸装入投药器内，术者持投药器自动物一侧口角伸入并送向舌根部，迅即将药丸打（推）出后，抽出投药器，待其自行咽下。④投药后视其需要可灌少量饮水。

(二)注射法

1. 皮下注射法　将药液注射于皮下结缔组织内，经毛细血管、淋巴管吸收进入血液，发挥药效，达到防治疾病的方法。

(1)适用范围　凡是易溶解、无强烈刺激性的药品及疫(菌)苗等，都可进行皮下注射。因皮下有脂肪层，吸收较慢，皮下注射一般需 5～10 min 才能显现药效，但皮下注射维持时间长。

(2)注射部位　注射部位多选择在皮肤较薄、富有皮下结缔组织、松弛易移动而活动性较小的地方。大动物多在颈部两侧；猪在耳根后或股内侧；羊在颈侧、肘后或股内侧；兔在背部皮下；犬、猫在颈侧、背部两侧或股内侧；禽类在翼下。

(3)方法　①动物保定确实。②注射部位剪毛、消毒(多采用同心圆消毒法，即用消毒镊子夹持 5%的碘酊棉球或 75%酒精棉球从注射部位的中心以同心圆向周围涂擦)。③注射时，左手中指和拇指捏起注射部位的皮肤，同时以食指尖压皱褶向下陷呈窝状，右手持连接针头的注射器，从皱褶基部陷窝处刺入皮下 2～3 cm，如果感觉针尖无抵抗，并能自由活动时，左手把持针头结合部，右手推压针筒活塞，即可注射药液。④注完药液后，左手持酒精棉球按住刺入点，右手拔出针头。对注射部位可轻轻按摩或温敷，以促进吸收，但避免压挤，以防药液流出。

(4)注意事项　刺激性较强的药品，不能作皮下注射；如需注射大量药液时，应做分点注射。

2. 皮内注射法

(1)适用范围　皮内注射是指将药液等注入动物表皮和真皮层之间的一种方法，用于某些疾病的变态反应诊断，如牛结核、牛肝片吸虫病、马鼻疽等，或进行药物过敏试验及炭疽苗、绵羊痘苗等的预防接种。

(2)注射部位　注射部位根据动物种类不同和注射目的不同可在颈侧中部或尾根内侧。

(3)方法及注意事项　用卡介苗注射器吸取药后，排出注射器内的空气。局部常规消毒处理后，左手将皮肤捏起皱褶，注射器针头斜面向上，在皮肤皱褶的顶部与注射部位皮肤呈小于 35°角刺入皮内 0.2～0.5 cm，深达表皮和真皮层之间，缓慢注入药液。注射正确时，感到推药有较大的阻力，注射部位形成小豆大的隆起硬结。

3. 肌肉注射法　将药物注入肌肉组织内的给药方法，肌肉注射是兽医临床上应用最多的方法。

(1)适用范围　由于肌肉内血管丰富，故药液吸收较快。又因肌肉内的感觉神经较少，所以注射时疼痛较轻微。一般有一定刺激性和较难吸收的药液、静脉注射有副作用的药液、不能进行静脉注射的油剂和乳剂等都可采用肌肉注射法；要使药液被缓慢吸收，持续发挥作用，也可采用肌肉注射。

(2)注射部位　凡肌肉丰满的部位均可进行肌肉注射，但应注意避开大血管及神经的径路。大动物及犊、驹、羊等多在肩前颈部及臀部；猪在耳根后、臀部或股内侧；禽类在胸肌、翼根内侧肌肉或大腿部肌肉；犬、猫、兔等小动物在背最长肌、股内外侧(但后肢肌肉注射，由于疼痛剧烈，可能引起跛行)。

(3)方法　左手的拇指与食指轻压注射局部，右手按执笔式持吸好药液的注射器使针头与皮肤呈垂直状态，避开大血管及神经的径路，迅速刺入肌肉内 2～4 cm，而后用左手拇指、食指把持针头结合部，以食指指节顶在皮上，再用右手抽动针筒活塞，确认无回血时，即可注入药液。注射完毕，用左手持酒精棉球压迫针孔部，迅速拔出针头。对未保定的动物(如猪)，多用右手握注射器对准注射部位迅速进针，左手推药的方法进行注射。

（4）注意事项　①具有强刺激性的药物，如水合氯醛、氯化钙、浓盐水等，不能进行肌肉注射。②注射针头刺入的深度，一般只刺入 2/3，不宜全部刺入，以防针头折断。③一旦针头折断，应立即拔出，如不能拔出时，先将患病动物保定好，行局部麻醉后，迅速切开注射部位，用小镊子或钳子拔出折断的针体。④注射时，注射针头如果接触到神经，动物会骚动不安，此时应变换针头方向，再注射药液。⑤对于皮厚或保定不确实的大动物（如牛），可先进针，再连接吸好药液的注射器进行注射。

4. 静脉注射法　静脉注射是将药液直接注入静脉血管内的一种注射给药方法。

（1）适用范围　大量的补液、输血；以治疗为目的的急需速效的药物（如急救、强心等）；一般刺激性较强的药物或皮下、不能肌肉注射的药物（如 $CaCl_2$、浓盐水等）等可采用静脉注射，但也有些药物不宜进行静脉注射。

（2）注射部位　马、牛、羊、骆驼、鹿等在颈静脉的上 1/3 与中 1/3 交界处；猪在耳静脉或前腔静脉；犬、猫在前肢正中（臂）静脉或后肢隐静脉；禽类在翼下静脉；特殊情况也可在胸外静脉（如奶牛乳房静脉）注射。

（3）方法

颈静脉注射法　适用于马、牛、羊、骆驼、鹿等。①动物站立保定，头前伸并偏向注射侧的对侧以暴露注射侧颈静脉，局部剪毛消毒。②用左手拇指横压注射部位稍下方（近心端）的颈静脉沟上，使静脉管充盈怒张。③右手持连接针头并装有药液的注射器，使针尖斜面向上，沿颈静脉径路，在压迫点前上方约 2 cm 处，使针尖与皮肤呈 30°～45°角，准确迅速地刺入静脉内，手感空虚、轻轻抽动针筒活塞见有回血后，再沿血管向前顺针，将针头尽量顺入血管，以防动物骚动针头滑出血管。④松开左手同时用拇指、食指固定针头结合部，靠近皮肤，放低右手减少其间角度，推动针筒活塞徐徐注入药液。⑤注射完毕，左手持酒精棉球压紧针孔，右手迅速拔出针头，而后涂 5%碘酊消毒。⑥对牛等皮肤较厚的动物，一般采用突然刺针法，即术者左手拇指压迫颈静脉的下方，使静脉怒张，右手持针头，对准注射部位，用手腕的弹拔力迅速垂直皮肤刺入血管，见有血液流出后，将针头沿血管方向向前推送，再连接注射器，注入药液（图 9-3）。

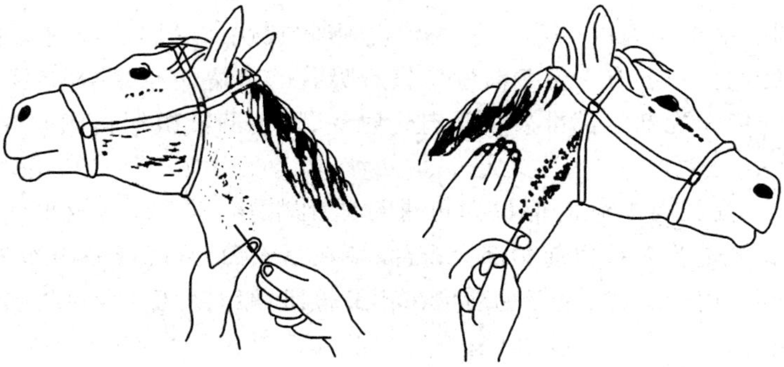

图 9-3　马静脉注射法

耳静脉注射法　适用于猪、兔、牛和羊等。①动物站立或侧卧保定，耳静脉局部剪毛、消毒。②一人用手捏住耳背面的耳根部的静脉管处，使静脉怒张，或首先用手指头弹扣，或用酒精棉球反复涂擦耳背部，以引起血管充盈。黑色皮肤耳静脉注射时，为看清血管以利于注射，可用手电筒在耳腹面照射进行，此法也适合夜间静脉注射。③术者左手把持耳尖并将其托平（左手食指、中指上下夹住耳根，拇指和无名指固定耳尖），右手持连接针头的注射器，针头斜面向上，沿静脉径路刺入血管内，轻轻抽动针筒活塞，见有回血后，再沿血管向前进针。④松开压迫脉管的手指，术者左手拇指压住注射针头，连同注射器固定在动物耳上，右手徐徐推进药液。⑤注射完毕，用酒精棉球压紧针孔处，右手迅速拔针。为了防止血肿或针孔出血，应压迫片刻，最后涂擦碘酊。⑥若注射有阻力或局部皮下肿胀发白，表示针头没有插入血管（图 9-4）。

猪前腔静脉注射法　主要用于大量输液或采血。前腔静脉是由左右两侧的颈静脉与腋静脉至第一对肋骨间的胸腔入口处，于气管腹侧面汇合而成。注射部位在第一肋骨与胸骨柄结合处的前方。由于左侧靠近膈神经，而易损伤，所以多在右侧进行注射。针头刺入方向，呈近似垂直并稍向中央及胸腔方向，刺入深度依猪体大小而定，一般为 2～6 cm，一般选用 16～20 号针头。①站立保定注射法：在右侧耳根至胸骨柄的连线上，距胸骨端 1～3 cm 处。术者拿连接针头的注射器，针头近似垂直并稍斜向胸腔中央方向刺向第一肋间胸腔入口处，边刺入边抽血，见有回血时，即标志已刺入前腔静脉内，可徐徐注入药液。②仰卧保定注射法：仰卧保定后，胸骨柄可向前突出，并于两侧第一肋骨与胸骨结合处的前面侧方呈两个明显的凹陷窝，用手指沿胸骨柄两侧触诊时更感明显，多在右侧凹陷处进行注射。注射时，先固定好两前肢及头部，消毒后，术者持连接针头的注射器，由右侧沿第一肋骨与胸骨结合部前侧方的凹陷窝处刺入，并稍偏斜刺向胸腔中央方向，边刺边抽血，见回血后，即可注入药液，注完后左手持酒精棉球压紧针孔，右手拔出针头，涂碘酊消毒（图 9-5）。

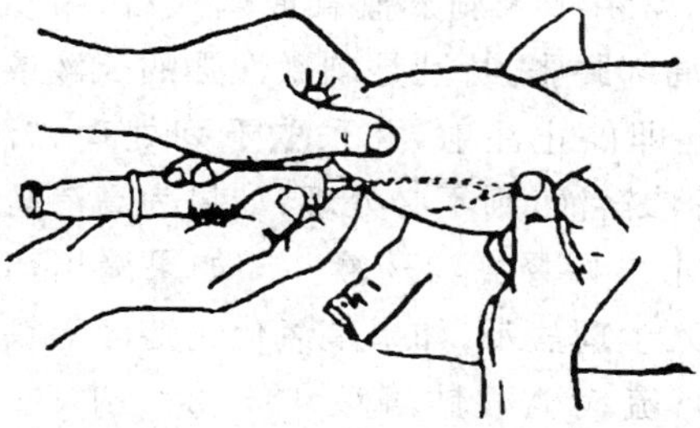

图 9-4　猪耳静脉注射法

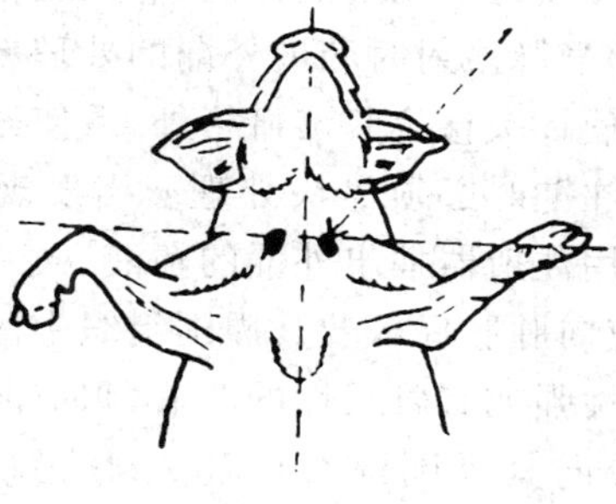

图 9-5　猪仰卧保定下的前腔静脉注射法

犬、猫静脉注射法　犬、猫的静脉注射可在颈静脉或前肢正中静脉、后肢隐静脉进行。为了防止意外，应将犬保定好后（以俯卧保定最佳）再进行静脉注射。颈静脉注射的操作要领基本与其他动物相同。前肢正中静脉和后肢隐静脉注射时，先将局部被毛分开或剪毛、消毒，然后由一人将静脉近心端压紧（或用橡胶带扎紧），使静脉怒张。注射时用左手握住肢部前纫带局部皮肤，右手持连接针头的注射器（最好选用带小胶管的医用静脉推注针头），将针头先刺入血管处的皮下，再与血管平行刺入静脉内，回抽针筒活塞，如有回血，则用左手拇指压住针头结合部，松开压紧静脉的手或解开橡胶管后，慢慢向静脉内注入药液。注完后用酒精棉球压紧针孔，再涂擦碘酊。

禽静脉注射法　鸡、鸭、鹅等禽类一般在翼下静脉的基部进行静脉注射。将其仰卧固定，拉开一翅，内侧面向上，在翅中部羽毛较少的凹隐处(腋窝)，可见一条较粗的翼根静脉，其延伸段较细称为翼下静脉，鸭的称为腋静脉。注射时先将腋窝消毒，用左手压住静脉向心端，使血管扩张充盈，然后将连接注射器的针头刺入，见有回血，放开左手，用拇指固定针头，右手将药液慢慢注入，注毕对局部进行消毒处理。

(4)注意事项　①严格遵守无菌操作规程，注射用具及注射部位均应严格消毒。②根据动物种类、注射药液的多少等，选用恰当的注射器及相应的注射针头(或连接乳胶管的针头)，并检查针头是否畅通。③动物必须保定确实，进针和注射过程中均应防止动物骚动，以免针尖划破血管使药液漏入皮下。④注射时要明确注射部位，进针前应使静脉充分怒张，进针要准，做到一针见血，防止乱刺，以免引起局部血肿或静脉炎。当刺入后不见回血时，应耐心判断，找出原因。如刺入皮下而未进入血管时，不要急于拔出针头，可适当调整角度和深度，再行刺入；当反复刺入血管而不见回血时，可能是针头被血凝块堵塞，应更换针头。⑤针头刺入脉管后，需再顺静脉插 1～3 cm，并要将针头固定。中、小动物可用手固定注射针头；输液量大，时间长者，宜用胶布缠绕粘固或用夹子固定，防止动物骚动使针头脱出血管外。⑥注射时要排尽注射器或输液橡胶管中的气泡。⑦混合注射多种药液时应注意配伍禁忌，油类制剂不能作静脉注射。⑧大量输液时，药液要加热至动物体温程度，且注射速度不宜过快，大动物以 20～40 mL/min 为宜。⑨输注过程中要经常注意动物的表现，如有骚动、出汗、气喘、肌肉震颤等征象时，应立即停止注射；当发现药液输入突然过慢或停止以及注射局部明显肿胀时，应检查回血情况(可放低输液瓶，或一手捏紧乳胶管上部，使药液停止下流，再用另手在乳胶管下部突然加压或拉长，并随即放开，利用产生的一时性负压，看其是否回血；也可用右手小指与手掌捏紧乳胶管，同时拇、食指捏紧远心端前段乳胶管拉长，造成空隙，随即放开，看其是否回血)。⑩静脉注射药液的温度要接近于动物的体温，冬天进行静脉注射时需先将药液进行温热后再使用。

(5)静脉注射时药液外漏的处理方法　静脉注射时，常由于未刺入血管或刺入后，因动物骚动而使针头移位脱出血管外，致使药液漏于皮下引起局部肿胀，特别是刺激性强的药液或高渗药液注漏时必须尽快处理。当发现药液外漏时，应立即停止注射，并采取下列处理方法：①立即用注射器抽出外漏的药液。②如果漏出药液是等渗溶液，则不必处理；如果为高渗盐溶液，则应向肿胀局部及其周围组织中注入适量的注射用水以稀释高渗药液。③如果漏出药液是刺激性强或有腐蚀性的药液，则应向其周围组织内注入生理盐水；如果是氯化钙溶液等钙制剂，则应向其周围组织内注入 10% 硫酸钠溶液或 10% 硫代硫酸钠溶液 10～20 mL，或用 0.25% 普鲁卡因青霉素溶液封闭，以减轻炎症反应。④如果是大量药液外漏，则应作早期切开手术，并采用高渗硫酸镁溶液引流。

5. 气管内注射法　将抗生素或驱虫药液等注入气管内，以治疗气管、支气管及肺脏疾病和驱除呼吸道的寄生虫(如肺丝虫)等，是治疗呼吸器官疾病的有效给药途径。

(1)适用范围　用于牛、羊、犬、猫等呼吸器官疾病的治疗。

(2)注射部位　注射部位一般选择在颈中上部，腹侧面正中，两个气管软骨环之间。

(3)方法　动物站立保定，抬高头部，暴露颈部；术者一手握住气管，另手持连接针头并装好药液的注射器，于两个气管环之间，垂直刺入气管内(牛可采用先进针再连接注射器的方法)。如有突然落空感，或摆动针头感觉前端空虚，回抽有多量气体进入注射器，即可缓缓注入药液。注毕，局部消毒。

(4)注意事项　①注射前宜将药液加温至近体温程度，以减轻刺激。②注射过程中，如遇患病动物咳嗽时，应暂停，待安静后再注入药液。③注射速度宜慢，最好滴注，以免刺激气管黏膜引起剧烈咳嗽将药物咳出或发生窒息。④如果动物咳嗽剧烈，或为了防止注射时诱发咳嗽，可先在颈下皮下注射 2%盐酸普鲁卡因溶液 2～5 mL(大动物)降低气管黏膜的敏感性，然后再行气管注射。④油剂、糖剂、红霉素等不能作气管注射。⑤药物剂量以肌肉注射量的 1/4～1/3 为宜，药液总量分别控制在 20 mL(大动物)，5 mL(中动物)，1～2 mL(小动物)。

6. 胸腔内注射法(或肺内注射法)

(1)适用范围　将某些药物直接注射于胸腔或肺内，是治疗胸膜炎或肺炎的有效疗法，适用于各种动物。

(2)注射部位　肩胛后角的垂线、肩胛后角水平线与第九肋间的交点至肘突的弧形区域内。或在左右两侧第六至第八肋间隙的中上部。

(3)方法　动物站立保定；术部剪毛消毒。术者左手于注射部位先将局部皮肤稍向前方拉动 1～2 cm；右手持连接针头的注射器，沿肋骨前缘垂直快速刺入 3～5 cm(胸膜腔注射只要进入胸腔，有落空感即可)，快速注入药液后，迅速拨出针头，使皮肤复位，并进行消毒处理。

(4)注意事项　①为防止损伤肺脏，应采用"快进针、快推药、快抽针"的三快原则。②注射过程中应严防空气进入胸腔。③刺入针头后回抽应无血液方能注射。④磺胺类、高浓度的土霉素、碱性药物等不宜胸腔或肺部注射。⑤药物剂量为肌肉注射量的 1/4～1/3，药液总量分别控制在 10 mL(大动物)，3～5 mL(中动物)，1～2 mL(小动物)以内，以达快速注射目的。

7. 腹腔内注射法

(1)适用范围　腹腔能容纳大量药液，腹膜有吸收能力，其药物作用速度仅次于静脉注射。故可用腹腔注射进行大量输液和注入药液进行治疗(尤其适用于腹膜炎、胃肠炎等腹部器官疾病的治疗)。

(2)注射部位　马的腹腔内注射在左侧肷窝部；牛羊在右侧肷窝部；犬、猫、兔、小猪在耻骨前缘 3～5 cm，腹正中线旁 1～3 cm 处(膝皱折前至脐部，图 9-6)；大猪可在两侧后腹部注射。

(3)方法　大动物站立保定，中、小动物倒提后肢保定(腹部面向术者)或仰卧并稍抬高后躯保定。局部剪毛、消毒。左手把握动物的腹侧壁，右手持连接针头的注射器或连接输液乳胶管的针头于注射部位垂直刺入 2～3 cm，针头进入腹腔后抵抗力突然减弱，回抽无血及粪便残渣，缓慢注入药液或进行输液，注射药物时阻力较小。注毕拔出针头，局部消毒。

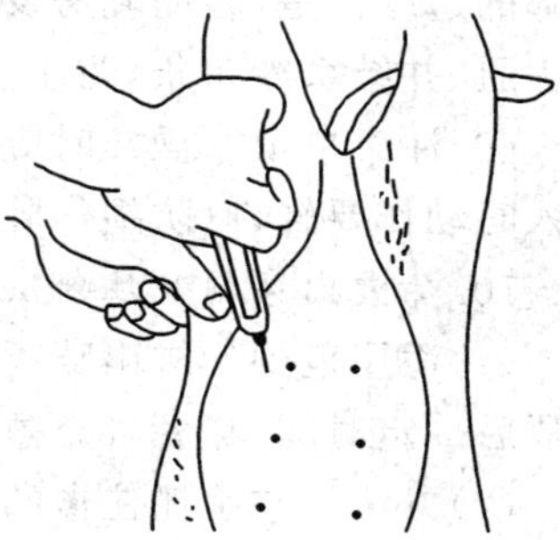

图 9-6　小猪腹腔注射法

(4)注意事项　腹腔注射宜用无刺激性的药液；如进行腹腔大量补液，则宜用等渗溶液，并最好将药液加温至接近体温的程度；注射中应防止针头损伤内脏。

8. 瓣胃穿刺及注射法

(1)适用范围　瓣胃阻塞的诊断和治疗。

(2)器材　瓣胃内注射用药品有液状石蜡、10%硫酸镁、生理盐水、植物油等；一般用 15 cm(16～18 号)长的针头(或瓣胃穿刺针)和 100 mL 注射器进行注射。

(3)注射部位　右侧第八至第九肋间与肩关节水平线的交点。

(4)方法　动物站立保定，局部剪毛消毒；左手稍移动皮肤，右手持针头垂直刺入皮肤后，使针头转向对侧肘头(左前下方)方向,刺入深度 8～10 cm,先有阻力感,后阻力减小,并有沙沙感,此时注入 20～50 mL 生理盐水,再回抽如混有食糜或被食糜污染的液体时,即为穿入瓣胃,可注入所需药液。注完后迅速拔针,局部进行消毒处理。注射过程中如遇动物骚动不安,要确实鉴定针头是否在瓣胃内,然后再注入药液。在针头刺入后如回抽见有血液或胆汁,表明误刺入肝脏或胆囊,可能是刺入位置过高或针头偏向上方,应拔出针头,另行斜向下方刺入。瓣胃功能正常时,穿刺针阻力不大,针头随瓣胃的蠕动呈"∞"字形摆动,注射生理盐水后立即回抽,抽出的内容物混合均匀。瓣胃阻塞时穿刺针摆动不明显或不见摆动、穿刺阻力增大,抽出的干粉状穿刺物漂浮于水面。

9. 乳房内注射法

(1)适用范围　将药液通过导乳管(通乳针)注入乳池内,主要用于奶牛、奶山羊等乳房炎的治疗;通过导乳管注入空气(乳房送风),治疗奶牛生产瘫痪。

(2)方法　动物站立保定后挤净患区内的乳汁或分泌物,清洗乳房,拭干后用 70%酒精擦拭乳头管口及乳头消毒。以左手将乳头握于掌内,轻轻向下拉,右手持灭菌消毒的乳导管涂以润滑剂(通乳针或尖端磨得光滑钝圆的采血针头),自乳头口慢慢插入,再以左手把握乳头及导乳管,右手持注射器与导乳管结合(或将输液瓶的乳胶管与导乳管连接),然后将药物缓慢注入乳房。注毕拔出导乳管或针头,以手指轻轻捻动乳头管片刻,再以双手掌自乳头池向乳腺池再到腺泡腺管的顺序轻度向上按摩挤压,迫使药液渐次上升并扩散到腺管腺泡。每日注入 2～3 次。如果是洗涤乳池,将洗涤药液注入后即可挤出,反复数次,直至挤出液透明为止,最后注入抗生素溶液。

如果是进行乳房送风,可将导乳管或针头与乳房送风器连接(或将 100 mL 注射器接合端垫两层灭菌纱布后与导乳管或针头连接),4 个乳头分别充气,充气量以乳房的皮肤紧张,乳房基部的边缘清楚,轻叩乳房发出鼓音为标准。充气后拔出导乳管或针头,立即用手指轻轻捻转乳头肌,并结系纱布条,防止空气溢出,经 4～6 h 后解除纱布。

(3)注意事项　操作时应注意无菌,以防感染;导乳管或针头插入前应涂以消毒的润滑油,插入时动作要轻,以防损伤乳头管黏膜。

10. 嗉囊内穿刺及注射法

(1)适用范围　排出嗉囊积液并抽液化验;清洗嗉囊或注射药物以治疗嗉囊炎等。一般在饲喂后一定时间,嗉囊较充盈时,注射更为方便准确。

(2)方法　左手抓住禽的双翅提起,使其头朝前方并偏向左侧,拔去部分羽毛并消毒;右手持注射器在右侧颈部旁靠近右侧翅膀基部约 2 cm 处进针,针刺方向由上向下直刺,也可向前下方斜刺,刺入深度为 5～10 cm,刺入嗉囊排液或连接注射器抽出积液,也可注药液冲洗治疗。

11. 子宫内注入法

(1)适用范围　适用于子宫炎(如胎衣不下、难产助产后)的防治,子宫蓄脓的冲洗治疗。

(2)方法　用一硬胶皮管或塑料管,后端接上漏斗。术者右手携带管头从阴道伸入,触摸子宫颈,然后将管头通过子宫颈导入子宫内,左手握住漏斗或由助手把持漏斗,慢慢注入药液,洗后放低漏斗,使子宫内液体倒流出来,然后再提高漏斗,反复进行冲洗。急性子宫内膜炎时,子宫较脆,尽量不要冲洗子宫,如确需冲洗要十分小心。

(三)直肠给药法及灌肠技术

直肠给药是将药物直接或通过导管投入直肠内,以促进药物的吸收和进行补液治疗的方法;灌肠技术是向肠道内注入大量药液,通过肠壁吸收药液(深部直肠投药)、排出蓄粪及异物、促进有毒物质的排出等来治疗疾病的一种方法。

1. 适用范围

(1)直肠给药(促进药物的吸收和补液治疗) 治疗肠炎时灌注消毒剂或收敛剂或抗菌消炎药物(抗生素、中药等),使药物直接作用于肠黏膜;或当营养失调时将营养剂制成溶液,通过灌肠使营养物质从肠壁吸收。在严重脱水或动物太小,静脉给药无法实施时,可将生理盐水、等渗糖盐水等液体投入肠道,同时可配入适量抗菌消炎药物以及其他一些对肠道无刺激性的药物,通过肠壁吸收达到补液给药的目的。

(2)排出蓄粪及异物 当大量粪便停留于肠道内而发生便秘时,通过灌肠能使粪便软化、润滑肠管并增强肠道蠕动,以达到排出结粪的目的。通常所用的灌肠液有温水、微温的肥皂水、石蜡油、甘油(小动物)等。严重便秘时要反复使用。肠道异物(肠结石、毛球或者其他异物引起的大肠闭塞),可用肥皂水进行灌肠,使肠管扩张充盈,使异物随水排出体外。

(3)用于洗肠,排出有毒物质 应用消毒收敛剂(如食盐水、鞣酸液、高锰酸钾液、硼酸水、抗菌消炎药物等)洗肠,以清除肠内的分解产物和炎症渗出物,这种方法需要反复地注入和排出。①肠炎时,使用高锰酸钾溶液进行灌肠,便于有害细菌和气体排出体外,减少对动物机体的侵害;同时通过对排出物的观察,有利于疾病的诊断;再通过直肠给药,使抗菌消炎药物直接作用到病灶,可达到缩短病程、加快患病动物恢复的目的。②中毒时,应用自来水或特效解毒药物稀释液(溶液温度要低,防止机体加快吸收毒物)反复进行灌肠,以达到排毒、解毒的目的。③高热时,使用洁净的冷水进行反复深部灌肠,以物理的方法来缓解高热症状。④肠道有寄生虫(如绦虫和蛔虫等)时,利用深部灌肠法可将虫体、虫卵排出体外,以便确诊和减轻寄生虫对动物机体的危害。

2. 方法

(1)大、中动物的灌肠方法

一般方法 动物在柱栏内站立保定,尾巴用绷带缠缚,将尾吊起。将药物注入灌肠器或水桶内,并高高地吊起来。灌肠器的一端放入水桶,连接胶管的一端从肛门插入直肠,药液以虹吸原理徐徐流入肠管。

高压灌肠法 典型方法是革兰特氏灌肠法。①肠塞的制作:首先制作大小能插入肛门的圆锥形的金属肠塞,在塞的中央部安一带孔的竹管,把胶管连接其上。这种肠塞可以防止注入液的返流。②操作方法:为了防止努责和腹内压升高,可先进行硬膜外麻醉(即注射 2%的可卡因或普鲁卡因 10 mL,待尾巴和肛门弛缓),然后将肠塞插入肛门,用吊桶或者唧筒灌注溶液,大动物注入的液体量每次为 30～50 L。

(2)小动物的灌肠方法 小动物的灌肠,通常在治疗台上或者手术台上站立或横卧保定,选用粗细适度的灌肠器(如人用或兽用导尿管)插入肠道一定深度(5～20 cm),用注射器或洗耳球缓慢注入适量灌肠液体。

3. 注意事项 ①当直肠内有蓄粪时,应通过直检等方法人工排出蓄粪,然后再注入药液。②操作切忌粗暴,以免损伤黏膜。特别是当动物努责时,操作应更为慎重,防止肠壁穿孔。③注入药液后由于刺激排泄反射,会立即使药液排出,因此以排泄为目的的灌肠应反复进行。

④以药物治疗和补液为目的时，为防止药液排出，可将尾根下压在肛门上；或在灌注药液的同时，按摩腹部以使药液向深部扩散；当希望灌肠液留于肠内时，可以选用适当大小的肠塞来塞住肛门，小动物可采用倒提的方法。⑤应结合动物全身状况考虑灌肠时的承受能力，体弱、衰竭、低体温动物在操作时应十分谨慎。深部灌肠应谨慎操作，应选择无刺激性、等体温、等渗的液体，控制好灌投量和速度（每千克体重 8～12 mL），密切观察动物反应，以防意外。⑥严重的胃肠弛缓时，严禁大剂量灌肠，否则会导致灌入液体无法排出，加重病情。

(四)涂搽给药法

1. *适用范围*　涂搽给药法是将液体制剂、搽剂、糊剂、软膏剂及硬膏剂等搽在皮肤或黏膜上，以治疗疾病的方法。

2. *方法*　液体制剂使用刷子，糊剂、软膏及硬膏制剂等可用手指或膏药匙刀充分地涂抹在皮肤上。

3. *注意事项*　具有强烈的刺激性的药物（如强发泡膏、斑蝥软膏）禁用手指涂抹。将药剂涂布于皮肤或黏膜的表面，不必搽入。有的药物连续使用会引起中毒（如牛搽汞软膏、猫搽石炭酸软膏等）。为防止动物舔食涂搽的药物引起口腔炎或中毒，应给动物带上适当的口笼或网罩，在可能的条件下，可将涂搽局部加以绷带包扎。

(五)局部给药法

1. *眼的局部给药*　药物可分眼药水、眼药膏、结合膜下注射药和洗眼药等。眼药水滴入眼角结合膜囊内，勿使滴管与眼睛接触，一般滴入 2 滴，每隔 2 h 给药一次。眼药膏挤入下眼睑的边缘处，4～6 h 给药一次。结合膜下注射药（如青霉素醋酸考的松等），1～2 d 注射一次。洗眼药（如 3%的硼酸溶液）则根据情况可每天冲洗 2～3 次。

2. *耳的局部给药*　内耳禁忌使用大量的药液或粉剂。稀薄的油膏或丙二醇常作为耳局部用药的赋形剂。常用的药物有抗生素、过氧化氢和利凡诺等。向耳内滴入几滴，然后用手掌轻轻按摩，以便使药物与耳道充分接触以发挥药物作用。

3. *鼻的局部给药*　常用等渗药液滴入鼻腔内，勿使滴管接触鼻腔黏膜。鼻腔内禁用油膏，因为它会损伤鼻黏膜或因不慎吸入产生类脂性肺炎。

四、分析讨论

1. 防治疾病用的药多数都要经口投服，称为内服法。如患病动物尚有食欲，药量较少并且无特异气味，可将其混入饲料或饮水中自由采食；必要时须采用适宜的内服方法。药物内服方法很多，主要根据药物的剂型、剂量及有无刺激性、适口性和动物种类及病情的不同而灵活选用。

2. 注射法是防治动物疾病时最常用的给药方法，使用注射器械将药液直接注入动物体内，使之能迅速发生药效。具有药量小、奏效快、避免经口给药麻烦和防止降低药效的特点。最常用的注射法是皮下注射、肌肉注射、静脉注射法。临床选用何种注射法，可根据药物性质、数量和疾病情况而定。

3. 临床进行注射前应按动物种类、注射方法和剂量选择适宜的注射器及针头。注射器必须配套，应清洗干净、消毒灭菌后备用（现在多用一次性注射器）。应检查注射器有无破损；针筒和针筒活塞是否适合；金属注射器的橡胶垫是否老化；注射器松紧度的调节是否适宜；针头是否锐利、畅通；注射针头与注射器的结合是否严密。

注射前先将药液抽入注射器内或注入输液瓶内。如果使用粉针剂，应事先按规定用适宜的溶剂在原安瓿内进行溶解。抽吸药液时，先将安瓿封口端用酒精棉球消毒，同时检查药品名称、批号及质量，注意有无变质、混浊、沉淀。敲破玻管安瓿吸药时，应注意防止安瓿破碎及刺伤手指，同时防止玻璃碎屑掉入药中，禁止敲破瓶底部抽吸药液。抽吸完药液后，排净注射器内的气泡。静脉注射大量液体时，药液应加温至36～38℃。

如果混注两种以上药液，应注意检查有无药物配伍禁忌。

注射前动物应保定确实；注射时按常规进行注射部位剪毛（观赏动物可不剪毛）、消毒（长毛观赏动物应将被毛分开后露出皮肤）。整个注射过程应严格无菌操作，注射完毕后用碘酒（或酒精）棉球消毒注射部位，并将注射器及针头清洗消毒后备用。

（邓俊良）

实习十　输液与输血技术

一、实 习 目 的

掌握动物输液和输血的适应症、操作方法及其注意事项。

二、实 习 材 料

1. 动物　牛、羊、猪、马、犬、猫、兔等。

2. 器材及药品　常规药物；输液、输血器具；保定器具。

三、实 习 内 容

(一)输液疗法(补液疗法)

1. 输液的应用　输液主要用于下列情况：水、电解质的紊乱(各种原因的脱水、血浆钾离子浓度升高)；循环血量减少(如出血)；血浆胶体渗透压下降(肝脏疾病、低蛋白血症等)；酸碱平衡紊乱；必须补充能量和营养物质；中毒的解救；改善血液循环和心脏功能等。

2. 补液的途径　临床上主要通过静脉注射补液，此外，亦可通过口服、灌肠、腹腔注射、皮下注射等途径进行补液。

3. 补液药剂的特点及其应用

(1)水　除自由饮水或人工口服外，通常可用5%葡萄糖溶液(等渗液)进行注射。但强制给予多量的水，则可引起水中毒、肺水肿、溶血等。

(2)电解质溶液　因出血、烧伤、中毒、腹泻等，引起脱水而体液缺乏时，以补给等渗溶液为宜。

生理盐水　0.85%～0.9%食盐溶液为等渗溶液，临床应用广泛。多用于钠、氯离子的消耗性疾病(如呕吐、腹泻、过度出汗等)。在生理盐水中加入5%的等渗葡萄糖溶液更好，既补水又补盐。应用时应注意以下几点：不宜单独使用，否则可致高氯性酸中毒；心脏疾患时禁用；快速输注易导致代谢性酸中毒；会加重肾负担，慢性肾功能不良(肾浓缩不良)时禁用。

高渗食盐溶液(10%浓氯化钠)　渗透压的升高可引起细胞内液脱水，因此，在一般情况下不使用，只用于反刍兽健胃促反刍。

林格氏液　又称复方氯化钠溶液，含有钠、钾、钙等，其离子浓度与细胞外液相当，但 Cl^- 约高于细胞外液。临床应用最广泛，多与葡萄糖配伍应用。

乳酸钠林格氏液　其离子浓度与细胞外液一致，含 0.57%～0.63% $NaCl$，0.027%～0.033% KCl，0.018%～0.022%$CaCl_2$，0.029%～0.033%乳酸钠。应用于重度的酸中毒、饥饿、急性感染以及腹泻等。

(3)葡萄糖溶液　葡萄糖溶液作为提供能源或以供水为目的而广泛应用，并且有利尿效果。

等渗葡萄糖溶液　5%的葡萄糖溶液，适用于脱水症的治疗。注射量大致相当于体重的4%～8%。

高渗葡萄糖溶液　主要用于以下情况：10%的溶液可用于营养失调或恶病质的动物，起供给能源的作用；25%～50%的溶液多用于脑水肿的脱水或利尿，此外用于奶牛酮病的治疗。高渗葡萄糖溶液不适合脱水的治疗，因为它作用于细胞内液可导致组织脱水。

葡萄糖溶液使用时应注意的问题：①注射速度：注射葡萄糖时，以每千克体重 0.5 g/h 以下的速度为合适。超过这个限度，可造成高血糖或过量的葡萄糖从肾脏排出。因此推荐点滴注射，但在兽医临床上实施较难。②浓度：小动物用 5%～10%溶液，对组织没有影响，但其 pH 值 4～5，末梢血管浓度高限为 20%。对大动物，为了缩短注射所用的时间，往往有增高浓度的倾向。因此，注射高渗葡萄糖溶液时，应该延缓注射的速度。③不宜单独使用：因单独过量输注，会迅速代谢成水，引起细胞水肿而发水中毒。④其他副作用：加重肾脏负担；加速酸中毒；导致低血钾(因刺激胰岛素分泌，使 K^+ 进入细胞内)。

(4)血浆　血浆是抗凝血离心沉淀后的液体成分。血浆最好是从新鲜血液或采血后 2.5 h 以内的血液中提取，从全血中可以得到 1/2 的血浆。血浆含有蛋白质，是蛋白质的供应源，对血源性休克、出血、烧伤、低蛋白血症等血浆损失有显著效果，特别是血源性休克的血压降低，通过血浆输液，1 h 内即可恢复。血浆含有抗体，也用于感染性疾病的治疗。最好使用同种动物的血浆，注射量一般为每千克体重 20 mL。血浆在 5.5～6.5℃或以下可保存约 2 年，冷冻或真空保存最好。

(5)血液代用药　如右旋糖酐、聚烯比酮溶液、牛血清、阿拉伯胶、甘露醇、山梨醇等。用于胶体渗透压下降，如循环血量减少(失血)、衰竭症(浮肿)等。当血浆总蛋白低于 35～40 g/L 时多用，以 10 mL/min 的速度静脉输注。此外甘露醇、山梨醇还有防治脑水肿等作用。

(6)碳酸氢钠溶液　5%的碳酸氢钠溶液用于代谢性酸中毒的治疗，一般按照每千克体重 1～2 mL 剂量静脉注射。

4.常见体液平衡失调

(1)脱水　机体由于水的摄入不足或丧失过多引起体液减少的现象，称脱水。脱水不仅是水的丢失，同时伴有电解质(主要是钠离子)的丢失。

脱水的原因见图 10-1。

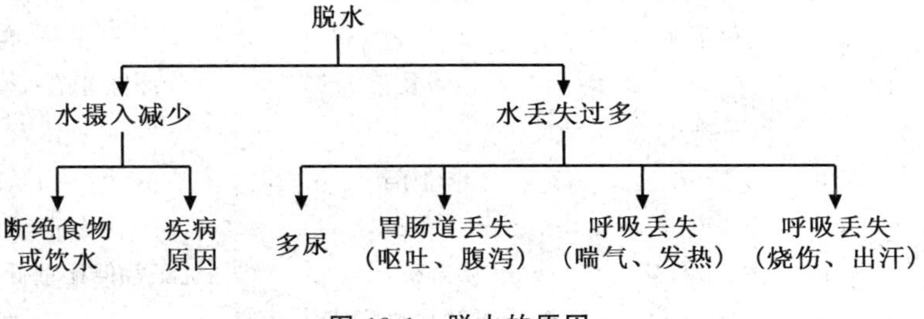

图 10-1　脱水的原因

根据脱水时血浆渗透压的变化将脱水分为 3 种类型，3 种脱水类型的比较见表 10-1。

表 10-1　3 种脱水类型的比较

类　型	特　点	原　因	
高渗性脱水（水缺乏）	失水＞失盐（缺水性）	单纯性脱水	水摄入不足（食物、饮水不足） 胃肠道异常发酵分解变为高渗
		低渗液体丢失	热射病等水分从肺、皮肤丢失 大量应用利尿剂
等渗性脱水	失水 ＝ 失盐（最常见）	丢失的液体成分和细胞外液基本相同	胃肠道消化液的大量丢失：呕吐、腹泻；肠变位、肠梗阻（肠液的分泌增多） 弥漫性腹膜炎（血浆进入腹腔） 大面积烧伤面的渗出（血浆流失） 外伤或手术中的失血 中暑（出汗）
低渗性脱水（钠缺乏）	失水＜失盐（缺盐性）	高渗液体丢失	肾功能不全（排盐过多，重吸收抑制） 糖尿病等
		等渗液体丢失只补水分而不补电解质	治疗胃肠道消化液大量丢失、大面积烧伤渗出等时，仅补 5%葡萄糖等 发热、大汗后大量饮水

3 种脱水的临床表现见表 10-2。

表 10-2　3 种脱水的临床表现比较

类型	高渗性脱水	等渗性脱水	低渗性脱水
原因	水丢失，水分由细胞内→细胞外	大量水和钠盐的急剧丧失	补水而不补电解质，使水分由细胞外→细胞内
细胞外液　量	减少 → 变化不明显	迅速减少	组织间液及血容量减少
渗透压	↓↓	↓↓↓↓	↓↓↓↓
循环血量	减少 → 不明显	下降	血容量减少
血液		浓缩	血压下降
血清 Na^+	↑↑	—	↓↓
PCV	变化不明显	正常	升高
心脏	心跳加速、血压下降	心跳加快	心音弱
总蛋白	变化不明显	正常	升高
毛细血管再充盈时间	—	长	静脉萎陷；静脉充盈慢
口渴	＋＋＋	＋＋	无
眼窝	—	下陷	下陷
皮肤弹力	—	差	皱缩，弹力差
尿	少、比重高	少	量正常但比重低，后期尿减少
其他	昏迷	酸中毒和毒血症或休克	休克

(2)电解质平衡失调　常见电解质平衡失调的原因见表 10-3。

表 10-3　常见电解质平衡失调的原因

类型				原因
低钠血症	缺钠性低钠		尿路失钠	肾上腺皮质功能降低(醛固酮分泌增多);应用强心剂、利尿剂;糖尿病
			胃肠失钠	腹泻、肠变位等大量含 $NaHCO_3$ 的肠液丢失
			皮肤失钠	大汗后饮水过多而未补盐;皮肤烧伤失钠
			渗(漏)出液失钠	腹膜炎、肝硬化腹水期大量放出腹水
	稀释性(储量正常)		水中毒	外伤手术等应激(抗利尿激素 ADH 分泌增多造成水潴留);医源性水过剩(静脉补液);少尿、无尿时(急性肾衰、尿路梗阻等)给水过多;等渗液体丢失而只补水
			血脂(胆固醇)过多	糖尿病;昏迷;犬肾变性
	其他			晚期肝硬化;肾变性期后肾功能衰竭;顽固性充血性心力衰竭
高钠血症				暂时性高钠(高热、大汗后饮水不足)
				肾机能失常;注射高渗盐水;进食大量食盐
低钾血症	失钾过多性	失钾过多	消化道丢失	含 K^+ 高的胃液、肠液的丢失(呕吐、腹泻、过多使用灌肠剂、缓泻剂);高位肠梗阻;肝硬化腹水
			尿路丢失	肾上腺皮质功能亢进(皮质肿瘤);注射(促)肾上腺皮质药物;长期使用钾利尿剂(速尿、利尿酸);慢性肾炎、肾盂肾炎、肾小管机能严重损伤(多尿)
			其他	透析治疗;心功能不全、急性失血;缺氧;碱中毒
		K^+ 摄入减少		废食(盐摄入不足);食物缺钾
	钾贮量正常性			大量输葡萄糖或过量使用胰岛素(糖原合成增多)
	钾转入胞内			酸中毒(H^+ 增高,细胞内 H^+ 与细胞外 K^+ 交换增强,K^+ 进入细胞内)
高钾血症	钾摄入过多			在严重失水(排尿量减少);心脏、肾功能失常投服含钾食物
	肾排泄过少			少尿、无尿或尿闭;肾上腺皮质功能减退
	钾由胞内逸出			大量溶血,兼肾损伤排钾困难时;碱中毒
	钾浓缩			胞外液减少;休克晚期
低钙血症				低蛋白血症(最重要的原因);犬产后子痫;奶牛生产瘫痪;甲状旁腺功能减退;慢性肾衰竭;维生素 D 缺乏

常见电解质平衡失调的临床表现及诊疗要点见表10-4。

表10-4 常见电解质平衡失调的临床表现及诊疗要点

类型	临床表现	血液指标	治疗要点
低钠血症	早期呈现原发病表现；晚期表现无力、厌食、呕吐、肌肉痉挛、阵挛性腹痛、脉细而快、血压下降；后期休克、昏迷	Na^+＜137 mmol/L (3 150 mg/L)	高渗或等渗盐溶液
低钾血症	早期不明；全身肌肉无力、四肢迟缓性瘫痪，呼吸困难，心动过速；麻痹性肠梗阻、腹痛；多尿、多饮	K^+＜3.5 mmol/L (136.5 mg/L)	补钾10%KCl 速度为0.5 mmol/L
高钾血症	血管收缩而呈现四肢苍白、发凉、疼痛；疲乏无力嗜眠、反射消失；心动过速、心律不齐、心停搏；呕吐等	K^+＞5.5 mmol/L 致死量10～10.5 mmol/L	①急救：恢复血钾、防心衰用10%葡萄糖酸钙、等渗或高渗NaCl；葡萄糖，皮注胰岛素(无尿性肾衰更有益)；心停搏用0.5 mg阿托品。②排钾：肾、腹膜透析；灌肠。③肾上腺皮质功能减退：用皮质酮或醛固酮
低钙血症		Ca^{2+}＜2.25～3.0 mmol/L (90～120 mg/L) Ca^{2+}＜2.0 mmol/L(猫)	10%葡萄糖酸钙或氯化钙(牛)

(3)酸碱平衡失调　体内酸性或碱性物质过量，超过了机体调节能力，即经调节后HCO_3^-/H_2CO_3值大于或小于20∶1，就会发生酸碱平衡失调。HCO_3^-的原始性改变属代谢性酸碱平衡失调；H_2CO_3的原始性改变属呼吸性酸碱平衡失调。

各类型酸碱平衡失调的原因见表10-5。

表10-5 各类型酸碱平衡失调的原因

类型		机制	原因	
代谢性	酸中毒	非挥发性酸的滞留或阳离子过分耗损，会导致体内HCO_3^-的减少	固定酸生成增多	①酸性物质产生过多(缺氧、发热、酮酸酸中毒性糖尿病)。②阿司匹林、乙二醇中毒。③急、慢性肾衰竭(重吸收HCO_3^-减少、排酸障碍)。④摄入酸过多(NH_4Cl，HCl)。⑤输过多氨基酸、生理盐水同时肾衰(Cl^-排出障碍)
			碱丧失过多	①剧烈腹泻(急性肠炎)。②肠阻塞。③肾小管上皮病变
	碱中毒	H^+大量丢失，或应用多量碱	①酸性物质丧失过多(反复、剧烈的呕吐)。②补碱过多。③缺钾情况下(肾小管上皮排K^+减少，排H^+增多)。④投服利尿剂(速尿、利尿酸等)	

续表 10-5

类型		机制	原因
呼吸性	酸中毒	换气不足（体内 CO_2 排出障碍）	①外科麻醉（呼吸中枢抑制）。②某些药物的中毒。③上呼吸道及肺部疾病。④与肌肉、神经疾病有关的呼吸衰竭。⑤心衰（血液循环障碍）
	碱中毒	多数为代谢性（换气过度）	①因酷热、高原性缺氧环境下的过度换气。②脑部某些疾病的过度换气（脑炎、发热造成呼吸中枢兴奋性升高）。③药物（如水杨酸钠）中毒造成呼吸中枢兴奋性升高。④心、肺病初期（缺氧）

各类型酸碱平衡失调的诊疗要点见表 10-6。

表 10-6 各类型酸碱平衡失调的诊疗要点

指标		代谢性酸中毒	代谢性碱中毒	呼吸性酸中毒	呼吸性碱中毒
临床症状	呼吸加深加快，可视黏膜发绀；血容量降低，血液浓缩，毛细血管充盈时间延长		呼吸浅表而缓慢，严重者呼吸暂停；缺钾体征（四肢搐搦）	以病因不同而异。如因呼吸道疾病引起表现呼吸困难；麻醉引起呼吸不规则	
实验室指标	血液 pH 值	↓ <7.35	↑ >7.45	↓ <7.35	↑ >7.45
	HCO_3^- (mEq/L)	↓↓↓ <24	↑↑ <28	↑（代偿性）↓（失偿性）	↓
	P_{CO_2}	↓（<40）	↑（>40）	↑↑↑（>40）	↓↓↓（<40）
		高血钾	低血钾、低血氯		
其他	中枢抑制；呼吸深长；昏迷；心衰，血压下降；心律不齐		兴奋、痉挛		
治疗	碳酸氢钠溶液		轻度代谢性碱中毒而肾功能正常，输入生理盐水即可纠正	上呼吸道阻塞用气管切开手术；呼吸中枢抑制用尼可刹米、咖啡因等	经呼吸道通入含5%二氧化碳的氧气
	肝功障碍用乳酸钠		当缺钾时，则应补充氯化钾	静脉注射碳酸氢钠溶液	给予钙制剂

5. 补液的确定

(1)脱水类型的补液原则　见表 10-7。

表 10-7 脱水类型的补液原则

脱水类型	特点	补液原则及药物（林格氏液∶5%葡萄糖）		临床常用方法
高渗性脱水（水缺乏）	失水>失盐（缺水性）	低渗盐溶液	1∶3	0.9%NaCl 1 份，5%～10%葡萄糖 2～3 份，5%$NaHCO_3$ 1～2 mL/kg 体重，10% KCl 20 mL/L，按每千克体重 5～10 mL/h 滴注
等渗性脱水	失水＝失盐 最常见	高渗或等渗盐溶液	1∶(1～2)	
低渗性脱水（钠缺乏）	失水<失盐（缺盐性）	等渗平衡盐溶液	2∶1 或乳酸林格氏液	0.9%NaCl 1 份，5%～10%葡萄糖 1 份，按每千克体重 5～10 mL/h 滴注

(2)补液量的确定

补液量＝维持量＋1/3 缺失量－代谢水－摄取水量

在犬，维持量一般为每千克体重 66 mL，代谢水为每千克体重 4 mL，缺失量的计算可采用以下两种方法。

方法一：

缺失量＝体重×估计脱水率

方法二　根据 PCV 确定：

$$X = W \cdot Bv_1 (1 - Ht/Ht_1)$$

式中：X 为缺失量；W 为体重，kg；Bv_1 为血容量占体重 7%；Ht 为正常 PCV；Ht_1 为测定 PCV。

根据 PCV 确定补液量：

补等渗盐水量(L)＝ 红细胞压积容量上升值 × 体重(kg)×20%红细胞压积正常值

式中：20%为细胞外液占体重的百分比。

(3)电解质补充量的确定

缺钠量(mEq)＝(正常血钠－测定血钠)×体重(kg)×20%

式中：Na^+ 所分布的体液量占体重的 20%，0.9%生理盐水≌154 mEq/L Na^+。临床上一般先用 1/3～1/2 量静脉注射，其余视病情改善而定。低钠血症不应在短期内快速纠正，因突然补给过多，使细胞内液突然转至细胞外，有导致肺水肿的危险，尤其心功能不良危险更大。一般血钠上升达 130 mEq/L 才能消除中枢神经系统症状。

缺钾量(mEq)＝(正常血钾－测定血钾)×体重(kg)×40%

式中：K^+ 所分布的体液量占体重的 40%，10%KCl≌1 342.28 mEq/L K^+。临床上一般先用 1/3～1/2 量，加入 5%葡萄糖溶液中(使 KCl 的浓度低于 2.5 mg/mL，即 0.25%)静脉注射，其余视病情改善而定。对未进行血钾测定的病例，可在 1 L 溶液中加入 30 mEq 的 K^+，相当于 223.5 mg/L KCl，即每升溶液中加 10%KCl 溶液 22.25 mL，这种补钾是安全的。

亦可根据斯可塔氏(R. C. Scott)补钾分级标准补钾，见表 10-8。

表 10-8　R. C. Scott 补钾分级标准

血清 K^+ /(mEq/L)	250 mL 溶液中加		最大输液速度(每千克体重 mL/h)
	K^+/mEq	10% KCl/mL	
<2.0	20	15	6
2.1～2.5	15	12	8
2.6～3.0	10	7.5	12
3.1～3.5	7	5	16

(4)补碱量的确定

根据 HCO_3^- 缺失量确定：

$$补碱量(mEq)=(正常\ HCO_3^-\ 值-测定\ HCO_3^-\ 值)\times 体重(kg)\times 60\%$$

式中：HCO_3^- 所分布的体液量占体重的 60%，5% $NaHCO_3$≌595.2 mEq/L HCO_3^-。

根据 CO_2-CP 确定：

$$补碱量(5\%\ NaHCO_3,mL)=\left(\frac{正常}{CO_2\text{-}CP\ 值}-\frac{测定}{CO_2\text{-}CP\ 值}\right)\times 体重(kg)\times 0.5(mL/kg)\times 100$$

式中：0.5 表示每千克体重提高 1% CO_2-CP 所需 5% $NaHCO_3$ 0.5 mL。

补乳酸钠：

$$补碱量(11.2\%乳酸钠,mL)=\left(\frac{正常}{CO_2\text{-}CP\ 值}-\frac{测定}{CO_2\text{-}CP\ 值}\right)\times 体重(kg)\times 0.3(mL/kg)\times 100$$

若无检测条件或急救时，可先按 11.2%乳酸钠每千克体重 1～1.5 mL，静脉注射。

(5)补酸量的确定　轻症补生理盐水(Cl^-)，重症补 NH_4Cl。

$$补\ Cl^-\ 量(mEq)=[正常\ Cl^-\ 值(95\ mEq)-测定\ Cl^-\ 值]\times 体重(kg)\times 20\%$$

式中：Cl^- 所分布的体液量占体重的 20%，2% NH_4Cl≌375 mEq/L Cl^-，因此补 2% NH_4Cl(mL)＝补 Cl^- 量(mEq)÷375 mEq/L×1 000。

6. 临床补液注意事项

(1)缺什么补什么(缺水补水，缺盐补盐)，避免补液盲目性　根据机体丢失体液的情况合理选用药液，最常用的是林格氏液、生理盐水和葡萄糖溶液。

(2)缺多少补多少，合理掌握补液量　对“缺多少补多少”的正确理解是使组织器官得到良好灌注，从而使缺血缺氧状况得到改善，以达到补液的目的。补液量不足达不到治疗目的，过量则又易导致脑、肺的水肿及心力衰竭。可采取多种不同方式计算补液量：①按失水程度估算补液量。②根据红细胞压积容量确定补液量。③根据中心静脉压的变化来判定补液量。若动物脉压低，中心静脉压也低时，表明循环血量不足，此时补液是安全的，心脏有能力承受血容量的增加。若动脉压低，而中心静脉压却升高，则提示心脏功能不佳，此时无论血容量多少，均不可过量补液，以免增加心脏负担，从而导致心力衰竭和肺水肿的发生。补液后，若中心静脉压仍低于正常(马、牛、犬低于 5 cm 水柱)时，表示回心血量不足，即使收缩压正常，也应继续补液。中心静脉压在正常范围，若血压正常，不需增加补液量；若血压偏低，可缓慢或间断地继续补液，但中心静脉压超过 16 cm 水柱，则有发生肺水肿的危险。④根据补液前后临床症状的变化确定补液量。补液后，患病动物由不安转为安静，脉搏由紊乱变为有力而整齐，皮温由寒凉转为温热，可视黏膜由发绀转为红润，尿量由无到有、由少到多，即表明补液量已够，否则应继续补液。

(3)补液速度　应根据临床疾病的种类及心脏功能确定补液速度。在心机能尚好的情况下，若脱水严重，宜大量快速输液，大动物开始可按每千克体重 0.5 mL/min 的速度输入(以 400 kg 体重计，200 mL/min)，5 min 后减慢输入；安全限量犬每千克体重 1.5 mL/min，猫每千克体重 1.0 mL/min。若急性出血性休克时，输液的速度为犬每千克体重 2～3 mL/min，猫每千克体重 1.0～2.0 mL/min。但如果心脏机能衰弱，输液速度必须缓慢、输高渗溶液时更应限制速度(如麻醉状态下的安全限量为犬每千克体重 1.0 mL/min，猫每千克体重 0.3 mL/min)。输液药物中加入下列物质时，需限速：K^+ ＜每千克体重 0.5 mEq/h，Ca^{2+} ＜每千克体重 0.5～0.8 mEq/h，葡萄糖＜每千克体重 0.5 g/h。

(4)其他　注意药品质量，温度及禁忌(药物配伍禁忌、输液禁忌)；补液过程中，要严密注意患病动物的状态，如发现不安、骚动、呼吸加快、大出汗、肌肉震颤、心率过快以及心律不齐时，应立即停止补液，检查原因，进行必要的处理。

(二)输血技术

1. 应用

(1)对血液病的输血　输血可以维持循环血液量和体液量；迅速增加血液的运氧能力；增强血液凝固性，促进止血；刺激造血器官，或者增强红细胞的其他生理机能。主要的适应症为急性出血(内出血、外伤、手术或其他原因引起的急性失血)，急性溶血性贫血(如新生幼驹溶血病、附红细胞体病、焦虫病、边虫病、牛产后血红蛋白尿病、马麻痹性肌红蛋白尿病等)，再生障碍性贫血等。

(2)以补给蛋白质为目的的输血　血液除含有电解质和维生素以外，含有重要的蛋白质。营养性输血的意义就在于血液是蛋白质。适应症为：①蛋白质的质和量不足(食欲不振或废绝，腹泻，代谢障碍，严重或慢性化脓创，恶性肿瘤等)。②肝脏的蛋白质合成机能降低(各种肝脏疾病)。③体蛋白质的分解和消耗(饥饿，犬糖尿病)，甲状腺机能亢进，肾炎等其他营养障碍等。

(3)中毒病的泻血后输血　对溶血毒中毒、化学制剂中毒、有机磷农药中毒等，在泻血之后，如果可能均应输血。

(4)各种原因引起的休克的急救　对各种原因引起的休克，立即输给足够的血液，有利于血压的上升，血液循环的改善和心机能的恢复，达急救的效果。

(5)其他　在严重感染(如败血症、脓毒败血症)时，少量多次输入新鲜血液，既可矫正贫血，又可增加机体抵抗力，鼓舞代偿机能。烧伤时，输入血浆或新鲜血液不仅可以补充胶体容积，而且能有效地预防休克。

2. 输血前的准备

(1)供血动物的选择　通常选择年轻强壮而无传染病和血液寄生虫病的健康同种同属动物为宜。根据情况，也可以使用屠宰动物的血液。

各种动物均有不同的“血型”，同型血液可以输血，不同型血液混合可能造成血液凝集、溶血现象，发生输血反应(供血动物的血液中含有与受血动物凝集素原即红细胞表面的特异血型抗原相应的抗体，两者结合而凝集继而溶血的反应)。

由于动物血清中的抗体效价低，红细胞上的凝集素原与血清中的同种抗体之间的关系，并不像人那样严格，天然存在的同种抗体不多见，所以在第一次输血时，可以选用任何一个同种供血动物的血液输血。但在第二次输血时，在受血动物的血清中产生了与供血动物的血细胞发生反应的抗体，如仍用第一次供血动物的血液，有可能发生输血反应。但如果两次输血时间间隔很短(3～4 d)，特异抗体尚未形成，也不会发生输血反应。

尽管如此，由于存在天然抗体以及因母体由于各种原因存在的同族抗体等，亦存在着不相合血的可能性。因此，为防止输血反应，保证输血安全，应作配血试验(血型的相合性检验)。

(2)血型相合性检验(配血试验)方法　仅仅是为了输血,交叉配血(交叉凝集)试验(图10-2)和生物学试验一般可以保证输血的安全。没有条件做配血试验,只做生物学试验亦可。

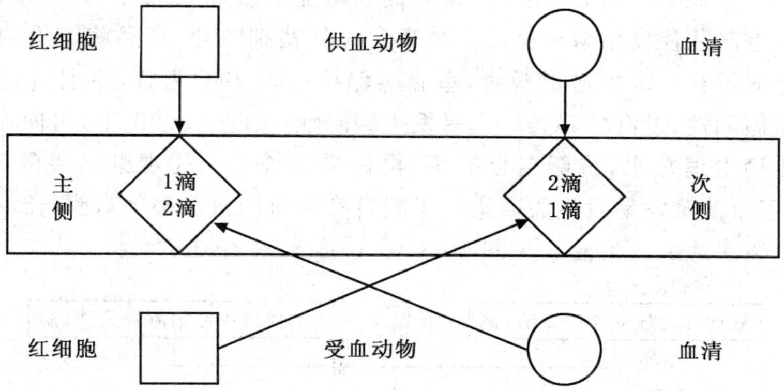

图 10-2　交叉配血试验

交叉配血试验(交叉凝集试验)　主要是检验受血动物的血清中有无破坏供血动物红细胞的抗体。如果受血动物血清中没有能使供血动物红细胞破坏的抗体,称为“配血相合”;反之,称为“配血不合”。

原理　一般将配血试验的重点放在受血动物的血清与供血动物的红细胞配合方面,称为“主侧”或“直接配血”。但是,在输血时,不只输入红细胞,也输入血浆,如输入的血浆中有与受血动物的红细胞不相合的抗体,也可以破坏受血动物的红细胞。不过,由于输入的血浆量少,其抗体可被稀释;受血动物血浆中若含有相应性物质,则可以中和输入的抗体,故危害性较小。因而,把受血动物的红细胞与供血动物的血清的配合,称为“次侧”或“间接配血”。主侧、次侧同时进行,称为交叉配血。一般临床上只做“主侧”或“直接配血”即可。

材料　受血(供血)动物血清:从受血(供血)动物颈静脉分别采血 5～10 mL 分别装入试管内,将试管斜放或垂直静置,析出血清备用;供血(受血)动物的 5%红细胞盐水混悬液:从供血(受血)动物颈静脉分别采抗凝血 2～3 mL,用生理盐水作 8～10 倍稀释后,以 1 500～1 800 r/min 离心 3～5 min,弃去上清液,取血细胞泥用生理盐水配成 5%的浓度备用。

方法

玻片法:取双凹玻片或普通玻片一块,也可用白瓷反应盘代替。用蜡笔在玻片上分别注明主侧、次侧字样。在主侧凹内滴受血动物血清 2 滴及供血动物的 5%红细胞盐水混悬液 1 滴;次侧凹内滴供血动物的血清 2 滴及受血动物的 5%红细胞盐水混悬液 1 滴。混匀,前后向振荡,置室温下 20～30 min,观察结果。

结果判定:①玻片上主、次侧的液体都均匀红染,无红细胞凝集现象;显微镜下观察红细胞界线清楚,表示配血相合,可以输血。②如主、次两侧或主侧红细胞凝集呈沙粒状团块,液体透明;显微镜下观察,红细胞堆积一起,分不清界线,表示配备不合,不能输血。③如主侧不凝集而次侧凝集时,有两种情况:一是供血动物血清中的抗体是免疫性抗体,不可输血;二是供血动物血清中的抗体,虽属正常抗体(凝集素),在一定条件下可以输血,但因其效价较高,凝集力强,为了安全起见最好也不输血,以防破坏受血动物的红细胞。

试管法：取试管 2 支，注明主侧、次侧字样。各管中所加入的内容物与玻片法相同。混匀后，立即以 1 000 r/min 离心沉淀，然后观察结果，结果判定同玻片法。

注意事项 ①配血试验时，如用受血动物的新鲜血清未经灭活，因其补体存在活性，与不相合的红细胞相遇时往往发生溶血反应。故观察时须特别注意，切忌将溶血当作不凝。溶血与凝集都显示配血不合。②配血试验时，室温应保持 18～20℃为宜，室温过低(8℃以下)，可出现凝集而发生假阳性，过高(24℃以上)易发生假阴性。在上述情况下，可向血清与红细胞的混合液内补加 1 滴生理盐水，重新混合振荡，再做最后检查。③观察结果的时间，不可超过 20 min，否则由于血清蒸发易发生假凝集。④配备实验所用血液必须新鲜，器材必须洁净。

临床实践中常用的配血试验 见图 10-3、图 10-4 和图 10-5。

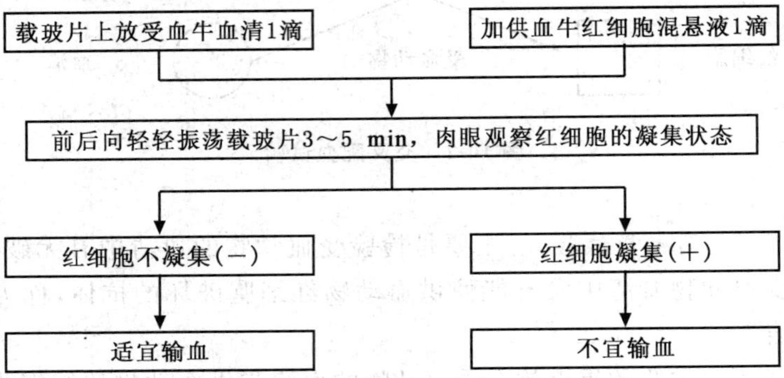

图 10-3 牛的交叉配血试验

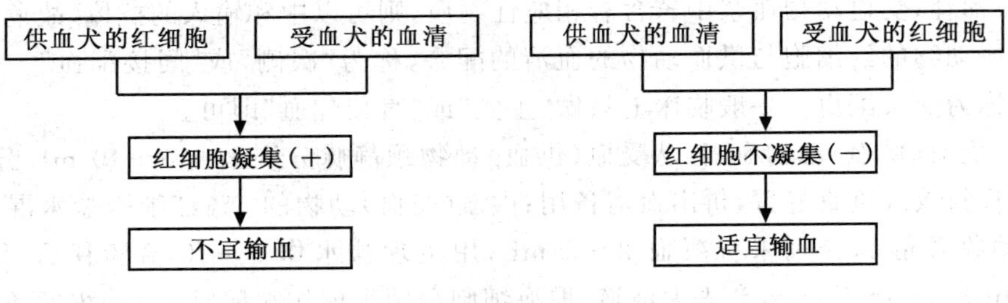

图 10-4 军犬的交叉配血试验

生物学试验 如急需输血来不及做交叉配备试验，或条件不备时，可进行生物学试验。

生物学试验是先少量输血，观察受血动物有无反应，以推断血液是否相合的一种方法。但高度衰竭的动物往往不易耐受，故在试验前应特别注意受血动物的机能状态。

试验时，尽可能先检验受血动物的体温、脉搏、呼吸、结膜色泽和临床表现，然后输入供血动物的抗凝血 200～300 mL(马、牛)，中、小动物 10～20 mL，10 min 后观察反应。如受血动物无任何异常反应，表明输入的血液是相合血，可以按计划量输入。若受血动物表现骚动不安，呼吸、脉搏显著增数，黏膜发绀，肌肉震颤，肠蠕动音增强，排粪、排尿等，甚至出现溶血性休克，表明输入的血液是不相合血，立即停止输血，必要时实施急救。

3. *器材及药品* 采血针、100 mL 注射器、输液袋(或采血瓶)、抗凝剂及相关药物。所有器具、器材要严格消毒。

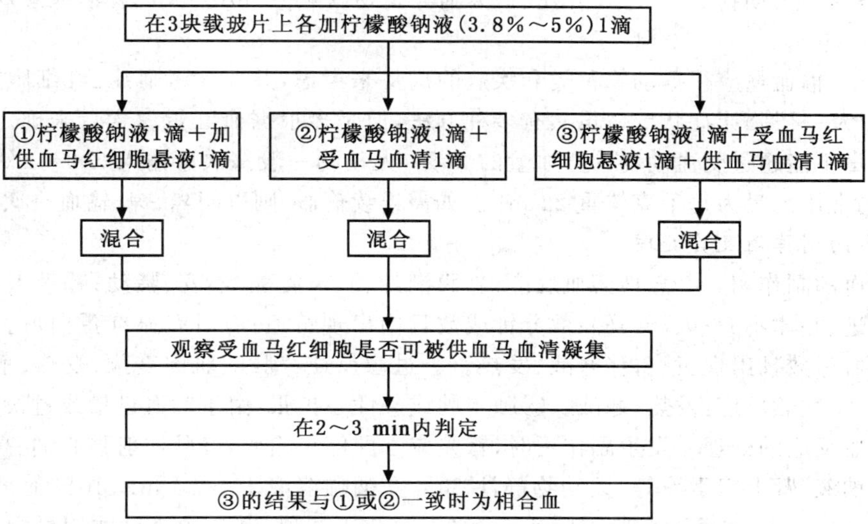

图 10-5 马的 Gratzi 三滴法

4. 输血方法

(1)输血的抗凝剂　最好用 1%肝素，但临床通常使用 3.8%柠檬酸钠或 10%氯化钙溶液。①1%肝素钠，按 1∶50 比例采血。②柠檬酸钠，使柠檬酸钠(枸橼酸钠)在血中的浓度达 0.4%～0.5%即可。③ACD 溶液(柠檬酸钠 2.2 g，柠檬酸 0.8 g，葡萄糖 2.45 g，加生理盐水至 100 mL)，每 100 mL 血液中加入 13 mL ACD 溶液。④10%氯化钙溶液，按 1∶9 比例采血。

(2)供血动物血液的采取　无论哪一种动物，都从静脉或心脏无菌进行采血。采集到含抗凝剂的采血瓶中，充分混合后，在(5.5～6.5℃)的冰室中可保存 15～18 d。

抗凝血　在消毒过的盐水瓶内(或 100 mL 注射器内)按计划采血量加入抗凝剂溶液，然后静脉(或心脏)采血。采血过程中，必须让血液沿瓶壁流入，不可水柱般地流入瓶中，以防血球破坏，并应边采血边轻轻晃动，使其与抗凝剂充分混合，但不可过分振荡。如果混合后，尚有凝块出现，则不能输入，以防发生栓塞。

10%血盐水溶液　先用 3.8%枸橼酸钠溶液或 10%氯化钙溶液，按 1∶9 比例采血后，再以此种血液 1 份与 9 份生理盐水混合即得。

(3)输血

输血方法　为了便于血液的输入，应确实的保定受血动物。输血时可使用灌注器或适当容量的注射器，或者使用特殊的输血装置。有时可从供血动物的颈静脉直接将血液输入受血动物的颈静脉。

静脉注射输血　与静脉注射相同，多用此法。不能对保存的血液加温，注入的速度大动物不能超过 20 mL/min，小动物不能超过 10 mL/min。

动脉内注射输血　对急性休克的动物最适用动脉内注射的方法。据报道用静脉注射 1/2 量的血液做动脉注射，血压即可恢复正常。在急性休克时，注射速度以 50～100 mL/min 最为合适，犬出血性休克的恢复率，动脉注射为 75%，而静脉注射仅为 30%。

输血速度　大动物 20 mL/min 左右，犬猫等宠物以 4～5 mL/min 为宜，注意观察受血动物的反应。

输血量　输血量应根据动物种类和疾病的病势来考虑，并要参考血压、红细胞数目、血红蛋白含量以及一般临床症状等。虽然有多种方法，但是多根据血红蛋白含量来确定。一般情况下，输血量不能超过受血动物的全血量的 20%，大动物一般每次可输入 500～2 000 mL，犬猫等宠物的常用剂量为每千克体重 22 mL。如需连续输血，则以间隔一日输血一次为宜。

5. 输血的副作用及其处理

(1)输血的副作用　①急性溶血反应：黏膜潮红、肌肉震颤、不安、骚动；呼吸困难；心跳加快、心动亢进、心律不齐；大汗(马)；数分钟或数日内出现黄疸；有时有血红蛋白尿。②延迟溶血反应：输血后数日出现黄疸，伴寒战、发热。③过敏反应：潮红、肌肉震颤、发热、不安、瘙痒、荨麻疹等。④发热反应：发热、寒战。⑤肺水肿或急性心扩张：由于输血过量或过快引起。

(2)输血反应的处理　发生副作用时，首先应立即停止输血，静脉注射强心剂、高渗葡萄糖液、碳酸氢钠液、肾上腺素液等(大动物静注 20%安钠咖溶液 10～20 mL、10%葡萄糖溶液或生理盐水 1 000 mL，也可配合肾上腺素 5～10 mL 皮下注射；其他中小动物用量酌减)。再进行对症处理：肝机能障碍时，除给予蛋氨酸、葡萄糖酸钙、葡萄糖液外，应用维生素 B_1、维生素 C、维生素 K 等；溶血时应碱化尿液(减少肾损害)，利尿，投给肝素以防休克和弥漫性血管内凝血；为了解除过敏反应，可用抗组织胺药物及钙制剂；发热时，应用解热药物。

四、分析讨论

1. 输液主要是以调节体液、电解质的平衡或者补给营养物质为目的。因此，应了解体液的组成、水和电解质的摄入和排出、酸碱平衡及渗透压等生理基础。

在兽医临床工作中，动物经常发生水、电解质及酸碱平衡失调，可用输液方法来进行纠正。正确地输液取决于对这些失调的正确判断，取决于对患病动物的肾脏、心血管系统功能状态的正确估计。因此，正确认识和掌握其发生机理及临床表现，采取恰当的液体疗法，对提高动物疾病的治愈率非常重要。

2. 动物的输血，以马、骡、犬、乳牛、野生动物等较为常用。输血能迅速补充血容量，纠正休克，增加供氧能力，对抢救动物生命有重要的作用。然而，输血不当也往往引起不良反应，甚至危及动物生命。因此，只有切实掌握输血的规律，正确实施，才能达到预期的目的。输血时应注意下列事项：①有无输血禁忌(重度衰弱、心肌炎、急性心扩张、重度支气管炎、肺水肿、白血病、血栓及血栓性静脉炎等、不能输血)。②输血前一定要做配血试验或生物学试验。③输血过程的一切操作应严格遵照无菌规程进行。④输血过程中应防止混入气泡并注意抗凝血中不应混有血凝块。⑤输血前一定要对患病动物及供血动物做详细的病史调查，特别注意询问过去和近期是否做过输血，一般第一次输血后 3～10 d 便产生抗体。⑥输血过程中，应密切观察患病动物的反应，防止输血反应的发生。

(邓俊良)

实习十一　临床常用治疗技术

一、实 习 目 的

学会兽医临床洗胃法、灌肠法、导尿法、穿刺疗法、封闭疗法、输氧疗法、自家血疗法、物理疗法、穴位疗法、腹膜透析疗法、瘤胃取铁疗法等治疗技术，掌握其适应症、操作方法及注意事项。

二、实 习 材 料

1. *动物*　牛、羊、猪、马、犬、猫、兔等。

2. *器材及药品*　保定器具，开口器，胃管及洗胃药液，灌肠导管及药液，导尿器械，注射器械，各种穿刺针，输氧设备，腹膜透析装置，物理疗法物品，瘤胃取铁器设备，常规治疗药物。

三、实 习 内 容

(一)洗胃法

洗胃法是向胃内灌注大量药液，通过虹吸原理清除胃内容物的一种治疗方法，多用于中毒性疾病的治疗。

动物站立保定，犬猫等可横卧保定。按胃管投药法操作要领进行操作，应注意以下要点：①应选择口径稍大的长胃管。②洗胃时胃管应插入足够深度到达胃内，一般可先量取鼻(或口)至胃的长度，在胃管上做上标记。当证实胃管进入胃后，向胃管内注入洗液(温水、碳酸氢钠溶液、食盐溶液、高锰酸钾溶液、硼酸溶液或特效解毒药液等)，待漏斗内药液即将流完时，倒转胃管末端使其低于动物体躯，并同时压低动物头部，依据虹吸原理排出胃内容物。③反复冲洗直到内容物洗净为止。如中途导出中断，可轻轻推拉胃管改变位置，或再注入适量清水，使回流畅通。④洗胃后，投入健康动物胃液(或喂健牛反刍食团)；禁食 12 h，勤饮少量清水。

(二)灌肠法

参见实习九。

(三)导尿法

1. *应用*　导尿技术是应用各种导尿管经尿道外口插入膀胱内将膀胱内的尿液导出体外的方法。用于尿道探诊和尿闭的救助；清洗膀胱；采集膀胱内尿液进行化验。

2. *器材及药品*　导尿管(橡胶管、塑料管、尼龙管、硅胶管、金属管、聚乙烯管)、润滑油(凡士林)、医用乳胶手套、止血钳、注射器、积尿杯、开膛器；局部麻醉药、0.1%新洁尔灭等消毒药、膀胱冲洗药物等。所有器材必须严格消毒灭菌。

3.方法

(1)雄性动物的导尿法

公犬和公猫导尿法 ①侧卧保定并将上侧后肢拉向前方固定或仰卧保定。②将阴茎包皮向后退缩,拉出阴茎,用0.1%新洁尔灭或0.1%高锰酸钾溶液清洗龟头和尿道外口。③术者戴灭菌手套或消毒手后,将导尿管前端2~3 cm涂抹润滑油,经尿道外口徐徐插入尿道内,并用手或止血钳慢慢向膀胱内推进。④导尿管一旦进入腔胱内,尿液即可从导尿管外端流出。⑤用接尿杯或灭菌注射器抽取尿液送化验室检查。⑥导液完毕,抽取0.1%新洁尔灭溶液2~5 mL经导尿管注入膀胱内,拔除导尿管,松解保定。

公马导尿法 ①站立保定并固定后肢。②术者蹲在马的右侧,右手伸入包皮内,抓住龟头,把阴茎拉出,进行阴茎和尿道外口的清洗消毒。以下操作与犬猫相同。

公牛和公猪导尿法 因其尿道有“S”状弯曲,一般不能用导尿管直接进行探诊和导尿。需用2%普鲁卡因溶液进行脊髓硬膜外麻醉,或用15~20 mL于“S”状弯曲部后方两侧行阴茎背神经封闭,使“S”状弯曲弛缓后,再用一定硬度的细导尿管插入尿道,进行探诊和导尿。

(2)雌性动物的导尿法

母犬和母猫导尿法 ①站立或仰卧保定,仰卧时后肢向前转位。②0.1%新洁尔灭或0.1%高锰酸钾溶液清洗阴门,然后用0.5%盐酸普鲁卡因滴注到阴道内对阴道黏膜进行表面麻醉(缓解导尿过程中的不舒适感)。③术者戴灭菌乳胶手套,将导尿管顶3~5 cm处涂润滑剂。④左手食指伸入阴道穹窿处在阴道壁上触摸尿道结节(尿道外口开口处)。右手持导尿管,在左手食指的导引下,向前下方缓缓插入尿道外口直至进入膀胱内,该导尿法称盲目导尿法。对去势的雌犬采取盲目导尿法导尿有一定困难,需用带有光源的内窥镜伸入阴道穹窿部,观察阴道底壁上的尿道结节,然后将导尿管插入尿道外口,并经尿道外口插入膀胱内进行导尿,该导尿法称明视导尿法。以下操作同公犬相同。

母马导尿法 ①站立保定并固定后肢。②清洗消毒外阴和尿道前庭。③术者戴灭菌乳胶手套或消毒手后,将导尿管顶3~5 cm处涂润滑剂。④左(右)手伸入阴道内摸到阴道前庭下壁的尿道口,并将食指尖插入其中,右(左)手持导尿管,缓慢插入尿道外口直至进入膀胱(约10 cm)。必要时可用阴道开膣器或带有光源的内窥镜伸入阴道,观察尿道外口。其他操作与母犬相同。

母牛导尿法 母牛导尿法与母马相同,但母牛的尿道外口下方有盲囊(下尿道窝)。因此,导尿时应先将食指伸入盲囊,中指将尿道开口处的皱褶上抬,然后导尿管经食指、中指间沿尿道上壁插入。

4.注意事项 ①为便于操作,可对动物进行全身麻醉,结合0.5%普鲁卡因或利多卡因对尿道外口黏膜进行表面麻醉后操作。②导尿管向膀胱内推进时动作要缓慢,用力要均匀,千万不能强行通过尿道。在插入过程中,防止导尿管的污染。③如果导尿管不能进入膀胱内,可能是由于导尿管选择不当(过粗大),或导尿管顶端在尿道黏膜的某一段处发生折叠,也可能存在尿道狭窄或尿道阻塞。当尿道内有血凝块时,可用生理盐水或稀醋酸冲出凝块,以便使导尿管顺利通过。④雌性动物导尿法的关键是寻找尿道外口,而雄性动物导尿管在通过坐骨弓处的尿道弯曲部位时有时会发生插入困难,可由助手在会阴部用手指隔着皮肤向深部压迫导尿管的尖端,迫使导尿管转向骨盆腔,再向前推进。⑤导尿完毕可经导尿管向膀胱内注入青霉素20万~160万 IU,以防继发感染。拔除导尿管,消毒尿道外口,松解保定。

(四)穿刺技术

穿刺技术是用特制的穿刺针或适宜的注射针刺入机体的体腔、脏器及脊髓腔中,获取组织或器官病料,供实验室检查,起到协助诊断的作用;也可以对积气、积液的器官排气、排液或注入药物,起到缓解症状和治疗的作用。

1.胸腔穿刺

(1)应用　探查胸腔有无积液;采集胸腔液进行化验;排出胸腔积液;注入药物进行冲洗治疗。

(2)部位　马在左侧第七或第八肋间,右侧第五或第六肋间;牛、羊在左侧第六或第七肋间,右侧第五或第六肋间;猪左侧第六肋间,右侧第五肋间;犬在左侧第七肋间,右侧第六肋间。均选在肩关节水平线下方或胸外静脉上方 2～3 cm 处。

(3)方法　动物站立保定,犬最好采取犬坐姿势。术部剪毛消毒,术者左手将术部皮肤稍向前移,右手持连接胶管并嵌闭的大小适宜的注射针或穿刺针,在肋骨前缘进针刺入胸腔(有落空感,胶管塌陷),然后根据需要连接注射器,抽出积液或进行冲洗或注入药物,术后消毒。

(4)注意事项　整个穿刺过程要防止发生气胸;排液速度不能过快。

2.腹腔穿刺

(1)应用　探查腹腔有无积液;采集腹腔液供化验;排出腹腔积液;注入药物对腹腔进行冲洗治疗。

(2)部位　马在剑状软骨突起后方 10～15 cm,腹中线左侧 2～3 cm 处;牛羊在脐部与右膝关节连线的中点;犬、猫、猪等在脐稍后方腹白线上或稍旁开腹白线。

(3)方法　动物站立保定,术部剪毛消毒,手持适宜套管针或注射针,由下向上垂直刺入腹腔(有落空感),左手固定套管,右手抽出针芯,采集腹腔液或注入药液冲洗治疗,术后消毒。

(4)注意事项　进针不宜过深;缓慢排液;肠系膜或网膜等堵塞造成排液不畅,可向套管针插入针芯或调整针的方向或深度。

3.瘤胃穿刺

(1)应用　瘤胃臌气的急救,防止造成窒息或瘤胃破裂;采取瘤胃内容物;瘤胃内注入药物进行治疗。

(2)部位　在左侧肷窝部,以髋结节与最后肋骨连线作等边三角形,其中心为穿刺点;或选择瘤胃区膨隆最明显部位。若采集瘤胃液,穿刺位置可稍靠下。

(3)方法　动物站立保定,术部剪毛、消毒;术者左手将术部皮肤稍向前移,右手持瘤胃穿刺针或注射针(20 号)垂直刺入皮肤,斜向右侧肘头方向刺入瘤胃(必要时可用手术刀先将皮肤切一小口,再刺入套管针),拔出套管针芯,气体即可排出,或连接注射器抽取瘤胃液;术后消毒。

(4)注意事项　放气不宜过快,应间歇性放气,以免造成急性脑缺血性休克;放气过程中,如遇针孔堵塞,可用针芯通透;为防止臌气继续发生,可将套管与皮肤缝合固定并保留一定时间;也可经套管注入止酵剂等药物;需要拔出套管时,应先插回针芯或用手指压住针孔,并向下压迫套管周围的皮肤,再拔出套管针或注射针。

4.盲肠穿刺

(1)应用　马属动物急性盲肠臌气时,通过盲肠穿刺放气降低腹压,或向肠管内直接注入药物。

（2）部位　在右侧肷窝部，距髋结节和腰椎横突约 10 cm 处。

（3）方法　动物站立保定，术部剪毛，消毒；用中号套管针刺入皮肤，斜向左侧肘头刺入盲肠，深约 10 cm，然后固定套管拔出内针，间歇排气，不通时再插入内针疏通或改变方向；排气后可向肠管内注入防腐止酵剂；排气或注射药物后拔针时应先插入内针，一手紧压穿刺部腹壁，慢慢拔管针，术部消毒，并用火棉胶覆盖。

5. 膀胱穿刺

（1）应用　动物排尿困难或尿闭时，可通过穿刺膀胱，排出膀胱积尿，防止膀胱破裂并缓解症状。

（2）部位　大动物可经直肠穿刺，中小动物从下腹壁进行穿刺。

（3）方法　大动物站立保定，手伸入直肠，掏尽积粪，然后手握连有长胶管的注射针头（16 号、18 号），从直肠内对准充盈的膀胱向前下方刺入，排出积尿；随膀胱体积的缩小，应边排边将针往下压；排尿毕，拔出针头，捏于手中带出即可。中小动物取侧卧或仰卧保定，一手通过腹部触诊固定膀胱，另手持注射针头于耻骨前缘的下腹壁，垂直腹壁皮肤刺入膀胱内排尿，排完尿液，拔出针头，消毒即可。

6. 心包穿刺

（1）应用　采集心包液进行化验；排除心包积液、积脓；进行心包冲洗治疗。尤其是牛的创伤性网胃心包炎时，需进行心包穿刺。

（2）部位　左侧第三至第五肋间，肩关节水平线下方 2 cm 处，叩诊呈浊音的部位。

（3）方法　动物站立保定，让其左前肢向前跨半步以充分暴露心区，术部剪毛消毒；用 8～10 cm 长的普通穿刺针，于穿刺部肋骨前缘缓慢刺入 3～5 cm，刺入心包时阻力消失，穿刺针随心脏跳动而摆动，心包内积液从穿刺针内排出；术后消毒即可。穿刺过程中，进针勿太深，以防止刺入心脏，应防止发生气胸。

7. 肝脏穿刺

（1）应用　采取肝组织进行病理学检查。

（2）部位　牛在右侧第十一至第十二肋间，髋关节水平线上；马在右侧第十五至十六肋间，距背中线约 15 cm 处的髂肋肌沟处。

（3）方法　动物站立保定，术部剪毛消毒；先用采血针刺破术部皮肤，再用特制的肝脏穿刺器，沿针孔向地面垂直的方向刺入直到肝部，立即拔出穿刺器送回针芯，抽出肝组织，固定于 10%甲醛溶液中。也可用注射针头（长 12～15 cm）按上述方法刺入后，接上注射器回抽，立即拔出并推出针管内的肝组织液，涂片待检。

8. 关节穿刺

（1）应用　用于诊断和治疗关节疾病。如采取关节液检验，关节腔内注入药物治疗，注入关节腔内适量普鲁卡因，对跛行定位诊断。临床常穿刺的有腕关节、跗关节、球关节等。

（2）部位及方法　球关节（系关节）的穿刺部位在掌骨、系韧带和上籽骨上缘所形成的凹陷内，针头与掌骨侧面呈 45°角，由上向下刺入 3～4 cm。腕关节（腕桡关节）穿刺可在关节的外侧，桡骨、腕外屈肌腱和副腕骨上缘共同组成的三角凹陷中，针头在副腕骨上方，由前内方向对准桡骨刺入 2.5～3 cm。或将腕关节屈曲，由前方刺入腕桡关节或腕间关节。跗关节穿刺在关节曲面胫骨内髁的前下方凹陷内，针头水平刺入 1.5～3 cm。蹄关节穿刺应在蹄冠背侧，蹄匣边缘上方 1～2 cm，中线两侧 1.5～2 cm 处，从侧面自上而下刺入伸腱突下 1.5～2 cm。

(五)封闭疗法

封闭技术也称封闭疗法,是应用不同浓度和剂量的普鲁卡因及其他药物(如抗生素)注入一定部位的组织或血管中,用以减弱或阻断病理性冲动对神经系统的传导,阻止病灶对神经组织的刺激,减轻疼痛,调节血管机能,改善组织营养,促进炎性产物吸收,增加机体修复功能的一种辅助疗法。

1. *病灶周围封闭疗法* 用0.25%~0.5%普鲁卡因(或加入青霉素等)在病灶周围作皮下或肌肉分点注入,以达到封闭目的。适用于创伤和局部炎症的治疗。

(1)喉周封闭疗法

应用 用于咽喉炎的治疗,一般性喉炎一次即可痊愈。

方法 动物站立或横卧保定,喉周局部消毒。用长15~20 cm针头,在喉头周围选对称两点,先在一个点垂直刺入皮下,将针放平(平行于皮肤),在皮下朝斜对侧进针至足够深度(与喉头和两个进针点连线呈45°角方向进针),再连接吸有0.25%~0.5%普鲁卡因青霉素溶液10~50 mL的注射器,左手扶住注射针,右手握注射器,边注射边退针,至针头退至进针点皮下时,再向另一侧(与喉头和两个进针点连线呈45°角)进针,采用同样的方式注射。然后再在另一点进针,重复上述过程,则在喉头周围皮下形成一菱形封闭区。

注意事项 普鲁卡因的浓度和用量不宜过高,尤其对犬猫等小动物,容易出现呕吐等不良反应。

(2)乳房基底部封闭疗法

应用 用于乳房炎的治疗。

方法 动物站立保定,局部消毒。术者用左手固定乳房炎乳区的基部,右手持10~12 cm的细长封闭针头。前区乳房发炎时,从患侧前区乳房基部与腹壁之间进针,向对侧膝关节刺入8~10 cm,边退针边注射含有0.25%~0.5%普鲁卡因的抗生素溶液50 mL,注毕,局部消毒。后区乳房发炎时,术者位于牛的后方,在患侧乳房基部离左右乳房中线1~2 cm(如封闭左乳区时,则为乳房中线偏左1~2 cm)处进针,向同侧腕关节刺入8~10 cm,边退针边注射含0.25%~0.5%普鲁卡因的抗生素溶液50 mL。每天1次,连用2~3 d,效果良好。

注意事项 防止损伤乳腺实质,应在乳腺与腹底壁间的空隙进针。

(3)四肢环状封闭疗法 用0.25%~0.5%普鲁卡因溶液(或加抗生素),注射于四肢病部的上方各层组织内,达到封闭的作用。适用于扭伤、四肢蜂窝织炎、骨折、蹄病等。

2. *静脉内封闭疗法* 将普鲁卡因注入静脉血管内,使药物作用于血管内壁感受器,以达到封闭的目的。对蜂窝织炎、顽固性浮肿、风湿病、久治不愈的创伤、蹄叶炎、烧伤、化脓性炎症、过敏性疾病、牛乳房炎等有较好的疗效。注射方法同一般静脉注射,但速度要慢(以50~60滴/min为宜)。常配成0.1%~0.25%普鲁卡因生理盐水,大动物每次用量100~200 mL。为防止出现异常反应,可在每100 mL溶液中加0.1 g维生素C。

3. *神经封闭疗法*

(1)生殖股神经封闭疗法

应用 用于乳房炎的治疗,疗效确实。对浆液性、纤维素性、黏液性和脓性的急性期乳房炎有良好效果,对慢性乳房炎也有效。

方法 在乳房炎患侧第三至第四腰椎横突间距背中线5~7 cm处剪毛、消毒,进针。按照牛的先进针肌肉注射法,用腕力迅速刺穿皮肤和肌肉,以与脊柱呈55°~60°角刺向椎体(深度

为 6～9 cm)，到达椎体后倒退 2 cm，连接吸有 2%普鲁卡因 20～30 mL 的注射器，注射 15～25 mL，再将针头倒退至皮下注射 5 mL，术后消毒。每天 1 次，连续 2～3 d。

注意事项　动物保定应确实；进针的部位应准确；掌握好进针角度及深度，防止损伤腹主动脉。

(2)会阴神经封闭疗法

应用　用于乳房炎的治疗。

方法　在阴门下角下面的坐骨弓凹陷处(坐骨联合后端)消毒、进针，针头刺入 1.5～2 cm，注射 2%的普鲁卡因 10 mL。

注意事项　动物保定应确实；部位准确，掌握好进针深度。

(六)输氧疗法

输氧疗法是在组织的氧不饱和时(低氧血症)给予机体输入氧气以缓解缺氧状态的方法。测定动脉血气分析(氧分压、二氧化碳分压和 pH 值)是判定低氧血症的唯一可以信赖的方法，是发现末梢血管虚脱(休克)及氧运输能力降低(贫血)等重度并发症的重要指标，而过度呼吸、呼吸困难、发绀、频脉等临床症状并非特异性症状，不是确诊的依据。

1.应用　动物各种原因导致低氧血症时必须进行输氧治疗。主要用于：

(1)氧缺乏性低氧血症　是呼吸机能障碍而导致动脉血氧分压降低的结果，其原因为：①肺泡换气量减少，呼吸缓慢(呼吸中枢抑制，如麻醉过深、窒息)或胸廓运动障碍；②肺脏和心脏疾病；③高热性疾病继发呼吸障碍。

(2)贫血性低氧血症　是血红蛋白减少或异常导致血液运输氧的能力下降的结果。见于急性出血和溶血等血液疾病，亚硝酸盐中毒等。

(3)循环性低氧血症　见于心衰造成组织灌流不足、休克、过敏、血管阻塞等。

(4)组织中毒性低氧血症　见于引起组织不能利用血液中氧的中毒病，如氢氰酸和一氧化碳中毒等。

2.器材及药品　氧气瓶，鼻导管或橡皮管，给氧面罩，注射器，给氧仓；3% H_2O_2 及 10%～25%葡萄糖注射液等。

3.方法

(1)氧气瓶输氧法

鼻导管给氧法(鼻塞法)　将鼻导管或橡皮管经鼻腔插入咽部，用胶布包绕导管并固定于外鼻孔处。按所需速度调节氧气流量即可。

面罩给氧法　需特制的密闭式面罩，将口鼻罩上。面罩应小到实用的程度，并尽可能靠近外鼻孔，以减少机械性死腔。

气管内插管法　导管长度能插到颈中部气管即可，如插致支气管时反而影响换气。

(2)静脉注射给氧法　H_2O_2 与酶类相遇后迅速释放出分子 O_2，从而减少无氧代谢过程，缓解酸中毒，改变微循环的缺氧状态，恢复机体的正常生理功能，为农村抢救危重动物提供了简便而有效的给氧途径。取未启封的 3% H_2O_2，用 10%～25%葡萄糖注射液稀释成 0.25%～0.3%的双氧水葡萄糖溶液，马、牛 50～80 mL/次；猪、羊 5～20 mL/次，缓慢静脉滴注(25～30 滴/min)。

(3)皮下注射给氧法　把氧气注入到皮下疏松结缔组织中，经毛细血管内的红细胞逐渐吸收。大动物 6～10 L/次；中、小动物 0.5～1 L/次。可选取数点进行，注入速度 1.0～1.5 L/min。

(4)氧仓(氧气帐篷)给氧法　将动物或其头部放入氧仓,使其吸入。可采取以下方法:①将氧仓内的空气稀释成含氧50%~95%。②使氧仓内氧和二氧化碳的比例为95%和5%。③将青霉素等抗生素喷成雾滴状与氧一起吸入。

4. *注意事项*　①输氧疗法的禁忌症:低血容量性休克血容量未补足以前;严重肺大疱和未经引流的气胸;大咯血;肺组织无功能;急性心肌梗死。②为保证安全,给氧时妥善保定动物,氧气筒与动物保持一定距离,周围严禁烟火。③搬运氧气筒时不许倒置,不许剧烈震动,附件上不许涂油。④吸入氧气时,其流量应按动物呼吸困难的改善状况进行调节;静脉输注双氧水葡萄糖溶液浓度过高、速度过快,有导致溶血的危险;皮下给氧时,氧气不能注入血管内,以防止形成气栓。

(七)自家血疗法

1. *应用*　对犬角膜炎及结膜炎疗效显著。

2. *动物、器材及药品*　角膜炎或结膜炎患犬;3.8%柠檬酸钠,青霉素,普鲁卡因,地塞米松;一次性注射器等。

3. *方法*　抽取病犬用3.8%柠檬酸钠抗凝的血2~5 mL,随即加入青霉素20万~40万IU、2%普鲁卡因1~2 mL、地塞米松5~10 mg混匀。翻开上(下)眼睑,刺入上(下)眼睑2 mm左右,缓慢注入。若同时在巩膜内注射,效果更佳。初期病例可一次治愈,重症病例一般3次可愈。

(八)物理疗法

物理疗法即理疗,是指应用各种人工或自然的物理因子(如光、电、声、热等)及理疗器械进行疾病防治的一种技术。理疗技术种类很多,常用的有冷却疗法、温热疗法、光疗法等,此外还有激光疗法、冷冻疗法、烧烙疗法、直流电离子透入疗法、电针疗法和特定电磁波疗法等。

1. *冷却疗法*

(1)应用　冷却疗法是使患部在冷的刺激下,血管收缩,血管容量减少,降低局部充血、制止出血,减少和阻止渗出物的渗出,缓和炎症的发展,降低神经的兴奋性与传导性,降低疼痛对机体的刺激的治疗方法。应用于急性炎症的早期、组织内溢血、急性蹄叶炎、挫伤、关节扭伤、腱鞘炎等非开放性损伤的初期。

(2)方法

泼浇法　将冷水盛入容器内,连接一根软胶管,使水流向体表治疗部位,或用一小容器不断向患部泼浇冷水,也可用冷水进行淋浴。

冷敷法　分为干性冷敷和湿性冷敷两种。干性冷敷是应用冰袋、雪袋或冷水管(胶管或铝管中通以冷水)置于患部;湿性冷敷是用冷水浸湿布片、毛巾或麻袋片等置于患部。采用冷敷法进行治疗时,需经常换以冷水维持冷的作用,每日数次,每次30 min。为了防止感染和提高疗效,临床上常采用消炎剂(如2%硼酸溶液、0.1%雷佛奴尔溶液、2%~5%氯化钠溶液等)进行冷敷。

冷脚浴法　用于四肢下部疾病的治疗。使患肢站立在盛有冷水或0.1%高锰酸钾等防腐剂溶液的木桶或帆布桶内,也可将患肢站在冷水池或河水中。每5~10 min更换一次冷水或冷的药液。冷脚浴前宜将蹄及蹄底洗净,蹄壁上涂油。

冷黏土外敷法　用冷水将黏土调成糊状,可向每千克水中加入食醋40~60 mL以增强黏土的冷却作用,调制好的黏土涂布于患部进行外敷治疗。此法广泛应用于马的急性蹄叶炎、挫

伤和关节扭伤等。

(3)注意事项 ①慢性炎症及一切化脓性炎症过程的疾病禁用。②冷却疗法最好在急性炎症的前期 1～2 d 内进行，并经常保持冷的作用，否则效果不佳，但不宜长时间持续使用冷却疗法，以免发生局部组织坏死。③冷却疗法应用的水温应视病情决定，根据水温分为冰水(5℃以下)、冷水(10～15℃)、凉水(23℃左右)。

2. 温热疗法

(1)应用 温热疗法是利用温热作用使局部组织充血，改善循环，促进炎性产物吸收，增强白细胞的吞噬能力，提高组织的新陈代谢机能，并有缓解疼痛和解除肌肉痉挛的作用。适用于急性炎症的后期和亚急性炎症，消散缓慢的炎性浸润，未出现组织化脓性溶解的化脓性炎症。

(2)方法

水温敷法 温敷时，先将患部用肥皂水洗净、擦干，采用四层敷料法。第一层用易吸水的布片、毛巾、纱布、脱脂棉等，浸上 38～42℃的温热水或药液(如 0.5%醋酸铅溶液、4%碳酸氢钠溶液、10%鱼石脂溶液等)，包在患部；第二层用不透水的敷料(如塑料布、油布、胶布、玻璃纸等)作隔离层；第三层用脱脂棉、毛垫、法兰绒垫等作保温层；第四层用绷带、棉布带进行固定。为了保温确实，包裹敷料时须逐层加宽加厚包裹。每次温敷 30 min，每日 3 次。临床上采用舒筋活血止痛散瘀的中药方剂煎汤洗烫患部，或把中药研末用适量的开水或热醋调成糊状，摊在纱布上包在患部，或把麸皮加醋炒热或热酒糟装在布袋里放在患部热敷，均可收到良好的疗效。

温脚浴法 操作与冷脚浴相同，只是把冷水或冷的药液加温到 40～50℃后再将患部浸入。脚浴时间为 30～90 min。

酒精热敷法 用 40～95℃的酒精进行温敷，维持温热时间比水温敷法长，治疗作用可达 10～12 h。为了增加疗效，可添加适量的碘酊、水杨酸或鱼石脂。其操作方法同水温敷法。

石蜡热敷法 先将熔点为 50～60℃的石蜡在水浴上加热到 70～85℃，注意温度不要超过 100℃，不能将水混入石蜡中。治疗前患部要剃毛、洗净、擦干，包扎一层螺旋纱布或绷带，然后用排笔蘸取 65℃左右的溶化石蜡，涂于皮肤上，连续涂刷至形成 0.5 cm 厚的石蜡“防烫层”为止。如局部皮肤有破溃或创口，应事先用高锰酸钾溶液清洗，待干燥后涂上一层薄蜡膜，再涂“防烫层”。此后迅速涂布厚层热石蜡，使其厚度达 1～1.5 cm，或用 4～8 层纱布按患部大小叠好，浸于融化的石蜡中，取出压挤多余石蜡，迅速敷于患部，外面包上胶布和保温层并加以固定。四肢末端热敷时，先做好“防烫层”，然后从蹄下面套上一个适当长的较患肢直径宽 2～2.5 cm 的胶布套，用绷带把胶布套下部扎紧，将熔化的石蜡从上口注入，让石蜡包围在患肢周围，扎紧上口，外面包上保温层并加以固定。

黏土热敷法 用开水将黏土(矿泉泥、海泥、湖泥、池塘泥等)调成糊状，待其冷却到 60℃后，迅速涂布于纱布或棉布上，覆盖于患部，外面用胶布或塑料布包裹后，再包上棉垫并加以固定。此法常用于治疗关节僵硬、慢性滑膜囊炎、骨膜炎及挫伤等。

(3)注意事项 ①当有恶性新生物和出血性病例或有伤口和坏死灶的炎症等，禁用温热疗法。②温热疗法使用时必须经常保持温热的作用，才能产生良好的疗效。③注意防止因温度过高将局部皮肤烫伤。温水热敷法常用的水温分为：温水 28～30℃、温热水 33～40℃、热水 40～42℃、高热水 42℃以上，一般采用 38～42℃的热水温敷。④当局部出现明显水肿或进行性炎症浸润时，不宜采用酒精热敷。

3. 光疗法

(1)应用 光疗法就是利用紫外线、可见光线和红外线预防和治疗疾病。短波紫外线具有较强的杀菌作用;中波紫外线具有红斑反应,色素沉着、加速再生过程,促进上皮形成和抗佝偻病的作用。红外线具有强大的穿透性和温热作用,可使照射部位广泛地充血,改善血液循环,促进炎性产物的吸收,加速炎症的愈合,同时具有镇痛作用。

(2)方法

紫外线疗法 紫外线疗法是光疗中应用最广泛的一种方法。临床上常应用人工紫外线照射防治动物疾病。矿物质代谢障碍、各种慢性病、贫血、营养不良等采用紫外线全身照射疗法;紫外线局部照射疗法常用于皮肤损伤、疖、湿疹、皮肤炎、肌炎、久不愈合的创伤、溃疡、炎性浸润、风湿症、骨及关节疾病等。

全身照射时光源距离动物 1 m,每日或隔周照射 10～15 min;局部照射时光源距离患部 50 cm,每日一次,6～7 次为一疗程,第一次照射时间 5 min,以后每日增加 5 min,但每次照射最长不超过 30 min。

红外线疗法 红外光疗法主要用于创伤、挫伤、肌炎、湿疹、各种亚急性及慢性炎症过程、神经炎、慢性风湿症、胸膜炎及肺炎等。红外线疗法一般仅作局部照射。红外线灯照射距离为 60～75 cm,每日 2 次,每次 20～40 min;人工太阳灯照射距离为 40～60 cm,每日 1～2 次,每次 25～40 min。

(3)注意事项 ①进行性结核、恶性肿瘤、出血性素质、心脏代谢机能减退等禁用紫外光疗法。②在紫外线照射过程中工作人员须戴上有色护目镜。③照射动物头部时须用眼绷带或面罩遮盖动物眼睛。④照射创面时,先用生理盐水洗净油脂、痂皮,除去污物,但创面不可使用防腐剂及其他药物。⑤紫外光治疗室应备有良好的换气设备,并保持安静,治疗中注意动物的监护,防止骚动而影响治疗效果和损坏器械。⑥急性炎症、恶性肿瘤、急性血栓性静脉炎和可能有内出血危险的病症禁用红外线疗法。

(九)穴位疗法

1. 应用 适用于眼病、风湿症、神经麻痹、跛行、消化不良、腹泻等的治疗,对上述疾患的顽固性症状有特效。犬的常用穴位及常见犬病的穴位注射见表 11-1 和表 11-2。

2. 器材及药品 穴位注射针,酒精棉球,常规药物。

3. 方法

(1)痛点注射 根据诊断、找出痛点,进行注射。

(2)穴位注射 一般选用毫针、圆利针。临床上可根据不同疾病,选用相应的穴位。

(3)患部肌肉起止点注射 如患部痛点不明显,在患部肌肉起止点注射。

以上各种注射方法,与肌肉注射相同。穴位注射时,应达到针法要求的深度。痛点注射、肌肉起止点注射要达到骨膜和肌肉之间。达到一定深度后,再缓慢注射药液。

4. 药液及剂量 凡能进行皮下、肌肉注射的药物,均可用于穴位注射。临床上较为常用的有:生理盐水、5%～10%葡萄糖、0.5%奴夫卡因、维生素 B_1 和维生素 B_{12} 等。亦可根据不同疾病,选用对症药物,如解热镇痛用安乃近;抗菌消炎用抗生素;活血舒筋用当归、红花注射液;神经麻痹用维生素 B_1;肠炎用黄连素、穿心莲等。用量可根据药物性质、注射部位及注射点来决定,一般每个注射点的药量不超过 10～15 mL。

5. 注意事项 ①注射部位,必须剪毛并严格消毒,防止感染。②注射后局部常有轻度肿胀和疼痛，一般经过 1～2 d 可自行消失。③个别患病动物注射后，有体温升高现象，不需处理，可自行恢复。因此对发热患病动物少用和不用此法。④药液不宜注入关节腔内，高渗葡萄糖不宜注入皮下。⑤注射穴点一次不宜过多，通常每次 1～3 穴(点)，一般 2～3 d 一次，每 3～5 次为一个疗程，如不愈可隔 1 周再进行第二个疗程。

表 11-1 犬的常用穴位

穴名	穴位	针法	主治	备注
抢风	肩外俞与肘俞间连线的上 1/3 与中 1/3 交界处，左右各一穴	毫针直刺 2～4 cm 或艾灸	前肢神经麻痹、扭伤、风湿症	
涌泉	第三、第四掌(跖)骨间的掌(跖)背侧静脉上，每肢各一穴	三棱针直刺 1 cm，出血	风湿症、感冒	后肢该穴又名滴水
百会	第七腰椎棘突与荐骨间	毫针直刺 1～2 cm 或艾灸	腰胯疼痛、瘫痪、泄泻、脱肛	
尾根	最后荐椎与第一尾椎棘突间	毫针直刺 0.5～1 cm 或艾灸	瘫痪、尾麻痹、脱肛、便秘、腹泻	
后海	尾根与肛门间的凹陷中	毫针直刺 1～3 cm	泄泻、脱肛、阳痿	
环跳	股骨大转子前方，左右侧各一穴	毫针直刺 0.5～1 cm 或艾灸	消化不良、呕吐、泄泻、胃痛	

表 11-2 常见犬病的穴位注射

主治症状	穴名与穴位	选用药物	操作方法
腹泻症	后海穴、脾俞穴	①黄连素、穿心莲注射液；②庆大霉素、小诺霉素、丁胺卡那	对穴位进行局部消毒，快速刺入针头，并做左右提转，注入治疗量的药液后随即抽出
角膜炎	患侧眼眶处上方的凹窝处	青霉素钠、2% 普鲁卡因、50% 葡萄糖、地塞米松	保定患病动物，用左手拇指压定穴位，沿拇指按压处向后内下方刺入 2～3 cm，并将注射器接上针头，缓缓注入药液
风湿症	抢风、阴关；百会、环跳、阳陵穴	天维地液	混合后穴位注射，边退针边注药，直到皮下
后肢瘫痪	百会穴	维生素 B_1 液	用酒精棉球消毒，然后垂直刺入 1～2 cm 深，缓慢推入药液

(十)腹膜透析疗法

腹膜透析是将平衡电解质溶液注入腹腔，2 h 后再排出，以清除体内的尿素等多种有毒物质的方法。

1. *应用* 急性、慢性肾脏衰竭；重症药物中毒；心衰和肺水肿等的抢救。

2. *器材及药品*

(1)透析液 市售的透析液(含 1.5%，4.5%，7.0% 的葡萄糖)，腹膜透析液的配方见表 11-3。如果没有透析液而急需时，可按 0.9%NaCl 1 000 mL＋10% 葡萄糖 500 mL＋5%$NaHCO_3$ 70 mL(11.2% 乳酸钠 52 mL)＋10%$CaCl_2$ 8 mL 配制。如需要钾离子时，可用林格氏液

1 000 mL＋10％葡萄糖 500 mL ＋5％$NaHCO_3$ 70 mL 配制。

表 11-3 腹膜透析液配方 g/L

成分	配方 1	配方 2
NaCl	5.67	5.5
$CaCl_2$	0.26	0.3
$MgCl_2$	1.15	0.15
乳酸钠	3.92	3.92
葡萄糖	15	20

(2)器材及药品　专用透析装置(透析管)，硅橡胶管；注射针和穿刺针；局部麻醉药等。

3. *方法*

(1)透析前处理　进行导尿、排尿及灌肠等，以便顺利放置透析管；局部常规除毛消毒。

(2)安装透析装置　可用专用透析装置，亦可用硅橡胶管。在脐后数厘米腹中线旁开的皮肤上进行局部浸润麻醉，采用专用透析器械安装透析管，或用注射针(穿刺针)穿刺。如需要反复透析，则进行透析管插管，并固定在皮肤上。

(3)灌注透析液　将温的透析液缓慢注入腹腔，直至腹腔膨满(200～2 000 mL)。

(4)排出透析液　1～2 h 后可穿刺排出或用虹吸式灭菌瓶回收透析液。

4. *注意事项*　①透析液的浓度应高于血浆，以防止液体在体内的蓄积；pH 值应接近 6.0，低于 5.5 可引起腹痛；透析液中不必常规加抗生素和肝素，禁用新霉素；高钾血症者应用无钾透析液；增加葡萄糖的浓度可以加快水分的排出，但超过 4.25％则可能发生高血糖性高渗性昏迷和对腹膜的刺激；适当减少钠离子，可使心衰易于控制和减少高渗引发的综合征；透析液温度超过 37℃，腹膜对低分子物质的廓清率随温度的增加而增大。②腹膜透析应无菌操作。③重症肾功能不全的动物，应每天进行 3～5 次的腹膜透析。④注意腹膜透析并发症的发生和及时治疗。

(十一)瘤胃取铁技术

1. *应用*　瘤胃取铁技术是通过向反刍兽网胃内投放取铁器，应用于反刍兽吞食金属异物所致创伤性网胃炎的治疗，或定期应用恒磁取铁器吸取金属异物，预防创伤性网胃炎。

2. *器材*　金属探测器；恒磁取铁器；塑料圆筒开口器等。

3. *方法*　①确定金属异物　用金属探测器进行探查，以确定是否有金属异物。②对于确定有金属异物的动物，首先禁食 24 h 而不停饮水。然后安装好塑料圆筒开口器，将恒磁取铁器经开口器投入口腔，随吞咽进入网胃内。让取铁器在胃中停留 30 min 以上，使其在胃中随胃的蠕动而充分运动，以增加同胃中金属异物接触的机会。③取出取铁器，检查金属异物，再行探查。④若一次不能取尽异物，可以再次投入取铁器至取尽为止。

4. *注意事项*　必须禁食，以增大取铁器与金属异物接触的机会，提高取出率；保证取铁器在胃中停留时间。

(*左之才*)

实习十二　免疫接种技术

一、实习目的

掌握生物制品的常用概念，生物制品保存和运送、疫苗使用等的注意事项，常用接种方法以及预防接种的组织工作；了解免疫程序制定的方法与相关的制约因素；了解一般性的、参考性的免疫程序；掌握牛结核菌素变态反应的诊断方法，检出隐性感染的牛只。

二、实习材料

1. 动物　乳牛、羊、猪、马、犬、猫、兔等。

2. 生物制品　疫苗、菌苗、冻干苗、湿苗、免疫血清、诊断液、牛结核菌素等。

3. 器材及药品　注射器及针头（可调连续注射器、兽用金属注射器、卡介苗注射器、普通注射器）、毛剪、镊子、体温计、卡尺、点眼管、煮沸消毒锅、消毒盘；75%酒精棉球、2%～5%碘酊棉球、来苏儿；牛鼻钳、毛巾、工作服帽、口罩、手套、胶鞋、记录簿等。

三、实习内容

（一）常用生物制品的概念

利用微生物、寄生虫及其组分或代谢产物以及动物的血液、组织等生物材料为原料，通过生物学、生物化学、生物工程学或基因工程技术等方法加工制成的，用于传染病及相关疾病的预防、诊断和治疗的生物制剂，统称为生物制品。用于动物传染病的预防、诊断和治疗的生物制品称为兽医生物制品。根据生物制品的性质和作用，可将其分为五大类：供预防用的疫苗（包括菌苗、疫苗及类毒素等）；供治疗或紧急预防用的免疫血清（抗菌、抗病毒及抗毒素血清等）；供诊断用的诊断液（诊断抗原、诊断抗体及核酸探针等）；非特异性免疫活性因子（白细胞介素、干扰素、转移因子、胸腺因子等）；血液制品（血浆、白蛋白、丙种球蛋白、胎盘球蛋白等）。狭义的兽医生物制品包括疫苗、免疫血清和诊断制剂等，叙述如下。

1. 疫苗

（1）常规疫苗　由细菌、病毒、立克次氏体、螺旋体、支原体等完整微生物制成的疫苗。主要有菌苗或细菌性疫苗、疫苗或病毒性疫苗、灭活苗（死苗）、活苗（弱毒苗）、干苗或冻干苗、湿苗或液状疫苗、同源苗、异源苗、多价苗、联苗、细胞苗、类毒素、生态制剂或生态疫苗等。但习惯上将细菌性疫苗和病毒性疫苗统称为疫苗。

（2）亚单位疫苗或亚结构疫苗及化学疫苗　包括亚单位疫苗或亚结构疫苗化学疫苗。

（3）生物技术疫苗　有基因工程亚单位疫苗、合成肽疫苗、抗独特型疫苗、基因缺失疫苗、基因工程活载体疫苗、非复制性疫苗、DNA 疫苗等。

2. 免疫血清

(1)免疫血清　按照一定的剂量和程序给动物多次接种疫苗，当抗体效价最高时采血分离血清，所得到的血清制品即为免疫血清或高免血清。

(2)抗毒素　是机体针对类毒素所产生的抗体，属于免疫血清。

3. 诊断液　分为诊断抗原和诊断抗体(血清)两类。

(二)生物制品的保存与运送

要低温保存，避免高温，避免阳光直射。禁忌一冻一溶，温度忽冷忽热。怕冻的生物制品以 2～8℃为宜，冻干苗一般保存在零下 15℃或更低些。具体每种疫苗或生物制品的保存温度、保存条件以及有效期以该产品的使用说明书为准。

运送疫苗要逐瓶包装后装箱，以防运输过程中破碎。要低温运送，避免高温和阳光直射。依据疫苗的多少，可选用放有冰块的冷藏箱或冷藏车等运送。

(三)常用接种方法

1. 注射免疫

(1)皮内接种　马属动物皮内接种多在颈侧、眼睑部位；牛、羊多在颈侧、尾根或肩胛中央部位；猪多在耳根后；鸡多在肉髯部位等。皮内接种目前仅适用于少数疫苗，如羊痘弱毒疫苗等。多数情况属于诊断液方面，用于诊断某些传染病，如牛结核病的检疫等。

(2)皮下接种　马、牛等大动物皮下接种多在颈侧中部；猪多在耳根后；家禽多在胸部、大腿内侧、翅膀底下等。皮下接种是兽医临床或畜牧生产中经常采用的主要免疫途径，多数疫苗一般多采用皮下接种。

(3)肌肉接种　马、牛、猪、羊的肌肉接种，多采用臀部或颈部两个部位；家禽多在胸肌、大腿等部位。兽医临床上部分疫苗或生物制品采用肌肉接种。

2. 经口免疫　经口免疫分为口服和饮水免疫两种。口服是将口服剂型的疫苗让动物口服，或按说明拌入适量饲料，给动物喂饲，或按说明稀释后直接滴口等。饮水免疫是将可供口服的疫苗，按说明书的要求，与饮水均匀的混在一起，让动物自由饮水而获得免疫。饮水或拌料这种免疫方法的优点是省时、省力，适用于大群动物的免疫。缺点是每个动物的饮水量或吃食量有多有少，因而免疫效果不像注射方法那样准确一致。为了尽量减小这一不足，饮水或拌料免疫前，一般应停饮或停食半天。

3. 气雾免疫　气雾免疫是用压缩空气通过气雾发生器，将稀释疫苗喷射出去，使疫苗形成 1～10 μm 的雾化粒子，均匀地浮游在空气之中，动物通过呼吸道吸入而得到免疫。

4. 滴鼻、点眼、涂肛、喷肛　这 4 种方法主要用于家禽的免疫接种，是目前养鸡生产中常用的免疫方法。

5. 刺种　兽医临床上主要用于家禽的免疫，用消毒过的蘸水笔尖，蘸稀释好的疫苗，在鸡的翅膀内侧无血管处，蘸 2 次刺两 2 次。此方法现在用的较少。

(四)疫苗使用时的注意事项

1. 逐瓶检查　疫苗使用前应逐瓶检查，检查瓶签上的名称、批准文号、产品规格、使用说明、生产日期、产品批号、有效期、检验号码、生产厂家等内容。瓶是否有破损、瓶盖是否松动、瓶内性状是否正常等。

2. 留样备查　疫苗发放单位和使用单位在每批疫苗中要留 1～2 瓶，以便接种后发生事故时备查。

3. 小群接种试验　大批接种疫苗前，应尽可能先做小群接种试验，并观察一定时期，待确认无异常反应后再行大群接种。

4. 疫区接种严格消毒　疫病流行地区接种时，应严格做好消毒工作，要做到 1 只动物 1 个针头，以免人为传播。

5. 不宜接种的情况　对于发病、发烧或患有其他疾病以及妊娠的母畜，原则上暂时不接种，等上述情况改善后，再行补种。

6. 防止扩散和人员感染　使用活疫苗时，要防止人为扩散，对受到污染的地方和废弃的疫苗要做消毒处理。对于人畜共患传染病，工作人员应做好个人的保护，应穿上防护服。

7. 干苗　对于干苗要按说明书进行稀释、摇匀，一般现用现稀释，并在规定的时间内用完。

8. 疫苗接种后，应做好记录　如生物制品的名称、生产厂家、批号、用法用量、接种后的反应等内容作详细记载。

(五)预防接种的组织工作

预防接种的组织工作，应注意以下要点：①应事先取得当地、场、队等领导的支持，并商请给予人力、财力、物力的保证。②做好岗前培训，组织所有参加接种工作的人员，进行相关知识和技术的培训。③制订防疫计划。④场地、保定工具、疫苗、稀释液、注射器、器械、消毒剂等所用物品的准备。⑤做好工作人员的个人防护，对于人畜共患病，工作人员应穿防护服。⑥做好接种工作的详细记录等。

(六)免疫程序的制定

1. 与免疫程序相关的制约因素　目前没有适用于各地区及各饲养场的统一的免疫程序。因为影响免疫的因素很多。如动物的种类、品种、用途、饲养管理制度、年龄、性别、营养状况、母源抗体及整个畜群的抗体水平；疫苗的种类、性质、接种途径；地理气候、季节；从业人员的技术水平；本地区或本场近几年传染病流行情况及规律等因素。所以，不宜统一规定。

2. 免疫程序的制定方法　免疫程序的制定应根据本地区或本场的实际情况而进行制定。既根据疫病在本地区或本场近几年的流行情况和规律；本地区或本场动物的饲养规模、饲养管理模式、品种、用途(种用、蛋用、肉用等)、年龄、性别等具体情况；本地区或本场所处的地理环境情况；本地区或本场动物血清学抗体或母源抗体检测的相关数据以及疫苗的种类、性质、接种途径等因素。全面分析考虑与综合，从而制定出符合本地或本场的免疫程序。

3. 参考免疫程序　参阅了国内一些成功的经验和大量书籍与文献，编辑了动物参考免疫程序(表 12-1 至表 12-11)。

需要特别说明：①以下所列全部程序仅供参考。②由于产品的更新换代，或不同的生产厂家，或不同的生产工艺，或同一厂家的不同批号等情况，其产品的使用可能会有所不同。所以，在使用每种疫苗或生物制品前，一定要详细阅读该产品的使用说明书，其用法、用量、注意事项等全部内容均以该产品的使用说明书为准。

表 12-1 商品肉鸡参考免疫程序

日龄	预防疾病	疫苗名称	接种方法	备注
1	鸡马立克氏病	火鸡疱疹病毒疫苗(HVT 苗)或鸡马立克氏 814 弱毒疫苗	颈背部皮下注射	在出雏室进行
7～10	新城疫、鸡传染性支气管炎	新城疫 La Sota(Ⅳ系)-传支 H_{120} 二联苗	滴鼻、点眼,同时颈背部皮下注射油苗 0.2 mL	依据母源抗体效价确定首免日龄
14～16	鸡传染性法氏囊病	鸡传染性法氏囊弱毒苗	滴鼻、滴口或饮水	
18	鸡肾型传染性支气管炎	肾传支弱毒苗	滴鼻或饮水	
24～26	鸡传染性法氏囊病	鸡传染性法氏囊弱毒苗	滴鼻或饮水	
30	新城疫、鸡传染性支气管炎	新城疫 La Sota(Ⅳ系)-传支 H_{52} 二联苗	滴鼻、点眼、饮水	

表 12-2 商品蛋鸡参考免疫程序

日龄	预防疾病	疫苗名称	接种方法	备注
1	鸡马立克氏病	火鸡疱疹病毒疫苗(HVT 苗)或鸡马立克氏 814 弱毒疫苗	颈背部皮下注射	在出雏室进行
7～10	新城疫、鸡传染性支气管炎	新城疫 La Sota(Ⅳ系)-传支 H_{120} 二联苗	滴鼻、点眼,同时颈背部皮下注射油苗 0.2 mL	据母源抗体效价定首免日龄
14～16	鸡传染性法氏囊病	鸡传染性法氏囊弱毒苗	滴鼻、滴口或饮水	
18	肾型鸡传染性支气管炎	肾传支弱毒苗	滴鼻或饮水	
24	鸡传染性法氏囊病	鸡传染性法氏囊弱毒苗	滴鼻或饮水	
26	鸡痘	鸡痘鹌鹑化弱毒疫苗	翅膀下无血管处刺种	
40～45	鸡传染性喉气管炎	传染性喉气管炎弱毒疫苗	滴鼻、点眼	
60	新城疫	Ⅰ系苗	肌肉或皮下注射	
85	鸡痘	鸡痘鹌鹑化弱毒疫苗	翅膀下无血管处刺种	
90	鸡传染性喉气管炎	传染性喉气管炎弱毒苗	滴鼻、点眼或饮水	
115～120	新城疫-传支-流感-减蛋综合征	新城疫-传支-流感-减蛋综合征四联油苗	油苗颈部皮下或胸部肌肉注射,同时弱毒苗滴鼻、点眼或饮水	
120 日龄以后	每隔 2 个月免疫一次新城疫(La Sota 系或 Clone-30)			

表 12-3 种鸡场参考免疫程序

日龄	预防疾病	疫苗名称	接种方法	备注
1	鸡马立克氏病	HVT 与"814"二价苗	肌肉注射	出雏室进行
7～10	新城疫	克隆-30 或Ⅳ系	滴鼻、点眼	据母源抗体水平定首免日期
	鸡传染性支气管炎	H_{120}	滴鼻、点眼	
10～14	鸡传染性法氏囊病	弱毒苗	饮水	
20～24	鸡传染性喉气管炎	弱毒苗	点眼或饮水	疫区使用
	鸡痘	弱毒苗	翅下刺种	
25～30	新城疫	Ⅳ系或克隆-30 油苗(0.3 mL)	肌肉或皮下	
	鸡传染性法氏囊病	弱毒苗	饮水	
	霉形体病	油苗	肌肉或皮下	
	传染性鼻炎	油苗	肌肉或皮下	
50～60	鸡传染性支气管炎	H_{120}	饮水	
	鸡传染性喉气管炎	弱毒苗	饮水	
70～90	新城疫	Ⅳ系或克隆-30	饮水	疫区使用
	禽脑脊髓炎	弱毒苗	饮水	
110～120	新城疫	油苗	肌肉或皮下	
	鸡痘	弱毒苗	刺种	
	霉形体病	油苗	肌肉或皮下	
	传染性鼻炎	油苗	肌肉或皮下	
	鸡传染性法氏囊病	油苗	肌肉或皮下	
	产蛋下降综合征	油苗	肌肉或皮下	
	禽脑脊髓炎	油苗	肌肉或皮下	
	鸡传染性支气管炎	H_{52}	饮水	

表 12-4 商品鸭参考免疫程序

日龄	预防疾病	疫苗名称	接种方法
1	鸭瘟、鸭病毒性肝炎	鸭瘟-病毒性肝炎二联苗	肌肉或皮下注射
3～7	鸭传染性浆膜炎	鸭传染性浆膜炎灭活苗	颈背部皮下注射
15	鸭大肠杆菌病	鸭大肠杆菌灭活苗	颈背部皮下注射
30	鸭瘟	鸭瘟弱毒苗	肌肉注射
40	鸭巴氏杆菌病	鸭巴氏杆菌灭活苗	肌肉注射

表 12-5 鹅参考免疫程序

日龄	预防疾病	疫苗名称	接种方法
1	小鹅瘟	小鹅瘟冻干苗(雏鹅)	滴鼻、点眼
4～8	鹅副黏病毒病、减蛋呼吸综合征	减蛋综合征-鹅副黏病毒二联苗	颈背部皮下注射
15	巴杆氏菌病	禽多杀性巴杆氏菌油苗	颈背部皮下注射
产蛋前 30 d	小鹅瘟	小鹅瘟冻干苗(种鹅)	颈背部皮下注射
产蛋前 20 d	小鹅瘟、鹅副黏病毒病、减蛋呼吸综合征	小鹅瘟-鹅副黏病毒病-减蛋呼吸综合征三联多价油乳剂灭活苗	颈背部皮下注射
产蛋前 10 d	大肠杆菌病	禽大肠杆菌油苗	颈背部皮下注射

表 12-6 猪参考免疫程序

类别	日龄	预防疾病	疫苗种类	接种方法
仔猪与育肥猪	20～25	猪瘟	猪瘟兔化弱毒苗	肌肉注射
	30～40	仔猪副伤寒	仔猪副伤寒弱毒苗	肌肉注射
	45	猪瘟	猪瘟兔化弱毒苗	肌肉注射
	52	猪丹毒	猪丹毒弱毒苗	皮下或肌肉注射
	60	猪肺疫	猪肺疫灭活苗	皮下或肌肉注射
	120～140	猪瘟、猪丹毒、猪肺疫	猪瘟-猪丹毒-猪肺疫三联苗	肌肉注射
种母猪	配种前 50	蓝耳病	蓝耳病灭活苗	皮下注射
	配种前 35	细小病毒病	细小病毒灭活苗	皮下注射
	配种前 30	乙型脑炎	乙型脑炎弱毒苗	3～6 月份皮下注射
	配种前 30	口蹄疫	口蹄疫灭活苗	肌肉注射
	配种前 30	猪瘟、猪丹毒、猪肺疫	猪瘟-猪丹毒-猪肺疫三联苗	肌肉注射
	产前 30	仔猪黄痢	仔猪黄痢基因工程苗	皮下或肌肉注射,疫区使用
		魏氏梭菌病	魏氏梭菌 C 型灭活苗	皮下或肌肉注射
	产后 3 周	猪瘟	猪瘟兔化弱毒苗	皮下或肌肉注射
	产后 4 周	猪丹毒	猪丹毒氢氧化铝灭活苗	皮下或肌肉注射
	产后 5 周	猪肺疫	猪肺疫氢氧化铝灭活苗	皮下或肌肉注射
种公猪	一般每年 2 次定期防疫。主要预防的疾病有:猪瘟、猪丹毒、猪肺疫、口蹄疫、蓝耳病、细小病毒病、猪伪狂犬病、猪传染性胸膜肺炎、传染性萎缩性鼻炎等,请按产品的使用说明书使用			

表 12-7 牛主要传染病参考免疫程序

预防疾病	疫苗名称	接种方法	备注
牛炭疽病	无毒炭疽芽孢苗	皮下注射，1 岁以上牛 1 mL，1 岁以下牛 0.5 mL；注射后 14 d 产生免疫力	免疫期 1 年
	第Ⅱ号炭疽芽孢苗	不论大小一律皮下注射 1 mL，注射后 14 d 产生免疫力	免疫期 1 年
牛气肿疽	气肿疽明矾菌苗	大小牛皮下注射 5 mL；6 月龄以下的小牛，在年龄满 6 个月时再接种一次	免疫期约半年
牛出血性败血症	牛出血性败血症氢氧化铝菌苗	牛 100 kg 以下，皮下注射 4 mL，100 kg 以上皮下注射 6 mL；注射 21 d 后产生免疫力	免疫期 9 个月
牛口蹄疫	牛 O 型口蹄疫灭活疫苗	1 岁以下肌肉注射 2 mL，成年牛 3 mL	
牛布氏杆菌病	布鲁氏菌羊型五号疫苗	牛皮下注射 250 亿活菌	
牛传染性胸膜肺炎	牛肺疫兔化弱毒疫苗	氢氧化铝苗：臀部肌肉注射，成年牛 2 mL，6～12 个月的小牛 1 mL；盐水苗：尾端皮下注射，成年牛 1 mL，6～12 个月的小牛 0.5 mL。免疫期 1 年	牦牛、半岁以下的犊牛、临产母牛、瘦弱或有病的牛均不得注射
牛流行热	牛流行热油佐剂灭活疫苗	颈部皮下注射 4 mL，犊牛减半	每年在蚊蝇孳生前半个月注射一次，间隔 3～4 周再接种一次

表 12-8 羊主要传染病参考免疫程序

预防疾病	疫苗名称	接种方法	备注
羊炭疽	第Ⅱ号炭疽芽孢苗	股内侧或尾部皮内注射 0.2 mL	每年 1 次
羊布鲁氏杆菌病	布鲁氏菌羊型五号疫苗	皮下或肌肉注射绵羊每只 50 亿活菌，山羊每只 25 亿活菌	每年 1 次
羊气肿疽	气肿疽明矾菌苗	颈部或腿内侧皮下注射 1 mL	未断奶的羔羊断奶后再加强免疫 1 次
羊痘(绵羊)	羊痘鸡胚化弱毒冻干疫苗	3～4 月份股内侧或尾内侧皮内注射 0.5 mL	未断奶的羔羊断奶后再加强免疫 1 次
羊痘(山羊)	山羊痘油疫苗	3～4 月份股内侧或尾内侧皮内注射 0.5 mL	未断奶的羔羊断奶后再加强免疫 1 次
山羊传染性胸膜肺炎	山羊传染性胸膜肺炎氢氧化铝菌苗	皮下或肌肉注射，6 月龄以下每只 3 mL；6 月龄以上每只 5 mL	每年 1 次
羊快疫、羊肠毒血症、羊猝殂、羊黑疫、羔羊痢疾	羊厌气菌氢氧化铝五联灭活苗	不论大小，均皮下或肌肉注射 5 mL，注射后 14 d 产生免疫力	每年 2 次

表 12-9 兔主要传染病参考免疫程序

日龄	预防疾病	疫苗名称	接种方法
25～28	大肠杆菌病	大肠杆菌多价灭活苗	皮下注射
30～35	巴氏杆菌病波氏杆菌病	巴氏-波氏杆菌二联灭活苗	皮下注射
40～45	兔瘟	兔瘟灭活苗	皮下注射
50～55	魏氏梭菌病	魏氏梭菌灭活苗	皮下注射
60～65	兔瘟	兔瘟灭活苗	皮下注射
备注：对于青、成年家兔，一般每年 2 次定期防疫。主要疾病有：兔瘟、巴氏杆菌病、波氏杆菌病、大肠杆菌病、魏氏梭菌病、葡萄球菌病、沙门氏菌病等			

表 12-10 马主要传染病参考免疫程序

预防疾病	疫苗名称	接种方法	备注
马传染性贫血	马传染性贫血驴白细胞弱毒疫苗	一律颈部皮下注射 10 倍稀释苗 2 mL，或原液皮内注射 0.5 mL；注后马 3 个月，驴 2 个月产生免疫力	免疫期 2 年
马流行性乙型脑炎	兽用流行性乙型脑炎疫苗	于流行前的 3～4 月份皮下或肌肉注射，当年驹须第二年加注 1 次	免疫期 2 年
马沙门氏菌流产和幼驹副伤寒	沙门氏菌马流产 C 系弱毒疫苗	颈部皮下注射；成年马 2 mL，幼驹 1 月龄后注射 2 mL，离乳后再注射 1 次	免疫期 1 年
破伤风	破伤风明矾沉降类毒素	成年马、骡、驴皮下注射 1 mL，幼驹减半，经 6 个月后再接种 1 次	免疫期 1 年

表 12-11 犬主要传染病参考免疫程序

日龄	预防疾病	疫苗名称	接种方法	备注
45(首免)	犬瘟热、细小病毒病、狂犬病、传染性肝炎、副流感	犬五联疫苗(国产)	皮下或肌肉注射	对于正在发病、发烧以及妊娠犬等原则上不接种
60(二免)	犬瘟热、细小病毒病、狂犬病、传染性肝炎、副流感	犬五联疫苗(国产)	皮下或肌肉注射	
75(三免)	犬瘟热、细小病毒病、狂犬病、传染性肝炎、副流感	犬五联疫苗(国产)	皮下或肌肉注射	
以后每半年免疫 1 次				

(七)牛结核病的检疫

采用牛结核菌素变态反应有 3 种方法：皮内、点眼和皮下反应。我国主要用前两种，最好同时并用。检查前将被检牛进行编号、分组。

1. 牛结核菌素皮内反应

(1)注射部位　颈侧中部上 1/3 处剪毛(3 个月内的犊牛可在肩胛部)，直径约在 10 cm，用游标卡尺测量术部中央皮皱厚度。

(2)注射剂量　用结核菌素原液，3 个月以内的小牛 0.1 mL；3～12 个月的牛 0.15 mL；12 个月以上的 0.2 mL。

(3)观察反应　皮内注射后，应分别在 72 h、120 h 进行两次观察。注意局部有无热、痛、肿胀等炎性反应，并用卡尺测量术部肿胀面积及皮皱厚度。

常在 72 h 观察后，对阴性及可疑反应的牛只，须在原注射部位，按首次同样剂量进行第二次注射，注射后应于第 48 h(即 120 h)再观察一次。

(4)判定标准

阳性反应　局部发热、痛感，呈现界限不明显的弥漫性水肿，质地如面团，肿胀面积在 35 mm×45 mm 以上，或上述反应较轻，而皱皮厚度在原测量的基础上，增加 8 mm 以上者，为阳性反应，其记录符号为(＋)。

疑似反应　局部水肿不明显，肿胀面积在 35 mm×45 mm 以下者，皮厚增加 5～8 mm，为疑似反应，其记录符号为(±)。

阴性反应　局部无炎性水肿，或仅有坚实冷硬界限明显的硬块，皮皱增加不超过 5 mm 者为阴性反应，其记录符号(－)。

2. 牛结核菌素点眼反应　牛结核菌素点眼，每次进行两回，间隔 3～5 d。

(1)点眼前检查　点眼前须将两眼做详细检查。对患有眼病或结膜不正常的牛，不可做点眼检疫。

(2)方法与剂量　常采用结核素点左眼，若左眼有病则可点右眼，但应在记录中注明。助手先固定好牛只，术者左手食指压入左眼窝内，使其瞬膜露出，再用拇指拨开下眼睑，使瞬膜与下眼睑形成一凹窝。右手持已吸好结核菌素的点眼管，滴入结核菌素 3～5 滴，0.2～0.3 mL。

(3)注意事项　点眼最好在清晨开始，以使各次观察时间能在光线良好的情况下进行。点眼后，将牛拴好，防止风沙侵入眼内，避免阳光直射及牛头部与周围物体摩擦。

(4)观察反应　点眼后，应于 3 h，6 h，9 h 各观察一次，必要时可观察第 24 h 的反应。观察两眼的结膜与眼睑肿胀的状态，流泪及分泌物的性质与量的多少。由于结核菌素而引起的饮食减少或停止及全身战栗、呻吟、不安等其他变态反应，均应详细记录。对阴性或可疑的牛 72 h 后，于同一眼内再点一次结核菌素，观察记录同上。

(5)判定标准

阳性反应　有黏液脓性或纯脓性分泌物(呈乳脂状、黄白色、发亮、稠密、易碎)自眼角流出；或散布在眼的周围；或在结膜囊及眼角内呈粒状或线状；或上述反应轻微，但有明显的结膜充血、水肿和流泪，并有其他全身反应者，为阳性反应。

疑似反应　仅有少量灰白色、半透明的黏性分泌物积聚在结膜囊内或眼角处，并无明显的眼睑水肿及其他全身症状者，为疑似反应。

阴性反应　无反应或仅有结膜轻微充血，流出透明浆液性分泌物者，为阴性反应。

3. 综合判定　凡用上述两种方法(即结核菌素皮内注射与点眼)结合进行检疫牛只的判定，其中任何一种为阳性反应者，即可判定为结核菌素阳性反应牛；两种方法中任何方法为疑似者，则判定为疑似反应牛。

4. 复检　在健康牛群中(即无一头变态反应阳性牛的牛群)经第二次检疫判为可疑的牛，要单独隔离饲养。1 个月后做第二次检疫，仍为可疑时，经过半个月做第三次检疫，如仍为可疑，可继续观察一定时间后，再进行检疫，根据检疫结果作出适当处理。如果在牛群中发现有开放性结核牛，同群牛尽管是可疑反应的牛只，也应视为被感染。通过两回检疫都为可疑者，即可判为结核菌素阳性牛。

四、分析讨论

1. 预防接种是兽医临床和畜牧生产中应用最多、最重要的技术之一。预防接种的质量或免疫效果的好坏，与接种人员的相关知识与技术操作有很大关系。

2. 熟悉与免疫程序相关的制约因素，掌握免疫程序的制定方法或原则，对于做好免疫预防工作非常重要。应了解本地区或本场近几年传染病流行情况的相关资料；本地区或本场动物的饲养规模、饲养管理模式、品种、用途（种用、蛋用、肉用等）的相关资料；本地区或本场所处的地理环境情况的相关资料；本地区或本场动物血清学抗体或母源抗体检测的相关数据；本地区能买到的疫苗或生物制品的相关资料等。

3. 结核病是人畜共患传染病，做好牛结核病的检疫工作，对于牛奶和奶制品的质量与安全，保护我们人类自身健康非常重要。

（郝满良）

实习十三　血液检验技术

一、实习目的

掌握采血技术、血样及保存方法以及血液常规检验的检查方法、临床意义及注意事项；熟悉动物血液其他检验正常参考值及其临床意义。

二、实习材料

实验动物；采血器材（注射器及针头、抗凝剂或抗凝管、酒精棉球）；血液检验器材等。

三、实习内容

（一）血液采集与保存

1. 血液的采集　根据检验项目及需血量的多少，可以选用静脉采血、末梢采血或心脏采血。少量血液的采取，一般可在耳尖或耳静脉处采取。多量血液的采取，马、牛、羊直接从颈静脉采取，猪从耳静脉或前腔静脉采取，禽类常在翅内静脉处采取，犬四肢浅表静脉（如臂头静脉）采血，必要时可进行心脏穿刺采血（兔、禽）。

2. 血液样本

（1）鲜血　未受到任何干扰，成分不发生改变。适用于血液常规检查。

（2）抗凝血　血液中加入抗凝剂而保持液体状态的血样。常用的抗凝剂及其应用见表13-1。

表 13-1　常用抗凝剂及其应用

名　称	机　理	用　法	特　　点
乙二胺四乙酸二钠（10%EDTANa$_2$）	夺取血液中的游离钙离子	10% EDTANa$_2$ 2 滴（0.1 mL）抗凝 5 mL 血液	对血细胞形态影响小，抗凝力强，适合于一般血液学检验，特别是血小板检查；不宜用于 Ca^{2+} 及 Na^{+} 的测定；不用于输血抗凝
双草酸盐溶液（海-保二氏液）→抗凝管	与钙离子形成草酸钙阻止血凝	每个抗凝管可抗凝 10 mL 血液	适用于 PCV 测定及血常规，不宜作血小板计数；价低，抗凝好；血细胞形态有所影响；不用于输血抗凝
3.8%柠檬酸钠（枸橼酸钠）	与血中钙离子形成非离子的可溶性化合物	3.8% 枸橼酸钠 0.5 mL 抗凝 5 mL 血液	专用抗凝剂（血沉测定和输血抗凝）；溶解缓慢，故只能配成溶液，不可用粉剂

续表 13-1

名称	机理	用法	特点
肝素钠	阻止凝血酶原转变为凝血酶而抗凝	1%肝素钠 0.1 mL 可抗凝 5 mL 血液	不影响红细胞的大小，但对白细胞形态观察不利；对血液有机和无机成分分析影响小；抗凝时间短
抗凝管制备：草酸铵 1.2 g＋草酸钾 0.8 g 溶于 98 mL 水中，每支试管加 1 mL 混合液，60℃烘干备用			

(3)血浆　抗凝血离心沉淀后的液体成分。适用于微生物检验、治疗。

(4)血清　血液自然凝固后析出的液体成分。采血后将试管斜置于 25～37℃温水杯(或水浴)中，可加速血清析出。适用于蛋白电泳、血液生化值测定。

3. 血样的处理与保存

(1)保存　不能立即送检的血样，首先应把血片涂好并予以固定，其余血液放入冰箱冷藏保存。

(2)血检项目与血液保存的最长时限　见表 13-2。

表 13-2　血检项目与血液保存的最长时限

血检项目	白细胞计数	红细胞计数	血红蛋白测定	红细胞沉降率	血小板计数	网织红细胞计数	血细胞压积容量测定
保存时限/h	2～3	24	2～3	2～3	约 1	2～3	24

(3)送检　根据血检要求，分别送检抗凝血、血清或血浆。如果要做白细胞分类计数或检查血液寄生虫，应附送固定好的血液涂片。血样均需装在冰瓶内，下垫泡沫塑料或棉花，切勿剧烈振摇，以免溶血，影响血细胞计数。

(二)血细胞压积容量测定

红细胞压积容量(PCV)又称红细胞比积(Hct)，是指红细胞的体积与血液体积的比值。

1. 测定方法　有折射法、比重法、离心法、放射元素法和电子血球计数仪等。兽医临床上常用离心法、电子血球计数仪测定。

(1)离心法测定红细胞压积容量

测定原理　血液中加入可以保持红细胞体积大小不变的抗凝剂，混合均匀用特制吸管吸取抗凝全血随即注入温氏测定管中，电动离心，使红细胞压缩到最小体积，然后读取红细胞在单位体积内所占百分比。

器材　红细胞压积容量测定管，又名温(Wintrobe)氏管；毛细玻璃吸管或带胶皮乳头的长针头；水平电动离心机(转速达 3 000～4 000 r/min)。

试剂　10%EDTA-Na_2 溶液或双草酸盐合剂。

方法　用毛细玻璃吸管或长针头吸满抗凝全血，插入红细胞压积容量测定管中，随后轻轻捏胶皮乳头，自下而上挤入血液至刻度 10 处(但吸管口长针头针尖在挤血过程中不要提出液面，以免血液形成气泡影响结果)。然后将测定管置入电动离心机内，以 3 000 r/ min 离心 30 min (马血)或 40 min(牛血及猪血)，离心后管内的柱分为 3 层：上层为淡黄色或白色的血浆(驴的血浆常为白色)；中层为灰白色，完全不透明，是由白细胞、血小板所组成；下层为红细胞的叠积层。读取红细胞柱层的刻度数，即为红细胞压积容量值(用百分率表示)。

(2)电子血球计数仪　按仪器使用说明书可直接测定红细胞压积容量。

2. 红细胞压积容量参考值　见表 13-3。

表 13-3　健康动物红细胞数、血红蛋白含量、红细胞压积容量

动物	RBC/(10^{12}/L)	Hb/(g/L)	PCV
马	7.93±1.40	127.7±20.5	0.30±0.03
骡	7.55±1.30	127.4±21.8	0.33±0.03
驴	5.42±0.23	104.5±14.2	0.37(0.30～0.48)
黄牛	7.24±1.57	95.5±10.0	0.36±0.04
乳牛	5.97±0.86	83.7±7.0	0.37±0.03
水牛	5.91±0.98	123.0±16.6	0.39±0.02
牦牛	7.05±0.38	107.6±13.2	0.45±0.02
瘤牛	7.54±0.32	119.8±11.4	
双峰驼	9.88±1.78	118.0±10.3	0.35±0.03
山羊	15.23±1.03	92.6±5.1	0.23±0.39
奶山羊	17.20±3.35	7.82±0.45	0.35±0.01
绵羊	8.42±1.00	92.0±7.0	0.35±0.03
猪	5.51±0.34	112.3±13.7	0.39±0.04
犬	6.57±0.34	133.6±13.5	0.54±0.03
猫	8.71±0.50	115.5±13.6	0.41±0.01
兔	5.87±0.32	92.6±9.5	0.42±0.04
鸡	3.04±0.28	84.9±30.4	0.33(0.29～0.44)
火鸡	2.89±0.20	136.6±12.3	
鸭	2.90±0.50	91.7±7.2	0.44±0.03
鹅	2.98±0.15	135.0±24.4	
鸽	3.62±0.29	143.1±15.0	
鹌鹑	3.53±0.25	131.2±8.8	
猴	5.82±0.42	102.0±15.3	

3. *临床意义*　红细胞压积容量增高：见于大面积烧伤、各种脱水和各种继发或原发性红细胞增多症等；红细胞压积容量降低：见于各种贫血。

(三)血红蛋白测定

1. *方法*　血红蛋白测定的方法有目视比色法(酸化血红蛋白法)、氰化高铁血红蛋白分光光度计法、碱羟高铁血红素(ADH-575)法、电子血球计数仪法等，目前临床多采用酸化血红蛋白法、电子血球计数仪法。

(1)酸化血红蛋白法(Shali 氏法)

原理　红细胞遇酸溶解后，释放出血红蛋白，血红蛋白被酸化为褐色的酸化高铁血红蛋白(其中血红蛋白的含量与色泽的深浅成正比)，经稀释后利用比色方法测定血红蛋白的含量。

器材与试剂　①沙利氏血红蛋白计一套：内有沙利氏吸管一支，测定管一支，装有标准玻

璃色柱的比色计一套。测定管上有两种刻度，一侧刻有2～24，表示血红蛋白在100 mL血液内的克数；另一侧刻有20～160，表示100 mL血液中血红蛋白的百分数。国产沙利氏血红蛋白计以每100 mL血液中14.5 g血红蛋白作为100%。②0.1 mol/L盐酸液：取浓盐酸8.5 mL，加入大约700 mL蒸馏水中，再补充蒸馏水至1 000 mL。也可用1%盐酸。

方法　在沙利氏测定管内加入0.1mol/L盐酸液至刻度2处（一般可用滴管加此盐酸液5滴）。用沙利氏吸管准确吸血20 mm^3，用棉花擦去管外黏附的血液，立即将吸管中的血液吹入测定管的盐酸液中，并轻轻吸吹数次（注意动作要轻，以防产生气泡）。轻轻摇动测定管或用细玻棒搅拌，使血液与盐酸充分混合，静止10 min。然后缓缓滴加盐酸液（或蒸馏水）进行稀释，并用玻璃棒搅拌，直到颜色与标准色柱完全相同为止。读取测定管内液面凹面的刻度，为每100 mL血液中血红蛋白的克数或百分数（以滴加1滴盐酸液后颜色变浅的上一次结果为测定结果），最后换算为g/L。

注意事项　①吸血前，血液振荡均匀，取血均匀。②吸血准确，血柱不应有气泡，吸管外的血液要擦去。③吸管内的血液要全部洗入稀释液中。④快速搅拌均匀，防止血液发生凝块。⑤盐酸的浓度过低或与HCl作用时间不充分，结果偏低（在室温下，转化率75%/min，88%/5 min，95%/10 min）。⑥稀释要准确，应逐滴加入盐酸液，防止稀释过度而无法比色。⑦对准自然光进行比色。

（2）电子血球计数仪法　按仪器使用说明书可直接测定。

2. 正常参考值　见表13-3。

3. 临床意义　见表13-4。

表13-4　血红蛋白变化的临床意义

Hb变化	原因	临床意义	常见疾病
Hb增高	血液浓缩	各种原因的脱水	剧烈呕吐、腹泻；大出汗；肠阻塞、变位；瓣胃及皱胃阻塞；胸腹腔的渗出性炎症等
	红细胞增多症	缺氧	继发性增多：肺慢性疾病；充血性心衰等 原发性增多：真性红细胞增多症
Hb降低	各种类型的贫血	Hb含量减少，只能反映贫血的程度，却不能指示贫血的特征与性质，需借助于血色指数	

（四）红细胞计数

1. 方法　红细胞计数的方法主要有试管稀释法和电子血球计数仪法。

（1）试管稀释法

原理　试管稀释法是目前兽医多采用的方法，即把全血在试管内用稀释液（此液不能破坏白细胞，但对红细胞计数影响不大，因为在一般情况下，白细胞数仅为红细胞数的$1/10^4$）稀释200倍，在血细胞计数板的计数室内数一定体积血液的红细胞数，然后再换算出1 L血液内的红细胞数。

器材与试剂　红细胞稀释液（生理盐水溶液）；血红蛋白吸管；改良纽巴氏计数板（改良式血细胞计数板，见图13-1、图13-2和图13-3）；血细胞检查的专用盖片；2 mL刻度吸管，显微镜，试管或青霉素瓶等。

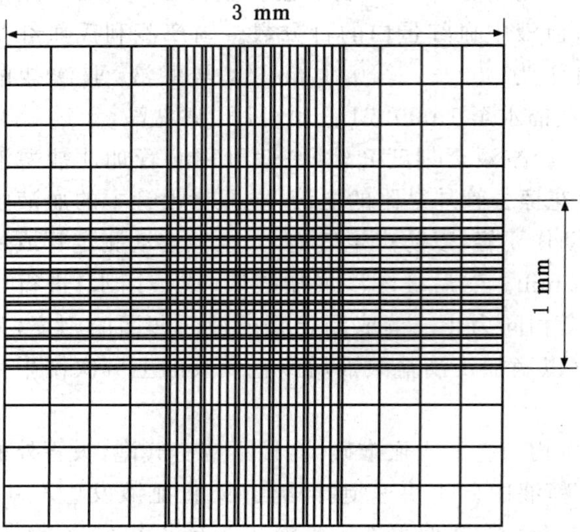

图 13-1　计数室划线

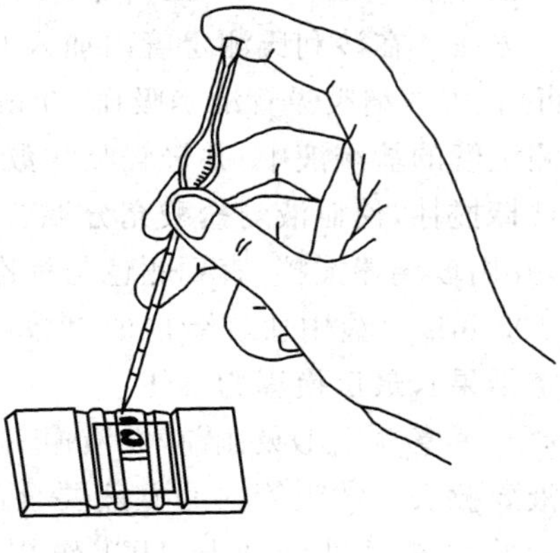

图 13-2　计数室充液法

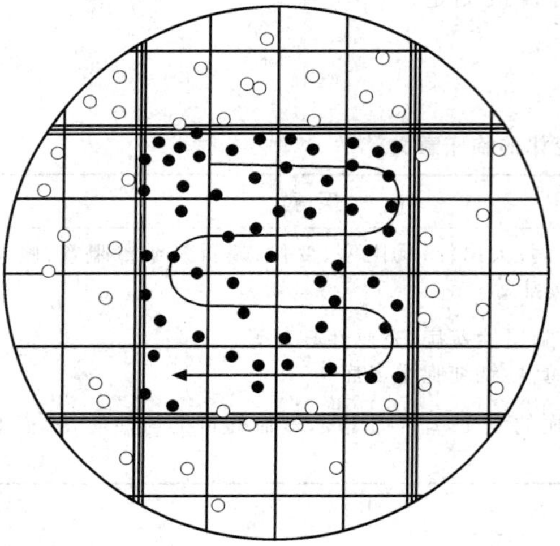

图 13-3　红细胞计数顺序

方法　用 2 mL 刻度吸管吸取红细胞稀释液 2.0 mL 置于试管(或青霉素瓶)中。再用沙利氏吸管准确吸取血液 10 mm^3(μL),加入试管中红细胞稀释液底部,立即混合均匀(参照血红蛋白测定)。用毛细吸管或玻棒蘸取已稀释好的血样,置于计数板与盖片边缘处,让液体自然流入计数室内,静置 2～3 min 后即可计数。计数时,先用低倍镜,在弱光下找到计数室的格子后,把中央的大方格置于视野中央,然后转用高倍镜,计数中央大方格内的 4 个角与中央的中方格(共 5 个中方格,每一个中方格有 16 个小方格,共计 80 个小方格)内红细胞的数量 X。

结果计算及表示方法　计算式为:$X \div 80 \times 400 \times 200 \times 10 = 1\ mm^3$ 血液中的红细胞个数,再换算为 个/L。式中:X 为 5 个中方格(即 80 个小方格)的红细胞个数;400 为一个大方格(即 1 mm^2 面积)共有 400 个小方格;200 为血液稀释倍数;10 为盖片与计数板之间的高度是 1/10 mm。

注意事项　①吸血及稀释参考血红蛋白测定的注意事项。②稀释液充入计数室的量不可过多或过少。过多使盖片浮起使计数结果偏高,过少则在计数室中形成小的空气泡,使计数结果偏低甚至无法计数。③显微镜台应保持水平,否则,计数室内的液体流向一侧而计数不准。④计数时要注意压在左边双线上的红细胞应计数在内,压在右边的不要计数在内,同样,压上线计入,压下线不计入,即按照"数上不数下,数左不数右"的计数法则计数。⑤器械应清洁。

沙利氏吸管或专用的红细胞稀释管每次用后，先用清水吸吹数次，然后在蒸馏水、酒精、乙醚中按次序分别吸吹数次，干后备用。血细胞计数板用蒸馏水冲洗后，浸入95%的酒精中备用，临用前用绸布轻轻擦干即可，切不可用粗布擦拭。

(2)电子血球计数仪法　按仪器使用说明书可直接测定。

2. 正常参考值　见表13-3。

3. 临床意义　参见血红蛋白测定，与血红蛋白的变化一致。

(五)白细胞计数

1. 方法　红细胞计数的方法主要有试管稀释法和电子血球计数仪法。

(1)试管稀释法

原理　一定量的血液用冰醋酸溶液稀释后，可将红细胞破坏，然后在血细胞计数板的计数室内计数一定容积血液中的白细胞数，以此推算出每升血液内的白细胞数。此项检验需与白细胞分类计数相配合，才能正确分析与判断疾病。

器材与稀释液　血细胞计数板，沙利氏血吸管，0.5 mL吸管，小试管(或青霉素瓶)，毛细吸管(或玻棒)，显微镜，白细胞稀释液(3%的冰醋酸溶液，加数滴结晶紫或美蓝染液使呈淡紫色以区别红细胞稀释液)。

方法　于小试管(或青霉素瓶)内加入白细胞稀释液0.38 mL。用沙利氏吸管准确吸取血液20 mm^3，加入小试管内白细胞稀释液中，充分振荡混合。再用毛细吸管吸取(或玻棒蘸取)稀释的血液，沿计数板与盖玻片的边缘充入计数室内，静置1～2 min后，低倍镜观察。将计数室4个角的4个大方格(每个大方格被单线分为16个中方格)内的全部白细胞依次数完。注意压在左线和上线的白细胞计算在内，压在右线和下线者不计算在内。

结果计算及表示方法　计算式为：$(X \div 4) \times 20 \times 10 = 1\ mm^3$ 血液中的白细胞个数，再换算为 个/L。式中：X 为4个大方格的白细胞总数；20为血液稀释倍数；10为盖片与计数板之间的高度是1/10 mm。

注意事项　①要严格按照红细胞计数的注意事项进行操作。②初生幼畜、妊娠末期，剧烈劳役、疼痛等都可使白细胞轻度增加。③白细胞计数应与白细胞分类计数的结果联系起来进行分析，白细胞总数稍有增多，而分类无大的变化者，不应视为病理现象。④初学者容易把尘埃异物与白细胞混淆，可用高倍镜观察白细胞形态结构加以区别。

(2)电子血球计数仪法　按仪器使用说明书可直接测定。

2. 正常参考值　见表13-5。

3. 临床意义

(1)白细胞增多　细菌及真菌感染；炎症性疾病；白血病；肿瘤、急性出血性疾病、中毒性疾病(如酸中毒、尿毒血症、洋地黄中毒等)以及注射异性蛋白之后，白细胞数均可增多。

(2)白细胞减少　某些单纯病毒性传染病(如猪瘟、流行性感冒、马传染性贫血、猫泛白细胞减少症、犬瘟热、犬细小病毒病等)，由于造血器官受到抑制而使白细胞胞总数下降；长期使用某些药物或一时用量过大(如磺胺类药物、氨基比林等)；各种疾病的濒死期；血液原虫病(如弓形虫病、血孢子虫病)、休克、营养衰竭症以及骨髓再生功能不全(慢性化学药品中毒及X放射线损伤)。

表 13-5 健康动物白细胞数和白细胞分类计数参考值

动物	WBC /(10^9/L)	嗜碱性白细胞 /%	嗜酸性白细胞 /%	嗜中性白细胞/%		淋巴细胞 /%	单核细胞 /%
				杆状核细胞	分叶核细胞		
马	9.5(5.40～13.5)	0.3	4.7	3.13	45.75	44.08	1.99
骡	8.70(4.60～12.0)	0.5	5.0	5.2	46.0	42.0	1.1
驴	10.51±3.25	0.17±0.53	5.37±3.37	1.77±1.61	36.65±7.29	53.90±7.23	0.74±0.77
黄牛	8.43±2.08	0.14±0.02	3.10±1.64	4.10±1.18	32.86±6.28	58.03±6.29	1.77±0.73
乳牛	9.41±2.13	0.12±0.83	7.80±4.72	9.52±4.62	19.64±7.95	59.24±10.37	2.96±1.89
水牛	8.04±0.30	0～1	6.5～29.9	0.3～8.4	12～38	36.7～78.5	0.3～5.4
牦牛	9.86±1.04	0.48±0.51	5.67±0.89	3.45±0.75	28.52±2.92	57.15±3.39	4.73±0.72
瘤牛	10.62±1.12	0.42±0.60	8.08±1.40	1.61±0.73	23.22±3.36	62.92±3.98	3.75±0.77
双峰驼	16.90±3.50	0.04	4.40	4.60	59.56	28.00	3.40
山羊	12.47±0.90	0.59±0.50	4.66±0.60	3.47±0.57	31.84±2.55	55.19±2.84	4.25±0.67
乳山羊	13.20±1.88	0.40±0.10	4.00±0.55	4.20±1.02	35.40±3.64	53.20±2.32	2.60±0.30
绵羊	8.00±1.70	0.20(0～1)	2.90(0～8)	3.10(0～7)	23.8(18～45)	68.1(40～75)	1.90(0～5)
猪	14.02±0.93	0.23±0.43	3.03±1.08	3.74±0.77	31.42±2.73	58.45±2.67	2.58±0.85
犬	10.93±1.29	0.28±0.46	5.16±1.32	6.25±2.06	55.59±3.38	29.41±4.72	3.31±0.69
猫	11.35±0.83	0.37±0.49	3.77±0.82	4.06±0.94	55.10±4.18	32.80±4.53	3.90±0.80
兔	9.48±1.12	0.52±0.57	1.70±0.88	3.03±0.64	30.36±3.16	61.09±3.80	3.30±0.81

(六)白细胞分类计数

白细胞分类计数是根据不同白细胞的特征，利用染色血片计算血液中各类白细胞的相对百分率。同时可辨认红细胞和白细胞有无异常变化。其方法有涂片染色镜检法、电子血球计数仪法。介绍涂片染色镜检法作白细胞分类计数的方法，同时可以进行血细胞像的观察。

1. 血涂片的制作

(1)玻片的清洁　将玻片放入肥皂或洗衣粉水中煮沸 20 min，用热水将肥皂和血膜等污物洗去，再用自来水反复冲洗，最后再用蒸馏水冲洗 3～5 次。必要时再置 95%乙醇中浸泡 1 h，然后擦干或烘干备用。新玻片常有游离碱质，因此应用清洁液或 10%盐酸浸泡 24 h，然后分别用自来水及蒸馏水彻底冲洗。油污玻片清洗法：将用过的玻片投入 10 g/L 的高锰酸钾水溶液数小时，取出后再投入 25 g/L 的草酸水溶液数小时，然后用自来水和蒸馏水冲洗干净后再置于 95%乙醇中，以毛巾擦干净即成。久用后高锰酸钾水溶液可出现泥沙样沉淀，草酸水溶液有乳白色沉淀，可用棉花滤去再用，如草酸水溶液褪色应重新配置。

(2)血涂片的制作　取末梢血(或抗凝血)1 滴，置载玻片一端，取另一边缘光滑的推片，放在血滴前面慢慢后移，当接触血滴后稍停，血液即沿推片散开。将推片与载片保持 30～40°角，向前平稳均匀推动推片，载片上便留下一层薄血膜(图 13-4)。血涂片制成后，立即在空气中挥动，使其迅速干燥，以免血细胞变形。血膜干燥后，用铅笔在血膜的一侧写上编号。

一张良好的血片，厚薄要适宜，头体尾要明显，细胞分布要均匀，膜的边缘要整齐，并留有一定的空隙。

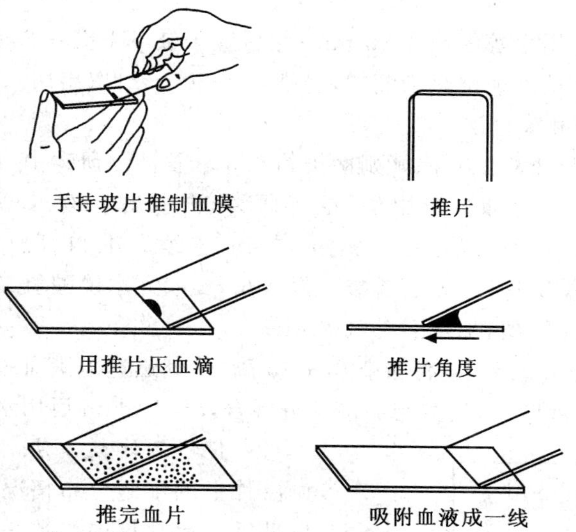

图 13-4　血涂片的制作方法

涂片时，血滴愈大，角度愈大，推片速度愈快则血膜愈厚，反之血膜愈薄。太薄的血片50%的白细胞集中于边缘或尾部，不利于白细胞分类。如果血膜分布不匀，主要是推片不整齐，用力不均匀，载片不清洁所致。

2. 血涂片染色

(1)瑞氏染色法　本法的特点是将固定和染色合并在一起进行，手续简便，染色时间短，对白细胞中的特异性颗粒着色较好，但对核着色较差。

试剂　瑞氏染液：瑞氏染料(粉)1.0 g，纯甲醇(AR 级以上)600.0 mL。将全部染料放入乳钵内，先加少量甲醇慢慢地研磨(至少 30 min)，以使染料充分溶解，再加一些甲醇混匀，然后将融解的部分倒入洁净的棕色瓶内，乳钵内剩余的未融解的染料，再加入少许甲醇细研，如此多次研磨，直至染料全部溶解，甲醇用完为止，于室温下密闭保存 7 d，过滤后才能使用，染液放置时间愈久，细胞着色越佳；磷酸盐缓冲液(pH 值 6.4～6.8)：磷酸二氢钾(KH_2PO_4)0.2 g，磷酸氢二钠(Na_2HPO_4)0.3 g，蒸馏水加至 1 000.0 mL，配好后用磷酸盐溶液校正 pH 值。如无缓冲液可用新鲜蒸馏水代替。

方法　用蜡笔在血膜两头划线，以防染液溢出，然后将血膜平放在染色架上。用瑞氏染液 3～5 滴覆盖整个血膜固定细胞 0.5～1 min。滴加等量或稍多的缓冲液，用洗耳球将其与染液吹匀，染色 5～10 min。

慢慢摇动玻片，然后用流水从玻片的一侧冲去染液，待血片自然干燥后(或用滤纸吸干)，即可镜检。

(2)姬姆萨染色法　姬姆萨染料由天青、伊红组成，其染色原理与瑞氏染色法基本相同，但姬姆萨染色法对细胞核着色较好，结构显示更清晰，而对胞浆和中性颗粒染色较差。

试剂　姬姆萨染液：将 1.0 g 姬姆萨染料粉末全部倒入盛有 66.0 mL 甘油的圆锥烧瓶内，在 56℃的水浴锅上加热 90～120 min，使染料与甘油充分混匀溶解，然后加入 60℃预热的甲醇 66.0 mL，充分摇匀后置棕色瓶中，于室温下保存 7 d，过滤后才能使用。染液放置时间越久，细胞着色越佳。

方法　将干燥血片用甲醇固定 3～5 min;然后置于被 pH 值 6.2～6.4 磷酸盐缓冲液(同瑞氏染色)稀释 10～20 倍的姬姆萨染液中,浸染 10～30 min;取出用水冲洗,待干后镜检。

(3)瑞氏-姬姆萨混和染色法

试剂　Ⅰ液:取瑞氏染粉 1.0 g、姬姆萨染粉 0.3 g,置洁净研钵中,加少量甲醇(分析纯)研磨片刻,吸出上层染液。再加少量甲醇,继续研磨,再吸出上液,如此连续几次,共用甲醇 500 mL,收集于棕色瓶中,每天早、晚各振摇 5 min,连续 5 d,再存放 1 周即能使用。Ⅱ液:pH 值 6.4～6.8 磷酸盐缓冲液(无水磷酸二氢钾 6.64 g、无水磷酸氢二钾 2.56 g,加少量蒸馏水溶解,用磷酸盐调整 pH 值,加水至 1 000 mL)。

方法　平置玻片于染色架上,滴加染液 3～5 滴,使其迅速盖满血膜,约 1 min 后滴加缓冲液 5～10 滴,轻摇玻片或吹气,使其与染液充分混合,5～10 min 后用水冲去染液,待干,镜检。

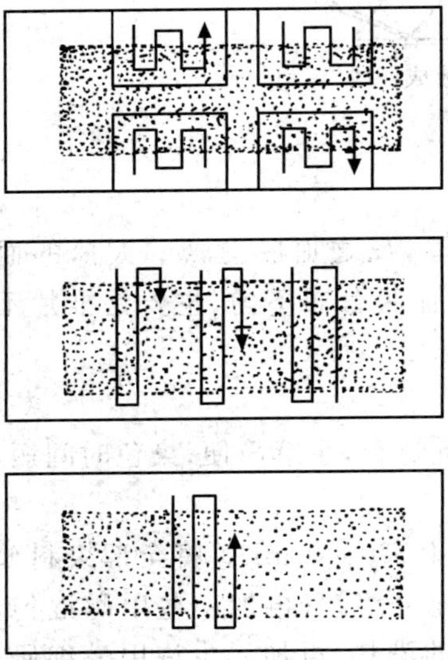

图 13-5　血涂片计数方法

3. 镜检及计数方法　先用低倍镜全面观察血涂片上的细胞分布情况及染色的好坏,选择染色良好的涂片划区计数。一般采用 4 区法、3 区法或 1 区法(图 13-5)计数,用白细胞分类计数器计数 100 个白细胞,然后计算每种白细胞的百分率。

4. 各类白细胞的特征　应从其大小、形态,胞浆的多少与核的比例;胞浆中有无颗粒、颗粒的染色特征、胞浆颜色;核的形态及染色特性进行鉴别。根据胞浆中有无染色颗粒,将白细胞分为颗粒细胞(嗜中性粒细胞、嗜酸性白细胞、嗜碱性白细胞)和无颗粒细胞(淋巴细胞、大单核细胞)。

(1)嗜中性粒细胞　中等大小,呈圆形或椭圆形,胞浆中有细小的呈玫瑰红色的颗粒,根据细胞核的特征又分为髓细胞、幼稚型、杆状核和分叶核细胞。髓细胞核色淡,着色不均,呈豆形;幼稚型细胞核色较淡,呈肾形;杆状核细胞核致密、色深,弯曲呈带状“S”形、马蹄形;分叶核细胞核深紫色,有 2～3 个分叶。

(2)嗜酸性白细胞　较大,呈圆形或椭圆形,胞浆中有较大的鲜红色颗粒。核呈紫色,2～3 个分叶。

(3)嗜碱性白细胞　较大,呈圆形或椭圆形,胞浆中有深紫色较小的颗粒,核分叶或不分叶,呈紫红色。

(4)淋巴细胞　呈圆形,其中直径大而胞浆部分较多称大淋巴细胞,大淋巴细胞周围有透明带。直径小、核比例大而胞浆少称小淋巴细胞。淋巴细胞核呈圆形浓染致密,蓝紫色。处于两者之间的称为中淋巴细胞。

(5)单核细胞　细胞很大,呈不正、多边多角形。胞浆呈烟灰色、暗淡,核呈紫色肾形或不正形。

5. 正常参考值　见表13-5。

6. 临床意义

(1)嗜中性白细胞

嗜中性白细胞增多　见于急性感染性疾病(特别是各种病原微生物引起的全身性感染);一般炎症性疾病及化脓性疾病(尤其是金黄色葡萄球菌、肺炎双球菌等化脓菌感染);严重组织损伤(创伤、外科手术)或大量血细胞破坏(急性溶血);注射异种蛋白(如血清、疫苗等);急性大出血(脾破裂或子宫破裂);急性中毒(化学药物中毒、代谢性酸中毒及慢性肾炎尿毒症)等。均以中性分叶核白细胞增多为主。

嗜中性白细胞减少　主要是由于病原抑制了骨髓的功能,常见于某些病毒性疾病;某些血液病(如严重的贫血性疾病及再生障碍性贫血);慢性理化损伤(放射线辐射、肿瘤的化疗等);中毒性疾病(如蕨中毒、砷中毒及驴的妊娠中毒等);严重的败血症和化脓性疾病;脾功能亢进;风湿病等。

(2)嗜酸性粒细胞

嗜酸性粒细胞增多　见于过敏性疾病(如支气管哮喘、支原体肺炎、血管神经性水肿、食物过敏、注射血清等);内寄生虫病(如肝片吸虫病、钩虫病、蛔虫病、球虫病等);某些皮肤病(湿疹、螨病、剥脱性皮炎);慢性粒细胞白血病和淋巴瘤等。

嗜酸性粒细胞减少　见于严重尿毒症、毒血症;手术后严重组织损伤;应用肾上腺皮质激素和促肾上腺皮质激素;中毒。

(3)嗜碱性粒细胞

嗜碱性粒细胞增多　见于慢性粒细胞白血病、嗜碱性粒细胞白血病、骨髓纤维化、真性红细胞增多症、黏液性水肿、溃疡性结肠炎、变态反应、甲状腺功能减退等。

嗜碱性粒细胞减少　见于速发型态反应如荨麻疹、过敏性休克等。因血中嗜碱性粒细胞很少,临床较少检测。

(4)单核细胞

单核细胞增多　见于某些慢性细菌感染(亚急性感染性心内膜炎、结核、布氏杆菌病等);犬皮质类固醇应用;原虫性疾病(焦虫病、锥虫病及弓形虫等);疾病的恢复期;淋巴瘤(幼单核细胞增多)、单核细胞白血病,粒-单核细胞白血病;使用促肾上腺皮质激素、糖皮质类激素等药物等。

单核细胞减少　见于急性传染病的初期及各种疾病的垂危期。

(5)淋巴细胞

淋巴细胞增多　见于多数病毒感染;慢性传染病(如结核、鼻疽、布氏杆菌病);血液原虫病;淋巴性细胞白血病(禽、犬、猫);急性传染病的恢复期。

淋巴细胞减少　往往是嗜中性粒细胞显著增加,而使淋巴细胞相对减少。

7. 动物血细胞像　健康动物血细胞像见彩图1-1至彩图1-5。

8. 血液寄生虫　主要血液寄生虫见彩图2-1至彩图2-4。

(七)血清蛋白检验

血清蛋白正常参考值见表 13-6。

表 13-6 健康动物血清总蛋白、白蛋白和球蛋白参考值 g/L

动物	总蛋白(TP)	白蛋白(ALB)	球蛋白(G)	白球比(A/G)
牛	67～75	25～35	30～35	0.8～0.9
马	50～79	25～35	26～40	0.6～1.5
牦牛	56～76	30～38	28～37	0.9～1.3
双峰驼	59～71	43～53	15～20	2.5～3.9
猪	79～89	18～33	53～64	0.4～0.5
绵羊	60～79	24～33	35～57	0.4～0.8
山羊	64～70	27～39	27～41	0.6～1.3
犬	53～78	23～43	27～44	0.6～1.1
猫	58～78	19～38	26～51	0.5～1.2

1. 血清蛋白浓度升高(高蛋白血症)

(1)血清总蛋白浓度(TP)升高 见于机体严重脱水、血液浓缩引起血清总蛋白浓度相对升高。此时红细胞压积容量(PCV)亦升高，且白蛋白/球蛋白比值(A/G)正常。

(2)白蛋白浓度升高 单纯白蛋白浓度升高很少发生。

(3)球蛋白浓度升高 α-球蛋白升高见于组织损伤或炎症急性期；β-球蛋白升高见于活动性肝脏疾病及圆线虫病；γ-球蛋白升高是球蛋白升高的主要部分，见于慢性炎性疾病、免疫性疾病、淋巴瘤、骨髓瘤、肝硬化及免疫接种后等。慢性活动性肝炎和失代偿性肝炎后硬化时，γ-球蛋白增高最为显著。在急性肝炎时，γ-球蛋白正常或暂时性轻度增高，若持续增高，提示向慢性化发展。

2. 血清蛋白浓度降低(低蛋白血症)

(1)血液中水分增加 见于静脉注射过多低渗溶液或各种原因引起的水钠潴留。

(2)白蛋白浓度降低 往往出现白蛋白/球蛋白比值变小。①营养不良和消耗增加：见于饲料中蛋白质含量长期不足或慢性肠道疾病所引起的吸收不良，或长期消耗性疾病。②合成障碍：见于慢性肝脏疾病、肝脏功能严重损害时。③蛋白质丢失：如大量血浆渗出、大出血、严重烧伤及肾病综合征。④妊娠特别妊娠晚期，血清白蛋白可明显下降，但分娩后又迅速恢复正常。

(3)球蛋白浓度降低 见于幼畜喂初乳不足或未喂初乳可出现 γ-球蛋白浓度极低；应用肾上腺皮质激素和其他免疫抑制剂；一些免疫缺陷性疾病(感染后难以控制)等。

(八)血清电解质

正常参考值见表 13-7，临床意义参见实习十。

表 13-7　健康动物血液中各元素参考值　mmol/L

动物	钠	钾	钙	氯	磷
牛	132～152	3.9～5.8	2.35～3.05	97～111	0.74～3.10
马	132～146	3.0～4.7	2.25～3.25	114.00±5.52	0.96～2.26
绵羊	139～152	3.9～5.4	2.88～3.20	95～103	1.61～2.35
山羊	142～155	3.5～6.7	2.23～2.93	99～110	1.22～5.68
猪	135～150	4.4～6.7	1.78～2.90	94～106	1.71～3.10
犬	141～155	3.6～5.6	2.45～3.0	96～122	0.8～1.61
猫	143～158	3.2～5.3	2.15～2.70	108～128	1.29～2.26

说明：血清钙（mg/dL）＝血清钙（mmol/L）×4；血清无机磷（mg/dL）＝血清无机磷（mmol/L）×3.1。

（九）血清酶

血清主要酶的参考值见表 13-8。

表 13-8　健康动物血清酶活性　U/L

	ALT	AST	ALP	GGT	CK	LDH	AMS
犬	8.2～57.3	8.9～48.5	11～100	1.0～9.7	1.15～28.4	45～233	270～1 462
猫	8.3～52.5	9.2～39.5	12～65	1.8～12.0	7.2～28.2	63～273	371～1 193
马	2.7～20.5	116～287	70～226	2.7～22.4	2.4～23.4	162～412	47～188
牛	6.9～35.3	45～110	18～153	4.9～25.7	4.8～12.1	692～1 445	41～98
绵羊	14.8～43.8	49～123	27～156	19.6～44.1	8.1～12.9	238～440	140～270
山羊	15.3～52.3	66～230	61～283	20.0～50.0	0.8～8.9	123～392	
猪	21.7～46.5	15.3～55.3	41～176	31.0～52.0	2.4～22.5	380～635	44～88
鸡	9.5～37.2	88～208	25～44				

1. 血清丙氨酸氨基转移酶（ALT）和门冬氨酸氨基转移酶（AST）

（1）血清 ALT 活性增高　对犬和猫肝脏疾病的诊断具有重要意义，常见于各型肝炎、肝硬化、胆道疾病和其他原因引起的肝损伤；也见于严重的贫血、砷中毒、鸡脂肪肝和肾综合征等疾病过程中。血清 ALT 活性可反映肝脏损伤的程度，一般认 60～400 U/L 为中度肝损伤，400 U/L 以上为严重肝损伤。由于成年马、绵羊、牛和猪肝脏 ALT 含量少，这些动物肝脏损伤时升高不明显。

（2）血清 AST 活性升高　骨骼肌、心肌和肝脏等组织损伤均可引起 AST 活性升高，多见于乳牛产后瘫痪、黄曲霉毒素中毒、四氯化碳中毒、肌肉营养不良、白肌病、肝外胆管阻塞、肝片吸虫病、高脂血症等。因此该酶对肝损伤不具有特异性，但除犬、猫和灵长类外，肝细胞破坏时，血清 AST 活性可急剧升高。在分析测定结果时，应仔细了解心脏和肌肉是否损伤，并结合肝脏功能检查的其他指标和临床症状综合判断。

2. 血清碱性磷酸酶（ALP）　碱性磷酸酶（ALP）主要分布在肝脏、骨骼、肾脏、小肠及胎盘中，血清中 ALP 以游离形式存在，大部分来自肝脏和骨骼，常可作为肝脏疾病的检查指标之一。一般认为，幼年生长发育阶段的动物，血清 ALP 主要来自骨骼，随着动物发育成熟，来自骨骼的 ALP 逐渐减少。血清碱性磷酸酶活性升高见于肝胆疾病（如肝细胞损伤、胆道阻塞等）

和骨骼疾病(如佝偻病、骨软症、纤维性骨炎,骨损伤及骨折修复愈合期等)。

3.血清γ-谷氨酰转移酶(GGT)　GGT主要用于肝胆疾病的诊断,牛、马、绵羊、猪的胆汁郁滞、肝片吸虫病、急性肝坏死均出现GGT升高。江苏农学院的试验表明,给山羊灌服四氯化碳,2 d后GGT比试验前升高了4倍。原发性或续发性肝癌时,血清GGT显著升高,多种血清酶测定比较试验发现,CGT的阳性率最高。

4.血清肌酸激酶(CK)　肌酸激酶(CK)是能量代谢过程中重要的酶类,又名肌酸磷酸激酶(CPK)。主要功能是可逆的催化肌酸和ATP生成磷酸肌酸和ADP的反应。肌酸激酶在骨骼肌和心肌中含量最高,其次是脑和平滑肌。正常动物血清中CK含量甚微,当上述组织受损时,CK进入血液,血清中含量明显升高。牛、羊、猪维生素E和硒缺乏所引起的肌肉营养性疾病、母牛卧地不起综合征、马麻痹性肌红蛋白尿症等疾病时血清CK均明显升高。此外,动物剧烈运动、手术,肌肉注射冬眠灵和抗生素等也能引起CK活性升高。

5.血清乳酸脱氢酶(LDH)

(1)LDH活性升高　常见于心肌损伤,骨骼肌变性、损伤及营养不良,维生素E及Se缺乏,肝脏疾病,恶性肿瘤,溶血性疾病,肾脏疾病等。

(2)LDH同工酶活性升高　①血清LDH_1及LDH_2均增加,且LDH_2/LDH_1比值低于1:见于急性心肌梗塞。②LDH_5升高:急性肝炎早期,且常在黄疸出现之前已开始升高;慢性肝炎可持续升高;肝硬化、肝癌、骨骼肌损伤、手术后等LDH_5亦可升高。③LDH_4与LDH_5均升高(以LDH_4升高较多见):见于阻塞性黄疸。④LDH_1升高:见于心肌炎、溶血性贫血等。

6.血清淀粉酶(AMS)

(1)AMS升高　多见于胰腺疾病。急性胰腺炎一般于发病后6～12 h血清AMS开始升高,可比正常增高3～4倍,持续3～5 d后恢复正常;尿液AMS于发病后12～24 h开始升高,持续3～10 d恢复正常。慢性胰腺炎急性发作、胰腺癌、胰腺囊肿、胰管阻塞等也见AMS升高。另外,肾脏疾病(如原发性肾衰竭)、肠扭转或肠阻塞、腹痛等均可引起血清AMS活性升高。

(2)AMS降低　见于胰腺组织坏死、肝组织严重损伤、甲状腺功能亢进和妊娠毒血症等。

7.α-淀粉酶(α-Amy)　犬正常参考值为185～700 U/L。

(1)α-淀粉酶升高　见于胰腺炎;肾脏病;肠变位和肠阻塞、小肠炎;皮质类固醇过多(应激、肾上腺皮质机能亢进、应用皮质类固醇或糖皮质激素)等。

(2)α-淀粉酶降低　见于胰腺管阻塞性胰腺坏死。

8.血清脂肪酶LPS)　血清脂肪酶(LPS)是脂肪水解的关键酶,胰腺是其最主要来源。临床多见血清LPS升高:见于急性胰腺炎和胰腺癌,偶见于慢性胰腺炎。急性胰腺炎时,血清α-Amy升高的时间较短,而血清LPS升高可持续10～15 d。此外,总胆管结石、癌变、肠梗阻、十二指肠穿孔等,有时LPS亦可升高。

(十)血清其他检验

血糖、血清胆固醇、甘油三酯、胆红素、肌酐、尿素、尿酸参考值见表13-9。

表 13-9 健康动物血清葡萄糖、胆固醇、甘油三酯及尿素氮参考值

动物	血糖/(mmol/L)	CH/(mmol/L)	TG/(mmol/L)	T-Bir* /(μmd/L)	D-Bir* /(μmol/L)	Cr* /(μmol/L)	尿素/(mmol/L)	尿酸/(mmol/L)
犬	3.94～6.39	3.4～7.0	0.48±0.36	1.7～10.3	1.0～2.1	44～138	1.8～10	0～119
猫	2.94～6.67	2.4～3.4	0.40	2.6～5.1	2.6～3.4	49～165	5～11.5	0～60
马	3.33～5.56	1.9～3.9		3.4～85.5	0～6.8	77～175	3.55～7.1	54～66
牛	2.22～4.44	2.0～3.1		0.2～17.1	0.7～7.5	56～162	3.55～7.1	0～119
绵羊	2.77～4.44	1.3～2.0	0.30±0.15	1.7～7.2	0～4.6	76～174	2.85～7.1	0～113
山羊	2.77～4.17	2.0～3.4		0～1.7	0～1.7	60～135	3.55～7.1	18～60
猪	0.9～1.4	0.9～1.4	0.59±0.11	0～10.3	0～5.1	70～208	3.55～10.65	

1. 血糖(Blood Sugar)

(1)低血糖　主要是肝脏糖原异生作用降低、外周组织利用葡萄糖增加或机体摄入糖不足。①胰岛素增多(分泌或注射)、肾上腺皮质功能减退、糖原贮存病、新生畜低血糖症;②牛酮病、绵羊妊娠毒血症;③饥饿、消化吸收不良;④肝脏机能不全及马黄曲霉毒素中毒。

(2)高血糖　主要是由于肝脏输出葡萄糖和外周组织利用葡萄糖之间的不平衡,或由于调节这些过程的激素紊乱所致。①暂时性高血糖:见于反刍动物氨中毒、剧痛、运输、寒冷、兴奋、胰腺炎、注射肾上腺素和糖皮质激素等;②持续性高血糖:见于糖尿病及肢端肥大症和垂体功能亢进性糖尿症、肾上腺和甲状腺功能亢进。

2. 血清胆固醇(CH,TC)

(1)胆固醇浓度升高　见于各种原因引起的肝内或肝外胆汁郁积和储留、胆结石(尤其胆固醇结石)、急性胰腺炎、脂肪肝、糖尿病及肾病综合征等。

(2)胆固醇总量降低　见于严重贫血、营养不良、感染及甲状腺机能亢进等。

3. 血清甘油三酯(TG)

(1)TG 增高　见于原发性高脂血症、肥胖症、糖尿病、脂肪肝、肾病综合征、母驴怀骡妊娠毒血症、犬急性胰腺炎、犬肝脏疾病、长期饥饿或高脂饮食等。

(2)TG 降低　见于甲状腺功能减退、肾上腺皮质功能降低及严重的肝功能不良等。

4. 血清胆红素

(1)总胆红素(T. Bir)或结合胆红素(D. Bir)减少　见于各种类型的贫血。

(2)总胆红素(T. Bir)或结合胆红素(D. Bir)增多　对区别黄疸的类型有重要意义。①溶血性黄疸:血清中游离胆红质增加,因而血清总胆红素增高,但结合胆红素不增高。②阻塞性黄疸:总胆红素和结合胆红素均增高,而且常出现 D. Bir/T. Bir＞50%。③肝细胞性黄疸:总胆红素和结合胆红素均增高。

5. 血清肌酐(Cr)　测定血中肌酐浓度可作为肾功能好坏的判定指标。敏感性较尿素氮好,但并非早期诊断指标。

(1)血清肌酐增高　见于各种原因引起的肾小球滤过功能减退。①急性肾衰竭:血肌酐明显地进行性升高,为器质性损害的指标。②慢性肾衰竭:肾衰竭代偿期,血肌酐＜178 μmol/L;肾

衰竭失代偿期，血肌酐>178 μmol/L；肾衰竭期，血肌酐>445 μmol/L。

(2)鉴别肾前性和肾实质性少尿　①器质性肾衰竭时血肌酐常超过200 μmol/L 。②肾前性少尿如心力衰竭、脱水、肝肾综合征、肾病综合征等所致的有效血容量下降，使肾血流量减少，血肌酐浓度上升多不超过200 μmol/L。

6. *血清尿素*　在测定时应注意血清尿素与血清尿素氮(BUN)的区别，尿素分子中含有2个氮原子，1 mmol尿素/L=2 mmol尿素氮/L，血清尿素氮(mg/dL)=血清尿素(mmol/L)×2.8。为避免混乱，建议统一使用尿素含量。

(1)血清尿素升高　①肾前性：见于脱水，此时尿素升高，但肌酐升高不明显，BUN∶Cr(mg/dL)>10∶1，称为肾前性氮质血症。②肾性：急性肾衰竭肾功能轻度受损时，尿素可无变化，但GFR下降至50%以下，尿素才见升高。因此血清尿素测定不能作为早期肾功能指标。但对慢性肾衰竭，尤其是尿毒症时尿素增高的程度一般与病情严重性一致。③肾后性：见于尿道狭窄，尿路结石，膀胱肿瘤等致使尿道受压的疾病。

此外，蛋白质分解或摄入过多，如急性传染病、高热、上消化道大出血、大面积烧伤、严重创伤、大手术后和甲状腺功能亢进、高蛋白饮食等，也出现尿素升高，但血肌酐一般不升高。

(2)血清尿素降低　见于严重的肝病、肝硬化；长期厌食用葡萄糖治疗等。

7. *血清尿酸(UC)*　尿素(uric acid)是嘌呤核苷酸分解代谢的产物，在人和其他灵长类动物，尿酸是嘌呤代谢的最终产物，随尿排出体外。而在马、牛、绵羊、山羊等动物，体内含有尿酸酶，能使尿酸分解为尿囊素。因此，嘌呤代谢紊乱(禽痛风)及肾脏对尿酸的排泄障碍(肾功能减退、严重肾损害、四氯化碳、铅中毒等)等均可引起血清尿酸含量升高。

四、分析讨论

1. 血液检验是了解动物健康状态，判定疾病的性质、治疗效果和预后等不可缺少的检验项目之一，是兽医临床工作者必须掌握的基本知识和技能。当今血液检查向准确、快速、电子化、自动化方向发展。但兽医发展远远落后，目前多采用全自动血液生化分析仪、电子血细胞计数仪等进行检测。

2. 血液检验必须注意血液样品的采集和制备，不论是全血、血清或血浆，都要按照要求制备，切勿疏忽，以免误诊。

3. 红细胞压积容量常用来诊断贫血并判断其严重程度，并作红细胞各项平均值的计算以帮助推断贫血的病因，对于相对性或绝对性红细胞增多症的诊断及疗效观察也有重要参考价值，并可估计血液浓缩(脱水)程度，是临床判断脱水和计算补液量的准确指标。

4. 血红蛋白测定及红细胞计数对于判断有无贫血，了解贫血程度和需补充血量，及判断有无脱水，了解血液浓缩程度，以便适时适量补液均非常重要。

5. 白细胞计数和分类计数对于确定疾病的病因，疾病的鉴别诊断，推测感染的轻重程度，了解机体的防御机能，推测疾病的发展阶段，判断疾病预后的好坏具有重要的作用。

预后良好的标志为：①WBC，中性粒细胞百分比随病情好转而下降。②幼稚型中性粒细胞和杆状核粒细胞逐渐减少，而分叶核细胞逐渐相应恢复。③单核细胞重新出现或暂时性增多。④淋巴细胞逐渐增多、恢复。⑤嗜酸性粒细胞再度出现或一时性增多。⑥中毒性颗粒细胞消失。

预后不良的标志为：①WBC与中性粒细胞百分比显著升高。②白细胞总数显著减少。③核左移严重。④嗜酸性粒细胞完全消失。

血片的制作及染色对于白细胞分类计数及血象检查至关重要，是影响各类血细胞的识别的重要因素；各种动物类白细胞的形态特点是白细胞分类的基础，必须准确掌握。

6. 血液生物化学检验利用动物血浆或血清进行化学成分分析，检验项目包括电解质测定、血气及酸碱平衡分析、血清酶测定及血清其他指标检验，对动物疾病的诊断和鉴别诊断、判定病情及预后等具有重要意义。

（邓俊良）

实习十四　尿液及粪便常规检验技术

一、实 习 目 的

了解尿液的采集与保存方法；掌握尿液和粪便常规检验的内容、检查方法、临床意义及注意事项。

二、实 习 材 料

1. *动物*　牛、羊、猪、马、犬、猫、兔等。

2. *器材及试剂*　尿液接取器具，导尿管；防腐剂，烧杯（量筒），试管及试管夹，酒精灯，尿比重计，pH 试纸，显微镜，离心机；尿蛋白、尿潜血、尿糖、尿酮检验试剂。

三、实 习 内 容

（一）尿液采集与保存

1. *尿液采集*　通常用清洁的容器，在动物自然排尿时直接接取（亦可通过直肠内按摩膀胱或用温水灌注直肠引起排尿，母畜可以用洗净的手指按摩外阴下部引起排尿，公羊可以用手指密封尿道口 2 min 即可引起排尿），亦可通过膀胱穿刺取得尿样。最理想的尿液标本是用导尿术收集的尿液。

2. *尿液标本的保存*　尿液从排出到检验应在 30 min 内完成，如不能及时检验，应储存于冰箱（4℃冰箱可保存 6～8 h）或加防腐剂保存，常用防腐剂及其应用见表 14-1，但做细菌学检查的尿液不能加防腐剂。

表 14-1　常用防腐剂及其应用

种类	用　法	原理及应用
甲苯	100 mL 尿液中加甲苯 0.5～1 mL	是尿液检查最好的防腐剂
麝香草酚	100 mL 尿液中加入麝香草酚 0.1 g	既能抑制细菌生长，又能保护有形成分，但尿蛋白检查易出现假阳性
甲醛	100 mL 尿液中加甲醛原液 0.2～0.5 mL	有利于保存有形成分和防腐，不适于尿蛋白、尿糖和尿蓝母检查

（二）尿液物理性质检查

1. *尿液外观检查*

（1）检查方法　将尿液盛于烧杯（或试管）中，透过光线观察。

（2）健康动物尿液外观　马、骡的尿由于含有大量碳酸钙和不溶性磷酸盐类，混浊不透明呈黄白色(米汤尿);牛及肉食动物的尿呈浅黄色、无沉渣;猪和水牛的尿呈水样无色澄清透明。

(3)尿液混浊度(透明度)

马尿变透明　除因喂精料过多或重役外,主要见于纤维性骨营养不良、慢性胃肠卡他等(是尿液酸化、尿中大量碳酸钙溶解的结果)。

牛和肉食动物的尿变混浊　常提示肾脏和尿路疾病,是尿中混入炎性细胞、白细胞、上皮细胞、坏死组织片或细菌等的结果。可进一步进行显微镜检查和显微镜-化学检查。

(4)尿色　正常的尿色是由尿中尿胆素的浓度决定的。新鲜尿液均呈深浅不一的黄色;陈旧尿液则色泽变深;尿量增多,尿色较淡,尿量减少,则尿色较深。尿色异常常因尿液中含有血液、血红蛋白、胆色素、饲料色素及药物色素等而不同。

黄色尿　一般见于高热失水和饮水不足;胆红素尿(尿中含有多量的直接胆色素时,尿呈棕黄色或黄绿色,振荡后产生黄色泡沫,或泡沫层与尿液之间呈绿褐色,见于肝实质性黄疸和阻塞性黄疸);药物(核黄素和痢特灵等)性黄尿。

乳白色尿　尿中含有脓汁或淋巴液,乳白混浊。见于泌尿系统的化脓性感染(尿检有脓细胞);淋巴管破裂形成的乳糜尿(尿检有多量脂肪滴,见于血液丝虫病、重症血液病)。

红色尿　是尿液变红色、红棕色甚至黑棕色的泛称。根据原因不同分为血尿、血红蛋白尿、肌红蛋白尿、卟啉尿和药物性红尿等。除血尿与其他红尿眼观容易区别外,其他红尿眼观有些相似,可以通过潜血试验、镜检、透明度的变化加以区别。

2. 尿液气味检查　不同动物的尿液,含有不同的挥发性有机酸,均具有特殊的气味。尤其雄性动物(如公山羊、公猫和公猪)的尿液具有难闻的臊臭味。一般尿液越浓,气味就越大。在病理状态下,尿的气味往往发生改变。如膀胱炎或尿液长期储留时,由于细菌的作用,尿素分解生成氨,尿液有氨臭。当膀胱、尿道有溃疡、坏死或化脓性炎症时,由于蛋白质分解,尿液有腐败臭。牛酮血病和产后瘫痪时,尿中含有大量酮体,尿有丙酮味。

3. 尿液比重测定

(1)方法　将混合均匀的尿液沿玻璃比重瓶(或100 mL量筒或其他容器)管壁缓缓倒入,到比重计能浮起为度(如有泡沫,用吸管或吸水纸吸除泡沫),然后用温度计测定尿温。再将比重计轻轻放入,使其漂浮于尿液中(不可与瓶壁接触)。待比重计稳定后,读取液面半月形最低点与尿比重计的相应刻度数,即为尿比重。比重计的标准温度是室温15℃或20℃,当室温每高于标准温度3℃时,所测比重应加0.001;反之,应减少0.001。

(2)健康动物尿液比重参考值　见表14-2。

表14-2　健康动物尿液参考值

动物	牛	马	山羊	羔羊	猪	犬猫
尿比重	1.025～1.045	1.02～1.05	1.015～1.045		1.01～1.03	1.01～1.03
尿pH值	7.7～8.7	7.2～7.8	8.0～8.5	6.4～6.8	6.5～7.8	6.0～7.0

(3)临床意义　尿比重增大,见于缺水、出汗过多、热性病、剧烈腹泻、呕吐、急性肾炎、心脏衰弱、渗出性疾病等。尿比重减少,见于饮水过多、慢性肾小管性肾炎、尿崩症、糖血症、渗出性疾病的吸收期及服用利尿剂之后等。

(三)尿液化学性质检查

1. 尿液pH值　通常情况下草食动物的尿液含有大量的重碳酸盐而呈碱性;食肉动物的

尿液含有酸性磷酸而呈酸性；杂食性动物的尿液 pH 值随食物的变化而变化。

(1)检测方法　pH 试纸法、pH 计法、酸碱滴定法、尿自动分析仪法。

(2)健康动物尿液酸碱度参考值　见表 14-2。

(3)临床意义

尿液 pH 值降低(酸度增高)　见于某些发热性疾病、长期饥饿(营养不良)和酸中毒(如奶牛酮病、瘤胃酸中毒等)。

尿液 pH 值增高(碱度增高)　见于尿道阻塞和膀胱炎使尿液在膀胱内积滞；代谢性碱中毒；摄入乳酸钠、碳酸氢钠、枸橼酸钠等盐类物质。

2. 尿蛋白质检查　健康动物尿蛋白微量(0.001%)，常规检验方法测不出来。尿蛋白含量>(0.015%～0.12%)时，常规试验方可检出。尿中出现可检出蛋白质，统称蛋白尿。定性检测方法有加酸煮沸法、磺基水杨酸(磺柳酸)法、尿蛋白试纸法；定量检测方法有双缩脲法、染料结合法、尿蛋白分析仪法。在此主要介绍尿蛋白质的定性检测方法。

(1)器材及试剂　试管、酒精灯、试管夹；10%硝酸、10%醋酸、5%水杨磺酸等。

(2)尿液的前处理　作尿蛋白检验的尿液必须澄清透明。对碱性尿须酸化(10%醋酸，约为尿量的 1/10)；对酸性尿及中性尿可不酸化；不透明的尿，须经过滤或离心沉淀使之透明。

(3)方法　有加酸煮沸法和磺柳酸法。

加酸煮沸法

原理　蛋白质因加热而凝固变性，呈现白色混浊，加酸使蛋白质接近其等电点，促进凝固，并可溶解因磷酸盐或碳酸盐所形成的白色混浊。

方法　取处理后的尿液 5～10 mL 于试管中，在酒精灯上缓慢加热至沸。如出现白色混浊或絮状沉淀，待冷却后再滴加 10%硝酸(原为碱性尿)或 10%醋酸(原为酸性或中性尿)数滴，若混浊不消失，则说明为尿蛋白阳性。混浊程度越高，尿蛋白含量也越高。

磺柳酸法(磺基水杨酸法)

原理　蛋白质与磺基水杨酸的酸根离子结合，生产不溶性的蛋白质盐而沉淀。

方法　取处理后尿液 5 mL 于试管中，滴加 5%水杨磺酸数滴，立即轻轻混匀，待 3～5 min 后观察。若出现白色混浊或沉淀，加热煮沸后沉淀仍不消失，为阳性反应(尿中有尿酸盐、蛋白质、蛋白胨等可引起假阳性反应，但加热后混浊消失)。此法观察极为方便，其灵敏度很高，约为 0.001 5%。

(4)临床意义　①肾脏的器质性病变：见于急性肾炎、慢性肾炎、间质性肾炎、肾盂肾炎等。②某些药物和化学物质引起的以肾病为特征的肾脏损伤，见于重金属(如汞、铅、砷等)、有机溶剂(如苯、乙醚、四氯化碳等)、抗生素(如卡那霉素、庆大霉素、磺胺类等)中毒以及采食霉变饲料等。③在许多急性热性感染性疾病过程中，由于肾脏淤血和肾小管上皮损伤，可发生轻微或暂时性蛋白尿。④在肾脏梗死、肿瘤、创伤和代谢性酸中毒等也可引起肾病并伴发蛋白尿。⑤尿内混有大量的血、脓、黏液等成分，也可导致蛋白质定性试验阳性，见于血尿、膀胱炎、阴道或包皮分泌物、前列腺炎、尿道炎等。⑥血红蛋白尿。⑦肌红蛋白尿。

尿中蛋白含量达到 0.5%而且持续不降者，表示病情严重，预后不良。

3. 尿潜血检查　健康动物的尿液不含有红细胞或血红蛋白。尿液中含有不能用肉眼直接观察出来的红细胞或血红蛋白称为潜血(隐血)。临床多用联苯胺法检验。

(1)原理　尿液中的血红蛋白或红细胞被酸破坏所产生的血红蛋白，具有过氧化氢酶的作用，它可以分解过氧化氢而产生新生态的氧，使联苯胺氧化成蓝色或绿色的联苯胺蓝。

(2)器材及试剂 试管、滴管;化学纯联苯胺、3%过氧化氢溶液、冰醋酸溶液等。

(3)方法 取联苯胺少许(绿豆粒大,约 0.5 mg)于试管中,加冰醋酸 1~2 mL,振荡溶解,再加入 3%过氧化氢液 2~3 mL,充分混合后,将煮沸后冷却的被检尿重积其上(勿混合),若两液接触面出现绿色或蓝色环,则为阳性。根据显色的快慢和深浅,表示反应的强弱。若立即出现黑蓝色为"++++",立即显现深蓝色为"+++",1 min 内出现蓝绿色为"++", 3 min 内才出现绿色为"+",3 min 后仍不显色为"-"。若尿中含有大量磷酸盐时,可出现乳白色沉淀,此时可用"改良联苯胺法"。

(4)临床意义

血尿 见于泌尿器官的炎症及肿瘤(如急性肾炎、肾盂肾炎、输尿管炎、膀胱炎、尿结石、尿道炎、肾脏和膀胱肿瘤);寄生虫病(如犬恶丝虫幼虫、肾膨结线虫、皱褶毛细线虫等);某些中毒性疾病(如铜、砷、汞、甜三叶草、蕨类植物等中毒)。此外,出血性败血病、出血性紫斑、出血性钩端螺旋体病、炭疽、心衰伴发肾淤血症状者,尿中也会呈现隐血阳性反应。

血红蛋白尿 见于引起溶血的各种疾病,如细菌感染(如溶血性梭菌、钩端螺旋体病);血液原虫病;(焦虫病、锥虫病、附红细胞体病);牛产后血红蛋白尿病;某些中毒性疾病(如铜、汞中毒、洋葱中毒等);新生仔畜溶血病等。

4. 尿中酮体的检验 健康动物的尿中含微量的酮体,用一般化学试剂无法检出,当尿中含多量酮体时,称为酮尿。

(1)方法 有亚硝基铁氰化钠法和 Rothera 改良法。

亚硝基铁氰化钠法(Lange 氏法)

原理 尿液中的乙酰乙酸、丙酮在碱性溶液中与亚硝基铁氰化钠作用产生红紫色的亚铁五氰化铁,这种物质在醋酸溶液内不但不褪色,而且色泽深度还会增加。

试剂 5%亚硝基铁氰化钠溶液(配制的新鲜溶液储于棕色瓶可保存 1 周);10%氢氧化钠溶液(或 28%氨水);20%醋酸溶液。

方法 取尿液 5 mL 加入试管中,随即加入 5%亚硝基铁氰化钠溶液和 10%氢氧化钠溶液各 0.5 mL,颠倒混合后观察颜色,呈现红色为阳性反应,再加入 20%醋酸溶液 1 mL,颠倒混合后观察结果,若颜色消失为阴性。或取 5 mL 被检尿液加入试管中,加 5~10 滴新配制的饱和亚硝基铁氰化钠溶液及冰醋酸各 1 mL 充分混合,然后用吸管小心沿管壁加入氨水 2.0 mL,使其重积于混合液面上。若两液接触面出现红色或紫红色环,为阳性反应。显色越快、越深,说明含酮体含量越高。

结果判定 根据颜色的不同,可以估计丙酮大约含量,见表 14-3。

表 14-3 亚硝基铁氰化钠法检测尿中酮体的颜色变化与丙酮含量的关系

符号	反应颜色	丙酮大约含量/(mg/100 mL)
+	淡红色	2~6
++	红色	10~15
+++	深红色	20~30
++++	黑红色	40~50

Rothera 改良法

试剂 亚硝基铁氰化钠粉末 10 mg、硫酸胺 20 g、无水碳酸钠 20 g,碾磨混合,棕色瓶密封

保存。

方法 取试剂 1 g 放在白瓷反应板凹孔内，加 2～3 滴被检尿液，混合。在数分钟内出现不褪色的紫红色为阳性。

(2)注意事项 尿液采集后立即送检或冷藏，否则，在空气中放置过久，由于丙酮挥发影响检验结果。

(3)临床意义 尿中出现酮体主要见于奶牛酮病、羊的妊娠毒血症、仔猪低血糖、犬和猫的糖尿病等。另外，长期绝食、长期饥饿、各种原因所致的消瘦、酸中毒、长期麻醉以及恶性肿瘤等，尿中也会出现少量的酮体。本项目也是检查奶牛亚临床酮病的简易方法。

5. *尿糖检验* 健康动物的尿中仅含微量的葡萄糖，一般化学方法无法检出。若用一般方法能检出尿中含有葡萄糖时，称为糖尿。临床多用糖还原试验法，即斑(Bebeduct)氏试剂法检测，亦可用葡萄糖氧化酶试纸(尿糖试纸)法。

(1)原理 利用葡萄糖含有醛基，在热碱性溶液中，能将硫酸铜还原成黄色的氧化铜或黄红色的氧化亚铜。

(2)器材及试剂 斑氏试剂(取柠檬酸钠 173.0 g、无水碳酸钠 100.0 g 溶解于 700 mL 蒸馏水中，加热溶解；另取结晶硫酸铜 17.3 g 溶解于 100 mL 蒸馏水中，然后将硫酸铜液缓慢倒入冷却的上液中，加蒸馏水至 1 000 mL，过滤保存于棕色瓶)；试管及试管夹；酒精灯。

(3)方法 试管中加入 5 mL 斑氏试剂，加热至沸，再加被检尿液 0.5 mL，振荡混匀，继续煮沸 1～2 min，冷却(静置 5 min)后观察结果。若尿液中含有蛋白质，应将尿液加热煮沸过滤后再检验。

(4)结果判定 见表 14-4。

表 14-4 糖还原试验法检测尿糖的颜色变化与尿糖含量的关系

符号	反应颜色	葡萄糖大约含量/(g/100 mL)
－	试剂仍为蓝色	无糖
＋	仅在冷却后才有微量黄绿色沉淀	0.5 以下
＋＋	冷却后管底有多量黄绿色沉淀	0.5～1 及以下
＋＋＋	冷却后管底有多量黄色沉淀	1～2
＋＋＋＋	冷却后管底有多量黄红色沉淀	2 以上

(5)临床意义

暂时性糖尿 又称生理性的糖尿，见于恐惧、兴奋等引起机体肾上腺素分泌增多及肾小管对葡萄糖的重吸收暂时性降低，也见于饲喂大量含糖饲料等。

病理性的糖尿 可见于糖尿病、甲状腺功能亢进、肾上腺皮质功能亢进等内分泌疾病；肾脏疾病(肾炎、肾病、肾硬变)；化学药品(汞、水合氯醛、四环素等)中毒；肝脏疾病及胰腺疾病等。

(四)尿沉渣检查

尿沉渣包括无机沉渣和有机沉渣，用显微镜观察沉渣的种类，能查明理化检查所不能发现的病理变化，对泌尿系统疾病的定位诊断具有重要意义。

1. *尿沉渣的制备及检查方法* 取尿液 10 mL 置离心管中，以 1 000 r/min 离心 5～

10 min,用滴管将上清液吸出,轻轻振荡离心管。用吸管吸取沉渣 1 滴(1 μL)置于载玻片上,加盖玻片镜检。为使沉渣便于识别,可在载玻片上滴加 0.1%碘溶液 1 滴,能使上皮细胞呈浅黄色,白细胞或脓细胞呈棕黄色。镜检时,将视野调暗,先用低倍镜检视,然后换高倍镜观察。报告检查结果以每微升所含数目表示。

2. 尿中有机沉渣　尿沉渣中有机成分的检查特别重要,因为它们总是病理的产物,并且往往是肾脏和尿路疾病的可靠指标。尿中的有机沉渣主要有上皮细胞、红细胞、白细胞及管型。

(1)上皮细胞　尿中上皮细胞见图 14-1。

肾上皮细胞　呈圆形或多角形,比白细胞略大,细胞的中央有一个大而明显呈圆形或椭圆形的细胞核,胞浆中有小颗粒。肾上皮细胞的大量脱落以及尿中出现肾上皮管型,表示肾小管有严重的病变。

肾盂及尿路上皮细胞　比肾上皮细胞大。肾盂上皮细胞呈高脚杯状,细胞核较大,偏心。尿路上皮细胞多呈纺锤形,也有多角形及圆形者,核大,位于细胞中央或略偏心。这些细胞的大量出现,常常提示为肾盂炎、输尿管炎。

膀胱上皮细胞　为大而多角的扁平上皮细胞,内有小而圆或椭圆形的核,细胞边缘有皱褶。尿中出现大量的扁平上皮细胞,提示膀胱有炎症。

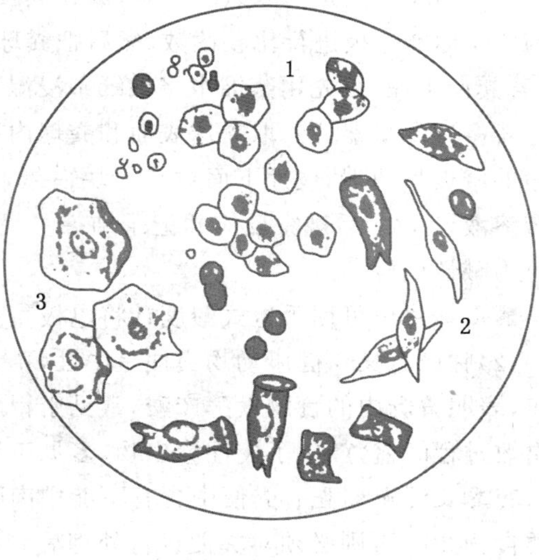

1. 肾上皮细胞;2. 肾盂及尿路上皮细胞;
3. 膀胱上皮细胞。

图 14-1　尿中的上皮细胞

(2)血细胞、脓细胞和黏液红细胞　健康动物的尿中无红细胞。红细胞的形态与尿的新鲜度和酸碱度有关,新鲜尿液中的红细胞,正面呈圆形,侧面为双凹盘形;碱性尿及稀薄的尿中的红细胞,常呈膨胀状态;在酸性及浓缩尿中的红细胞多为皱缩状态,边缘呈锯齿状。尿中出现红细胞,提示尿路出血或肾小球病变。

白细胞　尿中的白细胞主要是中性粒细胞。尿中有多量的嗜中性白细胞,提示尿路的炎症;尿中同时有肾上皮细胞和白细胞提示为肾炎。

脓细胞　主要为变性的嗜中性分叶白细胞,镜检时外型不规则,结构模糊,常集聚成堆,胞浆内充满粗大颗粒,细胞核隐约可见。尿中出现多量的脓细胞,见于肾炎、肾盂炎、膀胱炎和尿道炎。

黏液　为无结构的带状物,被稀碘液染成淡黄色,比透明管型宽,称为假管型。尿中出现多量的黏液,见于泌尿器官炎症。

(3)管型　管型是由肾小球滤出的蛋白质变性凝固或由蛋白质与某些细胞成分相结合而在肾小管内形成的。管型在碱性尿中容易崩解,所以草食兽的尿中有时很难见到管型。对于送检的碱性尿液,应加入少量 10%醋酸液,使尿液保持酸性并予冷藏保存。尿中出现管型乃肾炎的特征具有重要的诊断意义。出现上皮管型提示急性肾炎;颗粒管型见于急、慢性肾炎,肾病变等肾脏器质性疾患;透明管型见于肾脏疾病及心脏病(淤血);红细胞管型提示肾脏出血性炎症;脂肪管型见于肾的脂肪变性、炎症过程;蜡样管型是肾小球严重病变的结果,见于慢性肾炎。

(五)粪便检验

1.粪便外观检查　见实习七。

2.粪便酸碱度测定

(1)测定方法

广泛 pH 试纸法　取试纸一条,放在粪便的表面,等试纸条被粪便水分浸润后,取下试纸条与 pH 标准色板进行比较读数,然后把粪球或粪块打开,用同样的方法检验粪便内部的酸碱值(若粪便干燥,可先用蒸馏水将试纸条浸湿)。

溴麝香草酚蓝法　取粪球表面和粪球内部的粪块(大小如玉米粒)各 1 块,分别放在一张洁净的载玻片两端,玻片下面衬垫一块白纸,在每块小粪块上,各加 1～3 滴 0.04%溴麝香草酚蓝溶液,1 min 后观察反应并记录结果。呈现绿色为中性反应,呈现黄色为酸性反应,呈现蓝色为碱性反应。

酸度计法　可用手枪式酸度计将电极直接与粪便接触,读出 pH 值。

(2)临床意义　健康动物粪便呈中性,草食动物偏碱、肉食动物偏酸。如果粪便变为酸性反应,表明胃肠内的食物发酵产酸,常见于胃肠卡他;如果粪便变为较强的碱性反应,表明肠道内腐败过程旺盛,产生了炎性渗出物,多见于胃肠炎。

3.粪便潜血检查　粪便中含有不能用肉眼观察出来的血液叫做粪潜血。肉食动物应禁食肉类食物 3 d,否则必须对粪便进行处理后方可进行这项检验。

(1)原理及试剂　与尿液潜血检验相同。

(2)方法　用竹签或竹制镊子在粪便的不同部位各取一小块,于干净载玻片上涂成直径约 1 cm 大小的涂片(粪太干燥时,可加少量蒸馏水,配合涂布),将玻片在酒精灯上缓缓加热(破坏粪便中的酶类),待冷后,滴加新配置的 1%联苯胺冰醋酸溶液和过氧化氢溶液各 1 mL,将玻片轻轻摇晃数次或用小棒搅动混合,5 min 内观察结果。

附:肉食动物粪便潜血检查方法　取粪便约 1 g,加冰醋酸搅拌成乳状,再加乙醚混合,静置,取上层乙醚层作潜血检查。

(3)结果判定　正常无潜血的粪便不呈现颜色反应;呈现蓝色反应为阳性,蓝色出现越早,粪便内的潜血越多,见表 14-5。

表 14-5　粪便潜血检查结果判定表

蓝色出现的时间/s	60	30	15	5
结果	±	+	++	+++

(4)临床意义　胃肠道任何部位出血,粪便潜血检验都可呈现阳性。见于各种原因的出血性胃肠炎、胃肠溃疡、牛创伤性网胃炎和皱胃炎、肠道寄生虫感染等。

四、分析讨论

1. 尿液和粪便检查前的采集、保存对于检验结果有重要影响，因此应严格按照要求进行采集、保存或送检。

2. 根据临床疾病的性质和动物种类确定尿液检查项目，尤其应注意尿蛋白、尿潜血、尿糖、尿酮及尿液有机沉渣的检验。

（左之才）

实习十五　毒物检验技术

一、实 习 目 的

掌握毒物检验的一般常识和常见毒物检验分析的一般程序；掌握有机磷农药中毒、食盐中毒、亚硝酸盐中毒、灭鼠剂中毒、金属毒物中毒时毒物的采取及处理方法、检验方法及检验结果的判定，为毒物中毒的诊断提供依据。

二、实 习 材 料

1. *动物及检材*　怀疑中毒的动物或与毒物有关的物品。

2. *器材*　试管、三角瓶、镊子、注射器、针头、容量瓶、蒸发皿、水浴锅、乳钵、分液漏斗、K. D浓缩器(北京精华苑研究所)等。

3. *试剂药品*　氢氧化钠、硝酸银、溴麝香草酚蓝、溴代乙酰胆碱、酸性硝酸银溶液、生理盐水、5%铬酸钾溶液、格利斯试剂、联苯胺冰醋酸溶液、安替比林溶液、偶氮试剂、盐酸、亚铁氰化钾溶液、乙醚、三氯化铁、浓硝酸、2%醇性氢氧化钾溶液、草酸铵溶液、铜试剂、10%酒石酸铵溶液等。

三、实 习 内 容

(一)毒物检验一般常识

1. *样品的采取及保存*　供毒物分析的检验样品，种类很多，有呕吐物、排泄物、血液、脏器和中毒动物吃剩下的饲料、药品以及其他一些与中毒有关的物品。毒物检测成功与否，与检材取样是否得当有很大的关系。毒物分析的采样，根据其性质和要求各有不同，但应尽可能采取含毒量最多的部分，中毒动物吃剩的饲料是最好的检材，呕吐物、胃内容物、尿、粪和其他一些可疑物品也是较好的检材。采取的样品应当无化学污染或残渣，轻微的污染也会产生错误的结果。中毒动物死亡后，进行尸体解剖时，可采取各种脏器作为检材，采样后对所采样品必须注意妥善封装，最好使用洁净的玻璃瓶或瓷罐盛装。干燥的检材，如饲料、药片、粉末等，可用洁净白纸包装。所有样品均不能用水冲洗，以免除去残毒，且水可能污染样品。样品要加帖标签，注明畜主名称、检材名称、畜别、死亡日期、取料日期、送检要求及送检单位等(表 15-1)。检材中不得加入福尔马林防腐剂，因为它本身也是毒物之一，并且对某些毒物如生物碱、苯酚及氰化物的检验有妨碍。在不妨碍毒物检验的条件下，可加入纯乙醇防腐，但送检时，应同时附送乙醇，以对照检验。从毒物采样到进行分析，时间愈短愈好。因为某些检样历时太久容易腐败变质，某些毒物放置过久会挥发或分解破坏，影响毒物化验结果。如果送样后不能立即检验，一般应将样品放于冰箱中，以减少毒物的损耗，防止腐败变质。

表 15-1 毒物检验记录 No.

畜主姓名		畜别		死亡日期		取料日期	
送检单位				送检人			
检材				收检时间			
检材量				包装情况			
发病情况：							
送检要求							
检验结果：							
检验时间				检验人(签字)			
通知时间				检验单位(盖章)			

2.样品的检验程序 毒物分析工作比较复杂，而且责任重大。送检材料的数量往往较少，重复采样较为困难。所以，要求检验人员在检验之前对情况做周密的调查研究，从中探索出毒物分析的方向和缩小检验范围，并拟定合适的检验程序，以便合理地使用检材，准确、迅速地完成检验任务。在检验过程中，要设有空白试验和已知对照试验，以便检查操作是否正确、反应结果是否可靠，这是极其重要的一环。一般的检验程序大致如下。

(1)预试验 预试验的目的是在消耗少量甚至不消耗检材的情况下，提供检验方向，从而确定检验的方法和步骤。如检材具有某种物质特殊气味，即可据此直接进行检验，立即得出结论。如发现检材中含有微小的药物颗粒等异物，即应拣出进行外表观察、显微镜观察和物理性质检验，判断可能属于某种毒物，以便直接进行某种毒物的反应，迅速得出结论。

颜色 有的毒物具有特殊色泽，可帮助推断存在何种毒物。例如：黄红色可能为氧化汞、氧化铅、碘化铅、硫化砷等；含砷农药巴黎绿、铜盐、三价铬化合物等；白色可能为砒霜、升汞、钡盐、吗啡、士的宁、氰化物等；黑色可能为氧化铜、硫化铜、硫化亚铜等。

臭味 某些毒物具有特殊气味。例如：硝基苯、氰化物具有苦杏仁味，有机磷农药为大蒜味，六六六为霉变味，滴滴涕为水果香味。有时因检材本身及其腐败气味掩盖，不易辨别。臭味检查应在样品开封时立即进行。

酸碱性 取切碎的样品 0.5～1.0 g，置于试管中，加水浸渍，搅拌后放置，取上层溶液测试酸碱性。

灼烧试验 如检材系纯毒物，进行灼烧试验可确定是有机物还是动植物。根据灼烧时发出蒸气的颜色或灼烧后升华物的结晶形状，可得出毒物线索。如砷升华后可得无色透明四面体、八面体结晶。

化学试验 对某些毒物可进行化学性预试验，缩小毒物检验范围，如生物碱加试剂产生沉淀。有些毒物如砷、汞、氰化物、磷化物等，也可通过预试验予以排除。在全面了解情况及做好预试验的基础上，制定出合理的检验方法。

(2)确证试验 经过预试验，得出毒物的线索后，必须再进行毒物的化学确证试验，如为无机化合物,检验它的阳离子和阴离子;如为有机化合物,检验各种官能团。检验时应首先将毒物从检材中分离出来,因为在毒物分析中,直接应用纯净毒物样品检验的机会是很少的。

各类毒物的分离方法如下:①挥发性毒物,蒸馏法、气化法、微量扩散法。②非挥发性毒物,有机溶剂提取法、固相萃取法。③金属毒物,有机质破坏法。④阴离子毒物,水浸过滤法、透析法。⑤农药,有机溶剂提取法、固相萃取法。若提出物不纯、对反应有干扰时,还必须精制。

确证试验所选择的方法须灵敏可靠,方法不一定很多,但应选择不同性质的反应。所以采用的分析方法除常量、半微量分析外,还常常根据检验的需要采取微量分析,如点滴分析、显微、结晶分析、色层分析等。在有条件的情况下,可运用仪器分析,如光谱、气相色谱和气-质联用等分析方法。检出某种毒物后,在可能的范围内,还应研究其化合状态,因为某些元素在一种化合状态下为剧毒,而在另一种化合状态下则毒性甚小或无毒。

(3)含量测定　在毒物分析中不经常进行含量测定,因为确定了是什么毒物,在大多数情况下就达到了送检目的。但在某些情况下,含量测定对判断是否为该毒物引起中毒致死的结论具有重要意义。例如,某些元素(氟、铜、硒等)在正常动物或植物体内即含有一定量,只有当它们的含量达到中毒量或致死量时,才能证明是引起中毒或致死的原因,这就有赖于含量测定来确定。进行含量测定时,应选择简便、快速、准确的方法。最常用的是比色分析法和气相色谱法,有时也用滴定分析法和液相色谱法。

(4)动物实验　在毒物分析中有时利用动物实验,初步探索检材中是否有毒和所含毒物的量能否引起中毒。通过对动物中毒时所表现出的各种症状的观察和研究,从而推测可能是何类或何种毒物。动物的选择应根据实验特点与要求来决定,最好用同种动物,亦多用小白鼠,有时也用青蛙或家兔。动物实验方法简单,检材可不经提纯而直接自然进食或灌胃,有的可能分离后所得的残渣经皮下、肌肉和腹腔等途径注入动物体内。

动物实验只能是毒物分析中的一个辅助手段,必须与化学分析结合起来,才能正确地得出某种毒物存在与否的结论。

3.检验结果的判断　当检验完毕时,必须细致、全面、客观地进行分析,做出正确结论。

当检验结果呈阳性时,应注意下列问题:①检材是否用防腐剂保存过,防腐剂中是否含有其他毒物。②毒物的来源如何,此时应特别注意检材的“自然含量”,是否系死前用来治疗疾病的“治疗剂量”,有无用作中毒后解毒剂的可能。③所用检验方法是否具有专一性,干扰物质是否排除,是否具有毒物检验意义,采用数种性质不同的方法,是否都一致出现阳性。④所用试剂的纯度是否合格(如不合格的试剂常常有微量砷),试验器材是否洁净,空白试验结果如何。⑤采取样品过程及盛装样品的器皿有无污染毒物的可能。⑥在详细考虑以上各种因素后,还必须与中毒症状及调查了解的情况相吻合,这样作结论才是准确可靠的。

当检验结果为阴性时,应注意下列问题:①采取检材的部位是否正确,数量是否足用。②定性反应灵敏度如何,几种不同性质的检验,是否都一致呈现阴性。③全部操作过程或反应条件有无错误,阳性对照试验结果怎样。④毒物在机体腐烂过程中有无分解变化的可能。⑤是否为现有方法所不能检出的毒物。

4.毒物分析的常用方法　毒物分析可分为定性分析和定量分析两大部分。定性分析的目的是检验某一物质是否存在。定量分析是定性分析之后测定所分析物质的含量。

随着现代分析仪器的研制和发展,毒物分析,特别是痕量毒物的分析工作愈来愈依靠现代分析仪器来完成。应根据不同的分析对象选用不同的分析方法。毒物分析的常用方法有化学分析法、显微结晶分析法、微量扩散法、薄层色谱法、气相色谱法、高效液相色谱法、气相色谱-质谱联用法、原子吸收分光光度法、紫外吸收光谱法等。其中气相色谱-质谱联用法是一种将气相色谱的高分离效能、高灵敏度和质谱的高鉴别能力相结合的方法，是毒物分析最可靠、最有效的方法之一。

(二)有机磷中毒的检验

1.样品的采取及处理

(1)样品的采取 有机磷农药中毒时，最适宜的检样：若经消化道引起的中毒，生前可取患病动物的呕吐物，洗胃时第一次导出液、血液；有些有机磷农药(敌百虫、对硫磷、甲基对硫磷等)中毒时，还可取尿液；死后可取胃及胃内容物、血液、肝脏；此外还可取患病动物吃剩的饲料或饮水。若经呼吸道引起的中毒，可取呼吸道分泌物、血液、肺脏及肝脏。若因污染了皮肤而引起的中毒，可取被污染部位的皮肤及皮下组织、血液和肝脏。

(2)提取与分离 由于检验前很难确定是哪种农药引起的中毒，所以通常用苯、氯仿、二氯甲烷、丙酮、乙醇等作为溶剂，可将绝大多数有机磷农药提取出来。而丙酮和乙醇能从生物样品中带出多量杂质，特别是色素，干扰检验结果，故较少应用。比较常用的是氯仿和苯。在浓缩时，温度不宜过高，应控制在60℃以下。根据检样的种类不同，农药的性质不同，常采用下述方法进行提取。

水蒸气蒸馏法提取 挥发性强、沸点低的有机磷农药可用水蒸气蒸馏法提取，收集馏液50～100 mL于分液漏斗中，再用有机溶剂提取分离，用无水硫酸钠脱水，挥发至近干时供检。

固体检样的提取 取被检样适量于具塞三角瓶中，加氯仿或苯浸泡，并不断振摇，1 h后过滤，收滤液于蒸发皿中，残渣用氯仿或苯洗两次，合并滤液于蒸发皿中，在60℃以下水浴上蒸发近干，供检。

半固体检样的提取 取被检样适量于乳钵中，加适量无水硫酸钠研磨成砂粒状，移入具塞三角瓶中，按固体检样的提取方法进行提取。

若检样中含水分较多，用无水硫酸钠不易磨成细砂粒状，可取检样适量于带塞三角瓶中用丙酮或乙醇等亲水性溶剂提取、过滤，滤液用2%硫酸钠溶液稀释5～6倍(以降低有机磷在水中的溶解度)，然后用正己烷在分液漏斗中振摇提取，分出正己烷于蒸发皿中。再向分液漏斗中加适量氯仿振摇提取，将氯仿层合并于蒸发皿中，在不超过60℃的水溶液上挥发近干，残渣待检。

液体检样的提取 若检样是水或尿液可取适量置于分液漏斗中，加氯仿或苯振摇提取，分出氯仿或苯于蒸发皿中，再重复提取1～2次，合并提取液，在不超过60℃的水浴上蒸发近干，待检。

(3)净化 被检样经有机溶剂提取并浓缩后，如含杂质较少，可直接检验。若含杂质较多，则需进一步净化，净化方法如下。

液-液分配法 若被检样含脂肪量较多，可将被检样磨碎，取适量于具塞三角瓶中，加乙腈浸提3次，合并乙腈液于大分液漏斗中，加6倍量的2%硫酸钠溶液，混合后加正己烷振摇提取2～3次，再加氯仿提取2～3次，合并提取液，用K.D浓缩器浓缩，或置于蒸发皿中，在60℃以下的水浴上挥发至近干，待检。

吸附柱层析法 常用吸附剂为中铁氧化铝和活性炭。吸附柱为内径1.5 cm，长30 cm，下端带活塞的玻璃柱(可用滴定管代替)，底部放置少许脱脂棉，然后细心地装入高1.8 cm的无水硫酸钠层，再填充中性氧化铝 10 g 与活性炭 0.5～1 g 的均匀混合物，最后再装入 1.8 cm 高的无水硫酸钠层。将提取浓缩液缓缓滴入，用提取分离时同样的溶剂进行洗脱，收集洗脱液，经 K.D 浓缩器浓缩或直接挥发浓缩至近干供检。

通过上述净化，可将提取物中的色素、脂肪、蜡质等基本除去，所得残渣比较纯净，不仅可用于薄层层析和化学方法检验，而且可用于气相色谱分析。

2. 简易检查法

(1)有机磷农药快速检查法　取可疑的农药 5～10 滴，加水 4 mL，振荡使之乳化后，加 10%氢氧化钠 1 mL，如变成金黄色为 1605，如无色变化，再加 1%硝酸银 2～3 滴，出现灰黑色时为敌敌畏，出现棕色时为乐果，出现白色时为敌百虫。

(2)胆碱酯酶活性测定——全血胆碱酯酶活性试纸测定法

原理　乙酰胆碱遇血液中胆碱酯酶分解为胆碱和乙酸，乙酸产生的多少可引起 pH 值的改变，用溴麝香草酚蓝(BTB)作指示剂，在一定温度、一定时间内观察颜色变化，推测酶的活力。

试剂　乙酰胆碱试纸制备：可取溴麝香草酚蓝 0.14 g，溴代乙酰胆碱 0.23 g，加无水乙醇 20 mL 溶解，用 0.4 mol/L 氢氧化钠溶液调 pH 值为 7.4～7.6(溶液应呈灰褐色)，将质量好的定性滤纸浸入，2 min 后取出阴干，剪成 1 cm^3 的小片，储于磨口棕色瓶中，于干燥处避光保存。

方法　取乙酰胆碱试纸两片置于载玻片两端，分别加被检患病动物血和健康同种动物血(或健康马血)1 滴，标记后立即加盖另一载玻片，用橡皮筋扎紧，置 37℃温箱中或腋下保温 15～20 min 后取出，观察纸片颜色变化。根据颜色变化估计酶的活性(表 15-2)。

表 15-2　采用被检全血时判断胆碱酯酶的活力和中毒程度标准

纸片颜色	酶活力/%	中毒程度	备注
红色	80～100(－)	正常	—
紫红色	60(＋)	轻中毒	—
深紫色	40(＋＋)	中度中毒	—
蓝色	20(＋＋＋)	重度中毒	最好重复试验一次

注意事项　①采血及检验所用器具均应洗涤干净，并用 pH 值 6.8～7.0 蒸馏水反复冲洗后烘干备用。②检验时血滴不可过大，直径以 0.6～0.8 cm 为宜。刚加血时两纸片均应呈蓝黑色，否则试纸失效。观察血斑时，要看试纸反面，以血斑中心颜色为准，最好成一斜角观察，不要直接对光。③当酶活性在 60%以下时，应复试一遍，以免误判。④如无溴化乙酰胆碱，可用氯化乙酰胆碱代替，效果一样。⑤当被检动物营养不良、贫血、肝脏患有疾病或应用了磺胺药物等时，均可影响胆碱酯酶的活性。故判定结果时要结合临床症状。⑥当纸片颜色变化不易观察，难以判定结果时，可将被检全血改用被检血清，二者操作方法相同，只是当试纸片加上被检血清和阴性对照血清时均显蓝色。结果判定方法见表 15-3。

表 15-3 采用被检血清时判断胆碱酯酶的活性和中毒程度标准

纸片颜色	胆碱脂酶活性	中毒程度
黄色	正常	未中毒(－)
黄绿色	轻度降低	轻中毒(＋)
淡蓝色	中度降低	中度中毒(＋＋)
蓝色	重度降低	重度中毒(＋＋＋)
深蓝色	极度降低	严重中毒(＋＋＋＋)

(三)食盐中毒的检验

1.血清中钠含量测定　在食盐中毒时，测定血清中钠的含量是比较有意义的。正常猪血清中钠含量为 315 mg/100 mL，食盐中毒时显著增高，可高达 433 mg/100 mL。若同时测定血清中氯，其含量与钠呈平行的增高。

血清中钠含量测定的具体方法参见东北农业大学主编的《兽医临床诊断学实验指导》实验第二十五中的“血清钠、钾的测定”，也可用血清电解质测定仪直接测定结果。

2.肝中氯化物含量测定

(1)原理　氯化钠与硝酸银作用生成白色的氯化银，当溶液中的 Cl^- 与硝酸银反应完全后，稍过量的硝酸银即与指示剂铬酸钾作用，生成砖红色铬酸银沉淀。以此来判定终点，根据硝酸银的消耗量可计算氯化物的含量。

(2)试剂　①0.1 mol/L 硝酸银溶液：称取硝酸银 17 g，加蒸馏水稀释至 1 000 mL，然后用 0.1 mol/L 氯化钠溶液标定。②0.01 mol/L 硝酸银溶液：用已标定的 0.1 mol/L 硝酸银溶液稀释(1 mL 0.01 mol/L$AgNO_3$ 相当于 0.000 58 g NaCl)。③5%铬酸钾溶液。

(3)方法　①先取肝组织 10 g 左右，置于 50 mL 离心管(或小玻瓶)中，剪碎，然后称取 3.0 g，放入 150 mL 三角瓶中，加蒸馏水 80～90 mL，在 30℃条件下(夏季可在室温，冬季可用水浴)浸 15 min 以上，并不时摇动，然后过滤，收集滤液于 100 mL 容量瓶中，用水洗滤纸直至总体积达到刻度为止。如果滤液无色透明(一般经放血追杀的猪肝滤液无色)，可直接进行下项操作。如果滤液呈红色或不透明时，可将滤液转入小烧杯中，加热煮沸 1～2 min，然后再用滤纸过滤到 100 mL 容量瓶中，加蒸馏水至刻度。②用 10 mL 移液管吸取 10 mL 上项滤液于小烧杯中，加入 5%铬酸钾指示剂 0.5 mL，以 5 mL 滴定管用 0.01 mol/L 硝酸银溶液缓缓滴定，当溶液刚刚出现明显砖红色混浊时为止，再加蒸馏水 50 mL 左右稀释，如果放置片刻砖红色不消失并有红色沉淀生成，说明已达终点。如果溶液又变黄，需要继续用硝酸银滴定，直到砖红色不消失为止，记下所消耗硝酸银溶液的毫升数，再多加 1 滴作为参比溶液。③取滤液 3 份，每份 10 mL，各加 5%铬酸钾指示剂 0.5 mL，作为正式测定样，分别用 0.01 mol/L 硝酸银溶液滴定至出现明显砖红色混浊并不消失为止(与参比溶液对照)，记录每份样液消耗 0.01 mol/L 硝酸银溶液的毫升数，取其平均值，进行计算。

(4)计算　肝中氯化物含量计算公式如下：

$$肝中氯化物含量(\%)=\frac{0.000\ 585\times a\times d\times 100}{b\times c}$$

式中：a 为滴定时所消耗 0.01 mol/L 硝酸银溶液的量，mL；b 为滴定时取样液的量，mL；c 为检验时取检材的量,g;d 为滤液的总体积,mL。

(5)注意事项 ①关于指示剂的用量一般取样 10 mL,滴定总体积不超过 50～60 mL 时,加 0.5 mL 指示剂已足够。如果滴定总体积超过 70 mL 或更高时,可再多加 0.5 mL 指示剂。②摩尔法滴定要求的酸碱度为 6.5～10.5。用肝脏为检材,如果没有腐败,溶液接近中性可直接滴定。如果检材滤液 pH 值低于 6.5 时,可加硼砂或碳酸氢钠调整滤液的 pH 值至 7.0 以上再进行滴定。③滴定不能在热的情况下进行。因为随着温度升高,铬酸银的溶度积亦增加,而对银离子的灵敏度降低,所以经煮沸后的滤液应冷到室温后再进行滴定。

(四)亚硝酸盐中毒的检验

1.检材及处理 亚硝酸盐为水溶性毒物,故可采取剩余饲料、呕吐物、胃内容物及血液等作检材,检材用水浸法或透析法处理,取滤液或透析液作被检液。

2.定性检验

(1)格利斯(Griess)反应(偶氮色素反应)

原理 亚硝酸盐在酸性溶液中与氨基苯磺酸作用生成重氮化合物,再与甲-萘胺作用生成洋红色的偶氮色素。此法检验亚硝酸盐其灵敏度为 1∶5 000 000。

试剂 格利斯试剂:取甲萘胺 1 g、对氨基苯磺酸 10 g、酒石酸 89 g 置于乳钵中研细、混匀,保存于密封的棕色瓶中备用。

方法 取检液 1～2 mL 放入小试管中,加入格利斯试剂 0.1～0.2 g,振荡试管,观察颜色变化,如有亚硝酸盐存在,立即呈现红色。本反应亦可在白瓷反应板上进行,其操作方法是取格利斯试剂干粉少许于白瓷反应板凹窝中,加检液 3～5 滴,用小玻璃棒搅匀,如有亚硝酸盐存在,即显紫红色,阴性不显色。

(2)联苯胺冰醋酸反应

原理 亚硝酸盐在酸性溶液中,将联苯胺重氮化生成一种醌式化合物,而呈现棕红色或黄红色。此法检验亚硝酸盐其灵敏度为 1∶400 000。

试剂 联苯胺冰醋酸溶液:取联苯胺 0.1 g 溶于 10 mL 冰醋酸中,加蒸馏水稀释至 100 mL,过滤后滤液盛于棕色瓶中备用。

方法 取检液 1～2 滴,置白瓷板上,加 1～2 滴联苯胺冰醋酸溶液,如有亚硝酸盐存在,即出现棕红色。亚硝酸盐含量大时,试剂需多加数滴,才能出现颜色。

(3)安替比林反应

原理 亚硝酸盐在酸性条件下,使安替比林亚硝酸化,溶液呈绿色。此法灵敏度为 1∶10 000。

试剂 安替比林溶液:取安替比林 5 g,溶于 1 mol/L 硫酸 100 mL 中。

方法 取检液 1 滴,置白瓷反应板上,加安替比林溶液 1 滴,如有亚硝酸盐存在,检液呈绿色。

(4)快速检验法

原理 同格利斯反应。

试剂 ①偶氮试剂:甲液,取无水对氨基苯磺酸 0.2 g,10%冰醋酸 50 mL,稍加热并搅拌至溶解,置棕色瓶中保存;乙液,取甲-萘胺 0.1 g,10%冰醋酸 50 mL,加热并搅拌至溶解,滤纸过滤,置棕色瓶中。临用前将甲液、乙液等量混合(混合液的量视用量多少而定)。②棉签的制备:在牙签的一端,缠以少量脱脂棉即成。③检查的体液:眼液,血清,血浆,血滤液,胸、腹、心包腔液，胃肠内容物水分，尿液等。

方法　以棉签在眼结合膜囊内擦拭数次，以吸附泪腺分泌物；或沾吸血清，血浆，血滤液，胸、腹、心包腔液，胃肠内容物中的水分，尿液等。然后向棉签上滴加混合好的偶氮试剂1～2滴，5 min后观察颜色反应，如出现棕红色为阳性反应，呈现的深浅可大致反映检材中NO_2^-含量的多少。本法适用于亚硝酸盐中毒猪的现场快速检验。

注意事项　亚硝酸盐在酸性条件下易分解、挥发，如送检不及时，不易检出。格利斯反应十分灵敏，因痕量的亚硝酸盐在饮水、青饲料、空气和泥土中均存在，所以出现阴性可作否定结论，反应强烈时才能定为阳性，同时需作空白对照，必要时需进行定量分析。

附：血滤液的制备

试剂　氢氧化锌沉淀剂：将45%硫酸锌溶液25 mL同0.4%氢氧化钠溶液475 mL充分混合，即成乳白色的氢氧化锌胶体溶液，在室温下可长期保存。久置易出现沉淀，临用前需振荡均匀。

方法　取试管一支，加蒸馏水4 mL，采血1 mL，稍加摇动促使溶血，再加入氢氧化锌沉淀剂5 mL，反复颠倒振荡数次，使之均匀，然后用滤纸过滤（或离心）即得澄清无色的血滤液，供检验用。此滤液可装于清洁试管内，保存在冰箱中。

（五）灭鼠剂中毒的检验

1. 磷化锌的检验

（1）检材的采取与处理　检材以剩余饲料最好，其次是呕吐物和胃内容物。对呕吐物和胃内容物需及时检验，否则在潮湿的空气中容易分解。

（2）磷的检验

原理　磷化锌在酸性条件下生成磷化氢，磷化氢遇硝酸银生成黑色磷化银；磷化氢和溴化汞作用生成黄红色的$PH(HgBr)_2$化合物。

试剂　10%盐酸、1%硝酸银溶液、碱性乙酸铅棉（5%乙酸铅溶液加入50%氢氧化钠直到刚生成沉淀又溶解为止，取脱脂棉在此溶液中浸湿晾干）。

方法　取检材10 g放入三角瓶中，加水搅拌呈粥状，瓶口上塞上软木塞内装2个玻璃管，管下塞入疏松的碱性醋酸铅棉花，上面分别放入硝酸银试纸条和溴化汞试纸条，然后于瓶中注入10%盐酸5 mL，套上黑纸套，在50℃水浴上加热30 min，若有磷化物存在，硝酸银试纸条变黑色，溴化汞试纸条变黄色。阴性反应时两种试纸条均不变色。

注意事项　如果被检材料新鲜没腐败时，可不加乙酸铅棉花；可直接加酒石酸粉末代替10%盐酸。

（3）锌的检验（亚铁氰化钾反应）

原理　在微酸性溶液中，锌与亚铁氰化钾生成铁氰化锌白色沉淀。此沉淀不溶于稀酸而溶于碱中，若加过量试剂时，则生成更难溶的白色亚铁氰化锌钾沉淀。

试剂　5%亚铁氰化钾溶液、10%氢氧化钠溶液。

方法　将做完磷化氢反应后的检材进行过滤或取有机质破坏后的溶液2 mL，置于小试管中，加5%亚铁氰化钾溶液，如有锌存在产生白色沉淀，再加10%氢氧化钠时沉淀溶解。

2. 敌鼠钠的检验

（1）检材的采取与处理　剩余饲料和可疑药物是最好的检材，其次是血液和尿液。

检材如为固体或半固体可取50～100 g放入三角瓶中，加水调成粥状，加稀盐酸酸化，用乙醚提取3次，合并乙醚液。醚液再用1%焦磷酸钠或磷酸氢二钠水溶液提取3次，合并水溶液提取液，经稀盐酸酸化后，再用氯仿提取3次，合并氯经无水硫酸钠脱水后，水浴上挥去氯仿、残渣供检验用。

检材为尿，则可直接经盐酸酸化后按上述操作处理。检材如为血液，可先经酸化后用乙醇浸出，挥去乙醇后再按上述操作处理。

快速处理办法：取蒸干后的检材适量，加100 mL无水乙醇，再水浴上温浸15 min，过滤，滤液在水浴上蒸干备用。

(2)三氯化铁试验

原理　敌鼠钠与三氯化铁在无水乙醇中反应呈红色。

试剂　9%三氯化铁溶液。

方法　取供检残渣，加无水乙醇溶解后，加入1滴9%三氯化铁溶液观察，如有红色悬浮物形成，即为阳性反应。

(3)硝化反应

原理　敌鼠钠含有苯环，与硝酸生成硝酸苯类化合物，遇醇性氢氧化钾呈蓝色。

试剂　浓硝酸、2%醇性氢氧化钾溶液。

方法　将残渣置于蒸发皿中，加10～20滴浓硝酸溶解残渣，然后在沸水浴上加热至干，取下冷却，滴加2%醇性氢氧化钾数滴，如有敌鼠钠即显蓝色。

(六)金属毒物中毒的检验

1.锌中毒

(1)检材的采取与处理　主要为肝、肾、粪、血清，用硝酸-硫酸法进行处理。取剪细或粉碎的样品5～10 g，或液体检材10～20 mL于120 mL烧杯中，加浓硝酸30 mL，摇匀，放置10 min后在水浴上加热，待样品熔化后，取下冷却，加入浓硫酸3～5 mL，混匀，瓶口插入小漏斗小火加热。当溶液颜色变深时，取下冷却，补加硝酸2～3 mL，再加热。如此反复操作，直至溶液变成浅黄色，加大火力继续加热至冒白烟。取下冷却后加5%草酸铵溶液20 mL继续用大火加热20 min，以除尽溶液中的氮氧化物。待冷却后将消化液移至100 mL容量瓶中，以蒸馏水定容。滤过的滤液供检验用。

(2)定性检验(双硫腙-四氯化碳法)　取消化后的检液滴于滤纸上，加0.02%双硫腙四氯化碳溶液1滴，生成紫红色络合物，此反应在中性、碱性或乙酸溶液中均可发生，但在碱性溶液中其他金属元素干扰较小。

(3)定量分析　参见双硫腙比色法。

2.铜中毒

(1)检材的采取与处理　采取饲料、呕吐物、胃内容物、尿、粪以及肝、肾等器官用硝酸-硫酸法破坏有机质，若有机质含量不多，可在蒸发皿中直接灼烧，残渣溶于3%硝酸中待检。

(2)定性检验(亚铁氰化钾法)

原理　铜与亚铁氰化钾作用，生成棕红色亚铁氰化铜沉淀。

试剂　5%亚铁氰化钾溶液。

方法　取消化液少许，加5%亚铁氰化钾溶液1滴，如有铜存在，生成棕红色沉淀。

(3)定量分析　采用二乙硫代氨甲酸钠比色法。

3. 铅中毒

(1)检材的采取与处理　采取患病动物的血液、呕吐物、剩余饲料、胃内容物、粪、尿以及肝、肾、脑、骨等作为检材。处理同铜中毒样品的处理。

(2)定性检验(硫酸铅法)

原理　铅与硫酸作用后生成硫酸铅白色沉淀，此沉淀溶于乙酸铵或酒石酸铵。

试剂　硫酸；10%乙酸铵溶液或10%酒石酸铵溶液。

方法　取检液10 mL，加硫酸0.5 mL，加热蒸去硝酸后加水稀释，即有白色硫酸铅产生，可溶于乙酸铵或酒石酸铵溶液中。

(3)定量分析　采用双硫腙比色法。

四、分析讨论

1. 采样容器的选择和清洗。收集血、尿等用的容器要不易吸附毒物和具有较高的耐腐蚀性，一般可用硬质玻璃或聚乙烯瓶或管。容器要经过严格清洗和处理，使之不受被测毒物的污染。此外，容器应带盖或塞，以防洒漏、挥发和污染。

2. 采样部位及时间。由于急性中毒或怀疑急性中毒动物一般发病较急，病情较重，因此，宜根据所接触毒物的理化性质和代谢，及早收集血、尿和呕吐物等样品送检。在检验微量金属毒物时，应先用0.1 mol/L盐酸或硝酸清洗，再作常规处理。尿样以收集1次尿最为方便和实用，需要时也可收集24 h尿。对某些排泄较快或很快代谢的毒物，应在中毒后24 h内采尿才有意义。

3. 采样的送检与保存。采集后的样品应尽快送检，一则可及早明确病因、辅助诊断，二则可避免毒物挥发、氧化变质或吸附在容器上。如不能立即送检，短期保存，可放在1～4℃冰箱内；长期保存，则可放在－20℃以下的低温冰箱中。组织样品应在冰冻条件下送往实验室；血清和血液样品不应冰冻但可低温保存。尿样内有时可加适当防腐剂或加少量酸酸化，以延长保存期限。

(胡延春)

实习十六　寄生虫检验技术

一、实 习 目 的

掌握动物体内寄生虫及其虫卵的检验方法和步骤，能识别常见寄生虫虫体和虫卵；掌握动物体表寄生虫(螨类)的检验方法和步骤，为动物寄生虫病的及时诊断和治疗打下基础。

二、实 习 材 料

1. 病料　新鲜动物粪便、血液；死亡动物；皮肤病动物。

2. 器材及药品　放大镜、实体显微镜、40～60 目的铜筛、金属钓环、玻璃漏斗、胶皮管、三角架、漏斗架、玻璃培养皿、培养缸、恒温箱、剪刀、镊子、手术刀、载玻片、盖玻片、剪毛剪、凸刃外科刀、离心机、酒精灯、平皿、试管、显微镜等；氯化钠、次亚硫酸钠、亚硫酸钠、硝酸钠、硫酸镁、姬姆萨染液、瑞氏染液、柠檬酸钠生理盐水、生理盐水等；碘酒、50%的甘油、苛性钠、石蜡油等。

三、实 习 内 容

(一)粪便寄生虫的检查法

1. 蠕虫虫体检查法　动物粪便中的节片或虫体，其中较大者，肉眼很易发现，但对较小的虫体，应先将粪便收集在一个玻璃容器内，加水 10～15 倍，搅拌粪便或将球粪碎裂与水充分混合均匀，静置沉淀后，倒去上部液体，再加水，反复沉淀，待上部液体透明时，最后倒去上部液体，将沉渣倒入大平皿内，衬以暗色背景，用肉眼检查之。对较小的虫体尚可借助放大镜或实体显微镜检查，将能得到更确切的效果。

2. 蠕虫虫卵检查法　粪便检查时可发现各种动物蠕虫卵及球虫卵囊。各种动物寄生虫虫卵的形态见图 16-1。

(1)直接涂片法　本法是最简便和最常用的虫卵检查法，但因其检查粪量过少，虽能检出各种虫卵和幼虫，检出率很低，因此只能作为辅助的检查方法。为使检查效果尽量准确，要求每个粪样必须做 3 张涂片。

在清净的载片上滴少许 50%的甘油水溶液，再放少量的被检粪便，然后用火柴杆或牙签等加以搅拌，去掉粪便中硬固的渣子，使载片上留有一层均匀的粪液，涂片的厚薄以在涂片的下面可以见到书报上字迹为宜，盖上盖玻片，置于显微镜下观察。检查时应有顺序地将盖片下的所有部分均检查到。

(2)沉淀法　又名循序洗涤法或彻底洗净法。主要适用于吸虫和某些线虫(如猪后圆线虫)虫卵的检查。由于这些虫卵的比重较大，不易用别的方法(如漂浮法)检出，采用本法可以

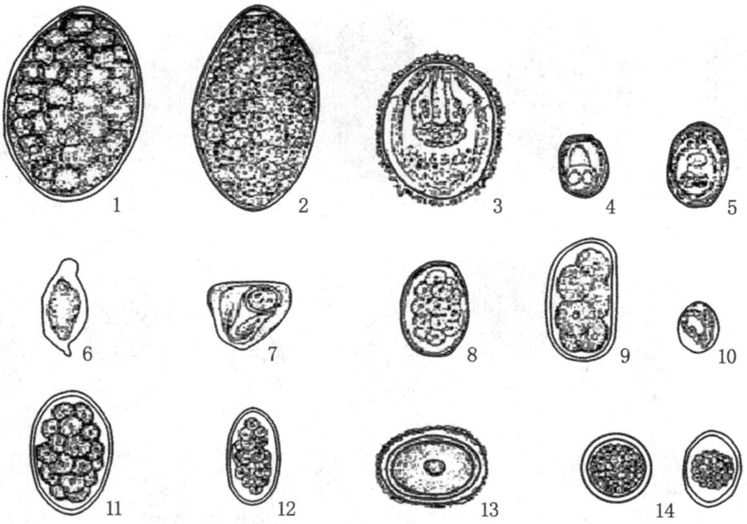

1. 大片吸虫卵；2. 前后盘吸虫卵；3. 日本分体吸虫卵；4. 双腔吸虫卵；5. 胰阔盘吸虫卵；
6. 鸟毕吸虫卵；7. 莫尼茨绦虫卵；8. 食道口线虫卵；9. 仰口线虫卵；
10. 吸吮线虫卵；11. 指形长刺线虫卵；12. 古柏线虫卵；
13. 犊新蛔虫卵；14. 牛艾美耳属球虫卵囊。

图 16-1-1　牛体内的寄生虫卵

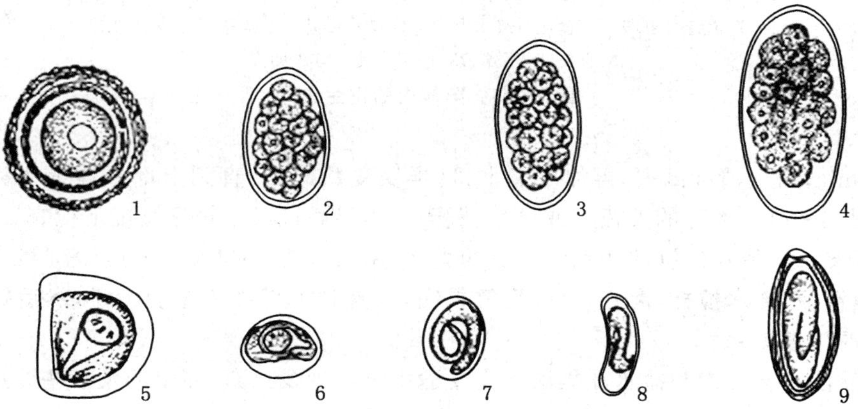

1. 马付蛔虫卵；2. 圆线虫卵；3. 毛线虫卵；4. 细颈三齿线虫卵；5. 裸头绦虫卵；
6. 侏儒付裸头绦虫卵；7. 韦氏类圆线虫卵；8. 柔线虫卵；9. 马尖尾线虫卵。

图 16-1-2　马体内的寄生虫卵

得到满意的效果。

自然沉淀法　取 5～10 g 被检粪便放在一般的玻璃杯或烧杯内，先加少量清水，用玻棒将粪块拌碎与水混匀，再加 5 倍量清水，并充分混匀；然后将粪液通过 40～60 目的铜筛滤过在另一清净的玻杯内，用适量的清水洗涮玻杯，将洗涮液经铜筛过滤，最后用水把杯子加满、静置，

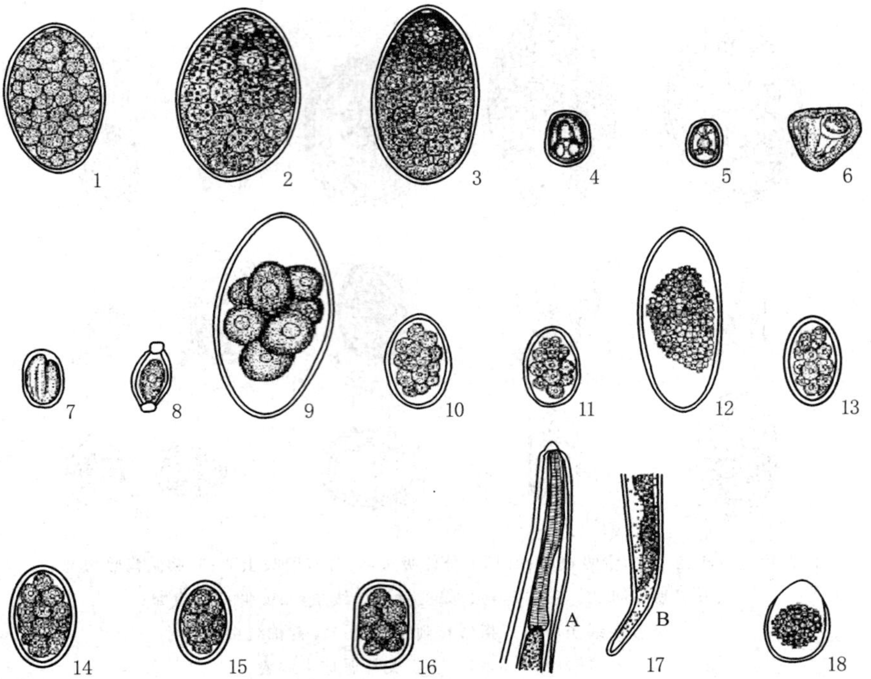

1. 肝片吸虫卵；2. 大片吸虫卵；3. 前后盘吸虫卵；4. 双腔吸虫卵；5. 胰阔盘吸虫卵；
6. 莫尼茨绦虫卵；7. 乳突类圆线虫卵；8. 毛首线虫卵；9. 钝刺细颈线虫卵；
10. 奥斯特线虫卵；11. 捻转血矛线虫卵；12. 马歇尔线虫卵；13. 毛圆形线虫卵；
14. 夏伯特线虫卵；15. 食道口线虫卵；16. 仰口线虫卵；17. 丝状网尾线虫幼虫；
A. 前端 B. 尾端；18. 小型艾美耳球虫卵囊。

图 16-1-3 羊体内的寄生虫卵

经 10～15 min，将上清液倒去，再加入清水，这样反复数次，一直到上部液体透明为止。将沉渣小心地倒在平皿或大片的玻板上或涂片，置于实体显微镜或生物显微镜下检查。

离心沉淀法 取自然沉淀法铜筛过滤的粪水，用离心机(约 500 r/min)离心 2～3 min，倾去离心管上清液，加水搅拌，离心，这样反复数次，一直到上部液体透明为止，然后镜检。能节省时间，提高检查效果。

(3)漂浮法 又叫饱和盐水浮集法。主要适用于各种线虫卵、绦虫卵及某些原虫卵囊的检查，因为这些虫卵的密度比常水略大，但都小于饱和食盐水(密度 1.18～1.20)，因此利用本法容易检出，但对吸虫卵、后圆线虫卵和棘头虫卵效果差。

饱和盐水 在 1 000.0 mL 水中加 380 g 食盐，即制得饱和盐水。一般是在适量的水内加入较多量的食盐，溶解后尚有多余的食盐为止，此时所得溶液即为饱和盐水，用时以密度计量其密度在 1.18 以上即合乎要求。

方法 取 5～10 g 粪便，放于一玻杯中，先加少量的饱和盐水，用玻棒将粪样捣碎与盐水混匀，然后再加入 100～200 mL 饱和盐水并用玻棒充分拌匀，用 40～60 目的铜筛将粪液滤过于另一清净的玻杯内，弃去筛上的粪渣，将盛滤液的杯子加饱和盐水至满而不溢出，静置 30 min，这时比饱和盐水轻的虫卵就浮集在液体表面上。用载玻片蘸取液面，翻转载玻片(或

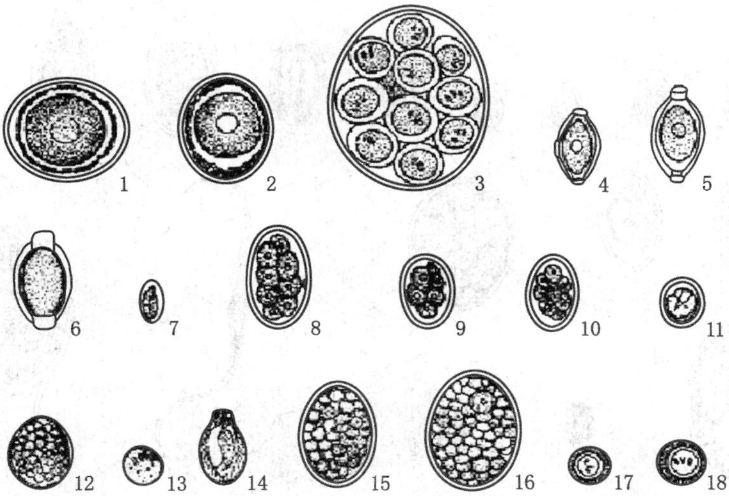

1. 犬弓蛔虫卵；2. 狮蛔虫卵；3. 犬复孔绦虫卵；4. 毛细线虫卵；5. 毛首线虫卵；6. 肾膨结线虫卵；7. 血色食道虫卵；8. 犬钩口线虫卵；9. 巴西钩口线虫卵；10. 美洲板口线虫卵；11. 犬胃虫卵；12. 裂头绦虫卵；13. 中线绦虫卵；14. 华枝睾吸虫卵；15. 并殖吸虫卵；16. 抱茎棘隙吸虫卵；17. 细粒棘球绦虫卵；18. 泡状带绦虫卵。

图 16-1-4　犬体内的寄生虫卵

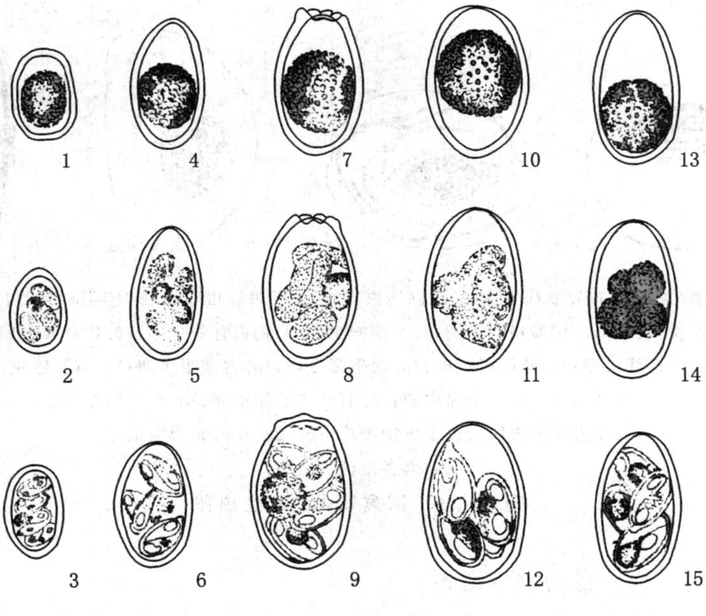

1～3. 穿孔艾美耳球虫；4～6. 中型艾美耳球虫；7～9. 大型艾美耳球虫；10～12. 无残艾美耳球虫；13～15. 兔艾美耳球虫。

图 16-1-5　家兔的球虫

用直径约 8 mm 的金属环，轻轻平面接触液体表面，构成一薄的液膜，然后将此液膜抖落在载

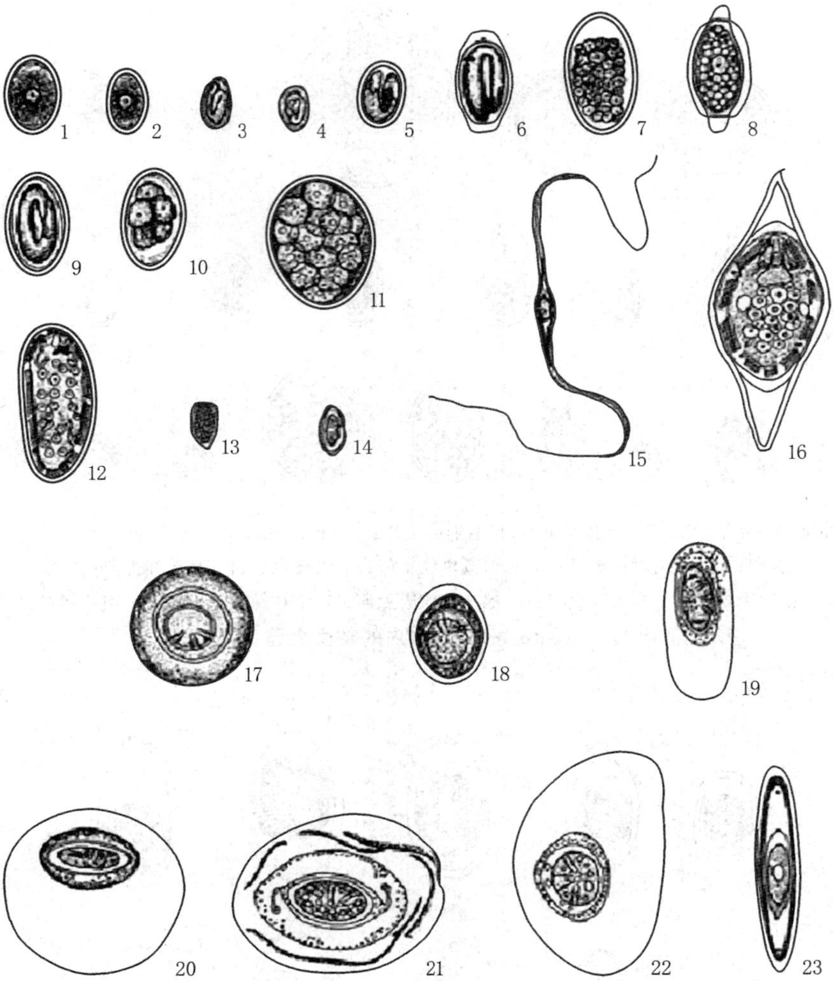

1. 鸡蛔虫卵；2. 鸡异刺线虫卵；3. 类圆线虫卵；4. 孟氏眼线虫卵；5. 螺旋咽饰带线虫卵；
6. 四棱线虫卵；7. 鹅裂口线虫卵；8. 毛细线虫卵；9. 鸭束首线虫卵；10. 比翼线虫卵；
11. 卷棘口线虫卵；12. 嗜眼吸虫卵；13. 前殖吸虫卵；14. 次睾吸虫卵；15. 背孔吸虫卵；
16. 毛毕吸虫卵；17. 楔形绦虫卵；18. 有轮赖利绦虫卵；19. 鸭单睾绦虫卵；
20. 膜壳绦虫卵；21. 矛形剑带绦虫卵；22. 片形皱褶绦虫卵；
23. 鸭多型棘头虫卵。

图 16-1-6 家禽体内的寄生虫卵

玻片上)，盖上盖玻片，置于显微镜下检查。

为了提高检出效果，可以用次亚硫酸钠(1 L 水中溶解 1 750 g 次亚硫酸钠，比重在 1.4 左右)、硝酸钠(1 L 水中溶解 1 000 g 硝酸钠)或硫酸镁(1 L 水中溶 920.0 g 硫酸镁)等饱和液代替饱和食盐水。

3. *蠕虫幼虫检查法* 有些寄生性蠕虫，其虫卵在经过消化道排出时，已于粪便中孵化为幼虫，如寄生于肺脏的网尾科线虫及消化道寄生的类圆属线虫均有这种情况。因而在进行粪便

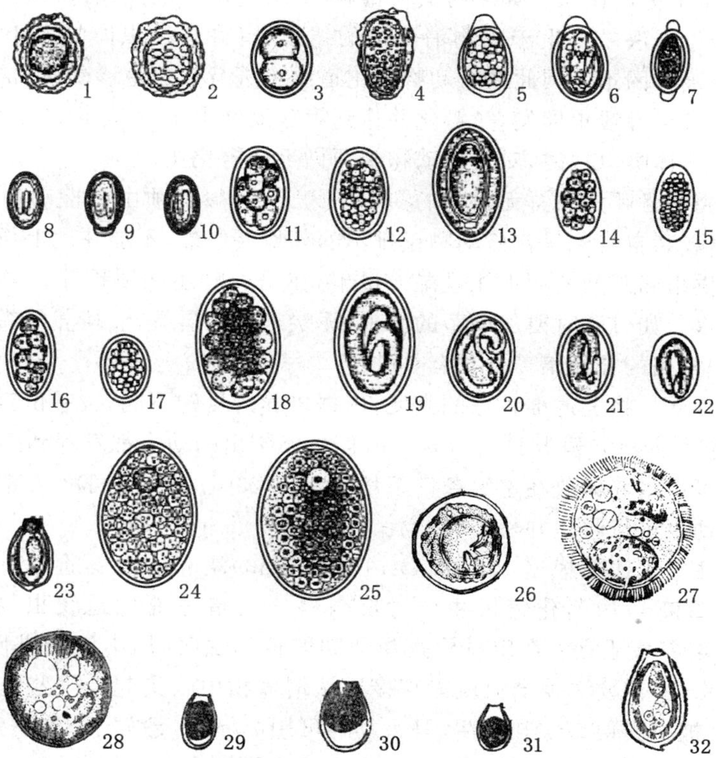

1. 猪蛔虫卵；2. 猪蛔虫卵的表面观；3. 猪蛔虫卵蛋白质膜脱落分裂至两个细胞阶段；4. 猪蛔虫的未受精虫卵；
5. 刚刺颚口线虫卵（新鲜虫卵）；6. 刚刺颚口线虫虫卵（已发育的虫卵）；7. 猪毛首线虫卵；
8. 圆形似蛔线虫卵（未成熟虫卵）；9. 圆形似蛔线虫卵（成热虫卵）；10. 六翼泡首线虫卵；
11. 食道口线虫卵（新鲜虫卵）；12. 食道口线虫卵（已发育的虫卵）；13. 蛭形巨吻棘头虫卵；
14. 球首线虫卵（新鲜虫卵）；15. 球首线虫卵（已发育的虫卵）；16. 红色猪圆线虫卵；
17. 鲍杰线虫卵；18. 猪肾虫卵（新鲜虫卵）；19. 猪肾虫卵（已含幼虫的虫卵）；20. 野猪后圆线虫卵；
21. 复阴后圆线虫卵；22. 兰氏类圆线虫卵；23. 华枝睾吸虫卵；24. 姜片吸虫卵；25. 肝片吸虫卵；
26. 长膜壳绦虫卵；27. 结肠小袋纤毛虫（滋养体期）；28. 结肠小袋纤毛虫（囊色期）；
29～31. 猪球虫卵囊；32. 截形微口吸虫卵。

图 16-1-7 猪体内的寄生虫卵

检查时就必须用检查幼虫的方法。兽医临床上常用的幼虫检查法有以下 3 种。

(1)漏斗法 又叫贝尔曼氏法(Baermann's technique)，取一个中型的玻璃漏斗，在漏斗的下端接一个长 15～20 cm 的胶皮管，其下再接上一个小型的玻管，然后将漏斗放在三角架或漏斗架上，将漏斗及胶管内加满 40℃左右的温水，把由直肠取得的新鲜粪便 5～10 g 粪块不用捣拌，放在铜筛内，轻轻地将铜筛置于漏斗内，并使之浸于水中。静置 1～3 h 后，用夹子夹住胶管，取下小玻管，吸取沉淀物滴在载片上，加以盖片在显微镜下检查。

(2)平皿法 取新鲜的羊粪 5～10 个粪球，放在加有少量 40℃温水的平皿或表玻皿内，10～20 min 后，取出粪球，置表玻皿于显微镜下检查有无幼虫存在。本法主要适用于羊的球形粪便的幼虫检查。

无论用漏斗法或平皿法，都不要将粪便捣碎，因为幼虫多在粪的表面，即使在粪内的幼虫，亦能在温水的作用下分离出来。如果将粪便捣碎了,会使水变混浊,有碍检查。

(3)幼虫培养检查法　寄生于动物消化道的线虫,有许多种虫卵的大小及外形都十分相似,因而在鉴别时极为困难。因此在对动物消化道线虫进行实验室诊断时,常用虫卵培养的方法,使被检粪便中寄生性线虫卵发育、孵化并达到第三期幼虫阶段,然后在镜下进行鉴别诊断。另外,在诊断日本分体吸虫病时,对被检动物粪便做毛蚴孵化法。

用于培养的粪便必须是新鲜无污染的粪便。为此,一般都须由被检动物的直肠内掏取粪便,除了采粪者当场亲自看到是被检动物正排出的落地粪便外,不能在地上任意采取粪便供实验室检查使用。供培养用的粪便不能过湿或过干,在培养时还必须粉碎。当粪便过干时应加适量的洁净自来水。如过湿时要加灭菌的粪末、泥炭末或木屑等,使培养的粪便达到合适的稠度。目前,临床上常用的粪便培养方法有3种:

一般器皿培养法　将上述准备好的粪便,依据培养的目的不同,按头份定量放于玻璃培养皿或培养缸内,置25～27℃恒温箱内培养7 d,使虫卵孵出的幼虫都发育到感染期。如果没有恒温箱或在夏季可将培养器放在室温条件下培养10～20 d。然后,可将培养好的粪便用贝尔曼幼虫检查法对幼虫进行收集并检查。

瓶(杯)培养法　本法系根据Robert Osulivan(1950)培养法改良的方法。目前各国都广泛地应用本法来诊断动物消化道线虫。对反刍兽、马、猪等消化道线虫,特别是对圆线虫Strongylina的卵培养最适宜。在定量检查粪便和取得幼虫时,用本法既方便又确切,因为培养到感染期的幼虫,不需要更换器皿就能直接地从培养物中收集起来供鉴定和检查用。具体培养方法为:①将被检粪便5～10 g(牛、马大动物可用20～30 g)放于300～500 mL的广口瓶或一般的玻璃杯内。②向含粪瓶(杯)内加入适量的木屑或消毒过的备用牛(马)粪,再加入适量的清水,以玻棒将粪捣碎、调匀。③用手托住瓶底,水平方向轻轻摇动数次,使粪中没有间隙。④瓶(杯)口盖以大小合宜的平皿,为了透气,可用一片数折的纸片置于平皿下的瓶(杯)口缘上。⑤夏季将瓶(杯)置于室温下,其他季节放在25～27℃恒温箱内。⑥7 d后,由恒温箱内取出培养瓶(杯),除去平皿盖,沿着瓶(杯)壁徐徐加入清水,直至充满瓶(杯)口。⑦在充满水的瓶口上,加盖一大小适宜的(一般要稍大于瓶(杯)口)平皿盖,然后用双手平稳扣压平皿将瓶(杯)迅速翻转,使培养瓶(杯)倒立于平皿内并置于台桌上。⑧在含粪瓶(杯)的平皿内加入5～10 mL清水,静置3～4 h或者过夜,以便使感染性幼虫从瓶(杯)口间隙间移出。⑨于平皿一边的下方加一细玻棒,使平皿内的水倾向一侧,用吸管将含有幼虫的水全部吸入试管内,使水量达试管的1/3,不足时再加以清水,这样保存的幼虫其活力可达3～4个月不死,随时可供检查和使用。

用一般器皿培养的幼虫,亦可按本法⑥～⑨的步骤来进行幼虫的收集。

毛蚴孵化法　这是诊断日本分体吸虫病时常用的一种方法。因为日本分体吸虫的虫卵在粪便内,当外界气温高时(如夏季)很容易孵化出毛蚴,所以在夏秋季节内,可以由动物直肠内采取新鲜粪便,用培养的方法,检查孵化的毛蚴,对动物作出确切的诊断。具体培养方法为:①直肠内采粪100 g,置于500 mL的烧杯内,加适量的清水调成糊状。②将调匀的粪便,以40～60目的粪筛过滤到另一烧杯内,加清水至满杯,静置。③待烧杯静置10～15 min后,弃去上清,再用清水加至满杯,静置10～15 min,弃去上清,如法进行至上清清亮为止。④将上法洗净的粪渣,用吸管吸入500 mL的三角烧瓶内,加满清水。⑤上述三角烧瓶即可供毛蚴孵化用。夏季可在室温内,冬季要放入26～28℃的温箱内培养一昼夜,尔后即可观察毛蚴孵化情况。⑥如有毛蚴时,可在三角烧瓶水面下 3～4 cm 处看到灰白色的折光性强的棱形小虫作水平或略斜向的直线运动。观察时,如果用黑色的纸、布作背景则肉眼更易看到。可将看到的虫体,用吸管取至载片上在境下检查,看清毛蚴的形态,可进一步确诊。

在进行毛蚴孵化时,洗粪和培养用水必须是清净的,最好是用自来水。如用河水、池水和井水时,要对用水进行处理,否则不能用作洗粪或培养。因河水、池水及井水内往往含有水虫,尤其在夏季,自然水内微小动物更多。故在使用前要加热除虫并澄清(每 100 kg 水内加明矾 10 g)后方可使用。

4. 寄生性线虫第三期幼虫检查法

(1)第三期幼虫的收集　线虫的第三期幼虫可以从上述粪便培养物、牧地的牧草及粪便、畜舍的厩肥内等处取得。具体的收集法可采用贝尔曼氏装置及普通玻璃杯或广口瓶收集法。

(2)第三期幼虫的显微镜检查　收集到的幼虫液,用吸管吸取少量滴于载玻片上,加上盖片,放在低倍镜下,即可看到十分活泼运动的第三期幼虫。为了详细地观察虫体的形态,必须使虫体静止不动。为此,可将载片取下,在酒精灯火焰上迅速往返火烤 3～4 次,使幼虫达到不死不动的状态观察最为适宜。注意,用火烤的时间及次数不能过长或过短,烤得不足,达不到使虫体不活动的目的,烤得过久,易使虫体烤干变缩或崩解。因此火烤法一般不易掌握,往往因烤得轻,虫体很快能复活,给观察、测量、照相及描绘等造成困难。为此往往采用碘杀法。即将 1 小滴幼虫悬浮液滴于载片上,加上 1 滴革兰氏碘溶液(碘 1 g、碘化钾 2 g、蒸馏水 300 mL),然后加上盖片,少许幼虫即被杀死,便可在镜下进行详细的观察、测量及描绘。

5. 粪便内原虫检查法　动物粪便内原虫的病原学检查,主要是对球虫卵囊和结肠小袋虫的检查。就其临床实用价值及疾病的重要性,这里只介绍球虫卵囊的检查法。

球虫卵囊的检查可以应用蠕虫学粪便检查的直接涂片检查法和饱和食盐水检查法。但因为动物的球虫种类繁多,有时为了鉴别虫种,需要经过对卵囊的孢子化培养。具体方法为:把含有球虫的粪便或是浓集后的卵囊放在平皿内(或玻杯内),加适量的 2.5%重铬酸钾溶液,在 25℃的温箱内培育,夏季可在室温的条件下培育,待其孢子化后再用涂片或浮集法检查。

(二)血液内原虫的检查法

血液内的寄生性原虫主要有伊氏锥虫、梨形虫(焦虫)、附红细胞体及住白细胞虫。检查血液内的原虫多在耳静脉或颈静脉采取血液。临床上最常用的是制作血片标本,经染色、镜检来发现血浆或细胞内的虫体(见彩图 2)。同时为了观察活虫亦可用压滴标本检查法。

1. 涂片染色标本检查法　其为临床上最常用的血液原虫的病原检查法。将新鲜采血滴少许于载玻片一端,以常规方法推成血片,干燥后,滴甲醇 2～3 滴于血膜上,待甲醇自然干燥后即达固定,然后用姬姆萨氏或瑞氏染液染色,用油镜检查。涂片染色法适用于各种血液原虫的检查。

2. 鲜血压滴标本检查法　本法主要用于伊氏锥虫活虫的检查,在压滴的标本内,可以很容易观察到虫体的活泼运动。将采出的血液滴在洁净的载玻片上少许,加上等量的生理盐水与血液混合,加上盖玻片,置于显微镜下低倍镜检查,发现有活动的虫体时,再换高倍镜检查。如在气温低的情况下检查时,可在酒精灯上稍微加温或将载片放在手背上,经加温后可以保持虫体的活力。由于虫体未经染色,为了便于观察,检查时最好使视野的光线成为弱光,以易于观察虫体。

3. 集虫检查法　当动物血液内虫体较少时,临床上常用集虫法,将虫体浓集后再作相应的检查，以提高诊断的准确性。

在离心管内先加 2%柠檬酸钠生理盐水 3～4 mL，再加被检血液 6～7 mL，充分混合后，以 500 r/min 离心 5 min，使其中大部分红细胞沉降；尔后将红细胞上面的液体用吸管吸至另一离心管内，并在其中补加一些生理盐水，再以 2 500 r/min 离心 10 min，即可得到沉淀物。用此沉淀物作涂片、染色、镜检，可以容易地找到虫体。

本法适用于对伊氏锥虫和梨形虫病的检查，其原理是由于锥虫及感染有虫体的红细胞比正常红细胞的比重为轻，当第 1 次离心时，正常红细胞下降，而锥虫或感染有虫体的红细胞尚悬浮在血浆中，第 2 次较高速的离心则浓集于管底。

(三)生殖道原虫检查——牛胎儿毛滴虫检查法

1. *病料的采取*　主要由母牛的阴道和公牛包皮鞘内采取。母牛可直接由阴道采取分泌物，一般先向阴道内注入 5～10 mL 生理盐水，再用长柄镊子夹取棉球小心地洗涤阴道，然后把棉球上的液体物涂放在载玻片上检查。如为公牛，可用 35℃左右的生理盐水 50～100 mL 注入包皮腔内，用一手将包皮口捏紧，用另一手托起按摩包皮后部，如此反复按洗后，放开手指将洗液收集于广口瓶中待检查。

2. *离心*　将收集到的阴道或包皮鞘的洗涤液在 2 000 r/min 离心沉淀 5 min，然后用沉淀物涂片检查。在没有离心的情况下，亦可直接地用洗涤液自然沉淀物检查。

3. *检查*　临床上常做虫体的活体检查，即将病料放在载玻片上，不做染色处理在镜下观察，可见到有波动膜的略大于一般白细胞的虫体活动。为了确诊应将涂片标本固定，染色制成永久性标本，并因染色后，可以清楚地看到虫体。染色时常用邵氏固定液及苏木素染液，其药液配方及染色法参考常规血液学检查法。

(四)动物蠕虫病的死后诊断法

1. *全身性蠕虫剖检法*　当动物死亡以后(或人工剖杀后)，首先剥皮，在剥皮的过程中，要注意观察皮下组织中有无寄生虫的寄生。然后剖开胸腔及腹腔，依次全部取出内脏器官。把消化道从食道直到直肠全部摘出，再取出呼吸系统、泌尿生殖系统、心脏及与之相连的大动脉及大静脉。仔细地检查胸水及腹水，查看有无腹腔丝虫的寄生。取下膈脚，留待检查有无旋毛虫的寄生。做完上述工作之后，再检查取出的每一器官。

2. *个别器官的剖检法*　主要是根据工作的需要或因特殊目的要查清某一地区某种蠕虫的分布寄生情况，只对个别器官做上述方法的检查，对其他器官不做检查。

(五)体外寄生虫(螨类)的检查法

1. *病料的采取*　螨类主要寄生于动物的体表或皮内，因此在诊断螨病时，必须刮取患部的皮屑，经处理后在显微镜下检查有无虫体和虫卵，做出确切的诊断，其镜下形态见图 16-2 和图 16-3。

在患病皮肤与健康皮肤的交界处进行刮取，虫体在这里存在的最多。先将患部剪毛，凸刃外科刀在酒精灯上消毒，然后在刀刃上沾一些水、50%的甘油水，以手握刀，使刀刃与皮肤表面垂直，尽力刮取皮屑，一直刮到带有血迹为止，甚至有点轻微出血最好，这对检查寄生于皮内的疥螨尤为重要。切不可轻轻地刮取一些皮肤污垢供检查，这样往往检不到虫体而发生误诊。被刮部的皮肤用碘酒消毒，并将刮取物盛于平皿或试管内供镜检。

对蠕形螨的病料采取，要用力挤压病变部，挤出病变内的脓液，然后将脓液滩于载玻片上供检查。

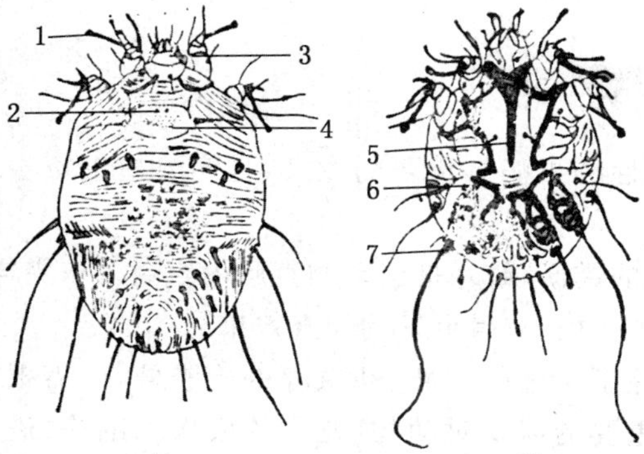

A. 雌虫背面；B. 雌虫腹面。

1. 吸盘；2. 气孔原基；3. 假头；4. 胸甲；5. 支条；

6. 第三和第四对足的支条；7. 生殖围条。

图 16-2 疥螨

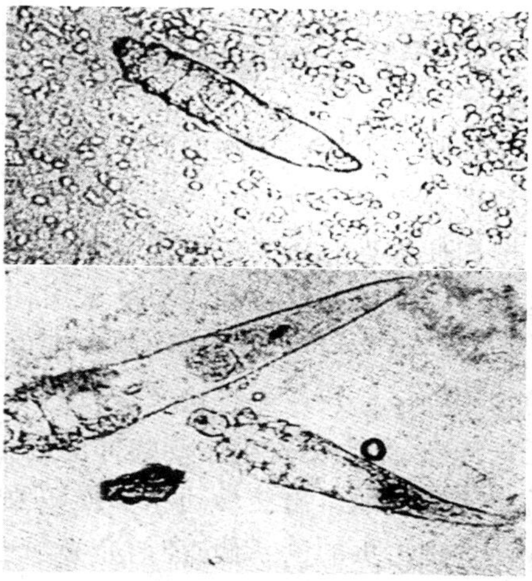

图 16-3 犬蠕形螨

2. *皮屑的检查法* 为了确诊螨病而检查患部的皮屑刮取物，一般有两种检查法，即死虫检查法和活虫检查法。死虫检查只能找到死的螨类，这在初步确立诊断时有一定的意义。活虫检查可以发现有生活能力的螨类，可以确定诊断和检查用药后的治疗效果。

(1)皮屑内死虫检查法

煤油浸泡法 检查时将少许刮取的皮屑物放在载片上，滴加几滴煤油，用另一片载片盖上，并捻压搓动两片载片，使病料散开、粉碎。由于煤油的作用使皮屑迅速透明，然后用实体镜(或扩大镜)和显微镜低倍检查。由于螨类虫体有不和煤油化合的液体组织部分的存在，所以观察起来十分明显。

沉淀检查法 将由病变部刮下的皮屑物放在试管内，加 10％的苛性钠(钾)溶液在酒精灯上加热煮沸数分钟或不煮沸而静置 2 h(或离心沉淀 5 min)，经沉淀后，吸取沉渣，镜检。在沉淀物中往往可以找到成虫、若虫、幼虫或虫卵。

(2)皮屑内活虫检查法

直接检查法 在刮取皮屑时，刀刃蘸上 50％的甘油水溶液或石蜡油或清水，用力刮取，将粘在刀刃上的带有血液的皮屑物，直接涂擦在载片上，置显微镜下检查。如是螨病，可看到有活的螨类虫体在活动。

温水检查法 将病部刮取物浸于 40～45℃的温水内置恒温箱内(40℃)20～30 min，然后倒于表面玻璃上，在显微镜下观察。由于温热的作用，虫体即由皮屑的痂皮中爬出来，集合成团并沉于水底，很易看到大量活动的螨体。

油镜检查法 本法主要用于螨病治疗后的效果检查，察看用药后虫体是否被杀死。主要是用油镜检查螨体内淋巴液有无流动的情况。检查时，将少许新鲜刮取的皮屑，置于载片中央，滴加 1～2 滴 10％～15％的苛性钾(钠)溶液，不加热直接加上盖片并轻轻地按压，使检料在盖片下均匀地扩散成薄层。用低倍镜检查发现虫体后，更换油镜检查。活的虫体的肢和后肢系基部以及更远的部位，沿着虫体的边缘，可明显地看出淋巴的包含体在相互沟通的腔内迅速地移动。如果是死的虫体，这些淋巴则完全不动。

四、分析讨论

1. 临床上检查动物的粪便对诊断动物的寄生性蠕虫病有重要的意义，是实验检查寄生虫病的重要组成部分。

粪便检查时所用的粪便材料尽量要取新排出的粪便，最好是由动物直肠内直接采取粪样，这样可以使虫卵保存其固有的状态，同时亦能减少污染，取得更好的检查效果。

2. 对动物群体或个体的某种蠕虫病诊断时，除了生前的虫卵、幼虫等的检查外，尚需根据动物的临床症状及流行病学资料的综合分析，更重要的需要对动物(死亡的或人工剖检)进行死亡诊断，来收集寄生于动物体的蠕虫的数量并观察虫体对动物寄生部位造成的病理变化，然后才能综合地得出该种动物所得某种蠕虫病的确切诊断。同时在以防治为主要目的所进行各种动物寄生虫的区系调查时，亦必须进行死后诊断，收集全部虫体，达到预期的目的。实质上就是临床上所必须应用的蠕虫学的剖检法。根据工作要求的不同，蠕虫学的剖检法可以分为全身性蠕虫学剖检法，个别脏器的剖检法。

3. 寄生于动物的病原性原虫主要有血液原虫、生殖道原虫、消化道原虫和组织内原虫等。其检查方法因种类不同而有所区别。

4. 各种动物的螨病是以临床症状和患部皮屑中发现螨、虫体断片或虫卵作为诊断根据。只具有类似螨病的症状，但是在皮屑内没有检查到螨类或虫卵时，就不能确定为螨病。但在螨病的诊断上，皮屑检查的结果是否正确，很大程度上决定于皮屑采取的部位和方法。因而 1 次或 2 次在皮屑内没有找到虫体，亦不能轻易作出否定的结论。

5. 螨病的诊断必须注意详细的观察患病动物的临床症状和参考流行病学综合资料，同时要与下列类症鉴别。

湿疹：某些动物发生湿疹时亦能出现痒觉，有时亦有皮脂结痂。但是缺乏螨病的剧痒，特别是当动物在暖舍中时痒觉不加剧；病变部形成的破皮容易随被毛脱落；皮屑内无虫体。

秃毛癣(发癣菌症或秃性匐行疹)：本病在患部出现圆形、椭圆形界线明显的病变，病变上覆盖有浅灰色疏松的痂皮，易于剥落。患部经常融合形成大的不规则的癣斑，无痒觉。将病料用 10%的苛性钠溶液处理检查时，可见有发癣菌的芽孢或菌丝而无虫体。

虱和毛虱病：当动物受大量虱和毛虱侵袭时，能引起发痒、脱毛和皮肤营养障碍。其症状有时和螨病相似。但是皮肤发痒和形成痂皮的程度非常轻微；用手触摸仍柔软而有弹性；同时很易发现虱，且在病料中没有虫体。

(何剑斌)

实习十七　微生物检验基本技术

一、实习目的

了解微生物染色的基本原理；掌握染色液的配制及染色的基本方法；熟悉常见病原微生物的染色镜检技术；了解无菌操作在微生物接种过程中的重要性；掌握几种常用的微生物接种方法；掌握微生物的培养方法。

二、实习材料

1. 菌种　大肠杆菌斜面和菌悬液、啤酒酵母菌、产黄青霉。

2. 培养基　营养琼脂斜面、肉汤蛋白胨培养液（试管）、营养琼脂平板、半固体肉汤蛋白胨直立柱、PDA平板、PDA斜面。

3. 接种分离工具　接种环、接种针、涂布棒等。

4. 试剂　美蓝、95%乙醇、氯化钾、碱性复红、石炭酸、蒸馏水、草酸铵结晶、结晶紫乙醇饱和液、碘、碘化钾、萋-尼氏石炭酸复红液等。

5. 其他　培养皿、试管、移液管、滴管、培养箱、酒精灯、染色架、染色缸等。

三、实习内容

（一）微生物染色镜检技术

1. 染料的种类和选择　染料分为天然染料和人工染料两种。天然染料有胭脂红、地衣素、石蕊和苏木素等。目前主要采用人工染料，也称煤焦油染料。染料可按其电离后染料离子所带电荷的性质，分为酸性染料、碱性染料、中性（复合）染料和单纯染料四大类。

（1）酸性染料　这类染料电离后染料离子带负电（如伊红、刚果红、藻红、苯胺黑、苦味酸和酸性复红等），可与碱性物质结合成盐。当培养基因糖类分解产酸使pH值下降时，细菌所带的正电荷增加，这时选择酸性染料，易被染色。

（2）碱性染料　这类染料电离后染料离子带正电，可与酸性物质结合成盐。微生物实验室一般常用的碱性染料有美蓝、甲基紫、结晶紫、碱性复红、中性红、孔雀绿和复红等，在一般的情况下，细菌易被碱性染料染色。

（3）中性（复合）染料　酸性染料与碱性染料的结合物叫做中性（复合）染料，如瑞脱氏（Wright）染料和姬姆萨氏（Gimsa）染料等，后者常用于细胞核的染色。

（4）单纯染料　这类染料的化学亲和力低，不能和被染的物质生成盐，其染色能力视其是否溶于被染物而定，因为它们大多数都属于偶氮化合物，不溶于水，但溶于脂肪溶剂中，如紫丹类（Sudanb）染料。

2.制片和染色的基本程序 微生物的染色方法很多,各种方法应用的染料也不尽相同,但是一般染色都要通过制片及一套染色操作程序。染色的基本程序为:制片→干燥→固定→染色→脱色→复染→水洗→干燥→镜检。

(1)制片 在干净的载玻片上滴一滴蒸馏水,用接种环挑取培养物少许,置于载玻片的水滴中,与水混合做成悬液并涂成直径约1 cm的薄层,为避免因菌数过多聚成集团,不利于观察个体形态,可在载玻片一侧再加1滴水,从已涂布的菌液中取一环于此水滴中进行稀释,涂布成薄层。若材料为液体培养物或固体培养物中洗下制备的菌液,则直接涂布于载玻片上即可。整个制片过程在无菌条件下进行。

(2)自然干燥 涂片最好在室温下使其自然干燥,有时为了使之干得更快,可将标本面向上,手持载玻片一端的两侧,小心地在酒精灯上高处微微加热,使水分蒸发,但切勿紧靠火焰或加热时间过长,以防标本烤枯而变形。

(3)固定 多采用加热法固定,使涂片膜向上,以中等速度通过火焰数次,共2～3 s,并不时以载玻片背面加热触及皮肤,不觉过烫为宜(不超过60℃),放置待冷后,进行染色。但在研究微生物细胞结构时应采用化学固定法。化学固定法最常用的固定剂有:酒精(95%)、酒精和醚各半的混合物、丙酮、1%～2%的锇酸等。锇酸能很快固定细胞但不改变其结构,故较常用。应用锇酸固定细胞的技术如下:在培养皿中放一玻璃,在玻璃上放置玻璃毛细管,在毛细管中注入少量的1%～2%锇酸溶液,同时在玻璃上再放置湿标本涂片的载玻片,然后把培养皿盖上,经过1～2 min后把标本从培养皿中取出,并使之干燥。固定的目的在于保持细菌原有形态或结构,杀死细菌,并使染料易于着色,另外使细菌附着于玻片上不易被水冲掉。

(4)染色 染色一般都采用低浓度(1%以下)的染色液。为了使染料与微生物更好结合,有的染料需要加入酚、明矾;有的在染色过程中需要加碘液,以起媒染作用。

(5)脱色 根据某些细菌具有着色后能耐受醇、丙酮、氯仿、酸或碱而不被脱色的特点,对染色标本进行脱色,以资鉴别。常用的脱色剂是95%酒精和3%盐酸溶液。

(6)复染 又称对比染色,起反衬作用。脱色后再用一种染色剂进行染色,与不被脱色部位形成鲜明的对照,便于观察。革兰氏染色在酒精脱色后用复红、石炭酸复红最后进行复染。

(7)水洗 染色到一定的时候,用细小的水流从标本的背面把多余的染料冲洗掉,被菌体吸附的染料则保留。

(8)干燥 着色标本洗净后,将标本晾干,或用吸水纸把多余的水吸去,然后晾干或微热烘干。用吸水纸时,切勿使载玻片翻转,以免将菌体擦掉。

(9)镜检 干燥后的标本用显微镜观察。

3.染色液配制及染色方法 微生物染色方法一般分为单染色法和复染色法两种。前者用一种染料使微生物染色,但不能鉴别微生物。复染色法是用2种或2种以上染料,有协助鉴别微生物的作用,故亦称鉴别染色法。常用的复染色法有革兰氏染色法和抗酸性染色法,此外还有鉴别细胞各部分结构的(如芽孢、鞭毛、细胞核等)特殊染色法。食品微生物检验中常用的是单染色法和革兰氏染色法。

(1)单染色法 用一种染色剂对涂片进行染色,简便易行,适于进行微生物的形态观察。在一般情况下,细菌菌体多带负电荷,易于和带正电荷的碱性染料结合而被染色。因此,常用碱性染料进行单染色,如美蓝、孔雀绿、碱性复红、结晶紫和中性红等。若使用酸性染料,多用刚果红、伊红、藻红和酸性品红等。使用酸性染料时,必须降低染液的pH值,使其呈现强酸性

(低于细菌菌体等电点),让菌体带正电荷,才易于被酸性染料染色。单染色一般要经过涂片、固定、染色、水洗和干燥5个步骤。

碱性美蓝染色法　取美蓝乙醇饱和液(0.3 g美蓝溶于30 mL 95%乙醇中)30 mL,加蒸馏水100 mL及10%氯化钾溶液0.1 mL,混合即成碱性美蓝染液。取已固定的细菌涂片,滴加染液着染1 min,水洗,干燥后镜检。

稀释石炭酸复红染色法　取10 g碱性复红溶于100 mL 95%乙醇中为复红原液,再取1 mL复红原液加9 mL 5%石炭酸溶液即为石炭酸复红原液。然后将石炭酸复红原液用蒸馏水10倍稀释后为稀释石炭酸复红染色液。染色方法同碱性美蓝染色法。

染色结果依染料不同而不同。①石炭酸复红染色液:着色快,时间短,菌体呈红色。②美蓝色液:着色慢,时间长,效果清晰,菌体呈蓝色。③草酸铵结晶染色液:染色迅速,着色深,菌体呈紫色。

(2)革兰氏染色法　革兰氏染色法是细菌学中广泛使用的一种鉴别染色法,1884年由丹麦医师Gram创立。

原理　细菌先经碱性染料染色,而经碘液媒染后,用酒精脱色,在一定条件下有的细菌此色不被脱去,有的可被脱去,因此可把细菌分为两大类,前者叫做革兰氏阳性菌(G^+),后者为革兰氏阴性菌(G^-)。为观察方便,脱色后再用一种红色染料如碱性复红等进行复染。阳性菌仍带紫色,阴性菌则被染上红色。有芽孢的杆菌、绝大多数的球菌、所有的放线菌和真菌都呈革兰氏正反应;弧菌、螺旋体、大多数致病性的无芽孢杆菌都呈现负反应。

染色液　①第一染液:取结晶紫乙醇饱和液(2 g结晶紫溶于95%乙醇20 mL内)20 mL加1%草酸铵水溶液80 mL,混匀。②第二染液:碘1 g、碘化钾2 g加少许蒸馏水,充分振摇,溶解后加蒸馏水300 mL。③第三染液:95%乙醇。④第四染液:10倍稀释的石炭酸复红液或2%沙黄溶液。

染色方法　革兰氏染色法一般包括初染、媒染、脱色、复染等4个步骤。具体操作方法为:已固定的细菌涂片,滴加第一染液染1 min,水洗;滴加第二染液媒染1 min,水洗。将玻片上的残水甩掉,滴加第三染液脱色,至没有明显紫色继续脱掉为止,水洗;然后用第四染液复染10～30 s;干燥,镜检。

结果　革兰氏阳性菌呈紫色,阴性菌呈红色。

(3)抗酸染色法

原理　绝大多数细菌较容易被一般染料所染色,但结核菌就例外,由于抗酸菌含有分枝菌酸,可与石炭酸复红牢固结合,不易被盐酸酒精脱色。另外保持菌体表面的完整结构也是抗酸性的重要条件,因其不允许被石炭酸复红染上的类脂质外溢,所以抗酸菌经脱色仍保持红色,非抗酸菌被复染为蓝色。

染色液　①萋-尼氏石炭酸复红液(Ⅰ液):碱性复红酒精饱和液(碱性复红8 g,5%酒精100 mL中)10 mL,加5%石炭酸溶液90 mL混匀。②3%盐酸酒精(Ⅱ液):取浓盐酸3 mL,加95%酒精97 mL,混匀。③碱性美蓝液(Ⅲ液):取0.3 g美蓝溶于30 mL 95%乙醇中,再加入蒸馏水100 mL及10%氢氧化钾水溶液0.1 mL,混匀。

染色方法　将已固定的细菌涂片滴加Ⅰ液,用火焰微微加热至发生蒸气约3 min(防止染液蒸发干,必要时可续加Ⅰ液数滴),水洗;用Ⅱ液脱色1 min,直到涂片无色脱出或稍呈粉红色为止,水洗;再滴加Ⅲ液复染1 min,水洗,干后镜检。

(二)微生物培养技术

1.常用培养基的制作

(1)培养基配制的基本程序　按一定配方称各种物质→溶解→测定及调整 pH 值→过滤→分装→灭菌、备用。

(2)常用培养基的种类　按用途可分为:①基础培养基:含有细菌所需要的最基本营养成分,可供大多数细菌生长。最常用的是肉汤培养基与普通琼脂培养基。②营养培养基:在基础培养基中加入一些血液、血清等营养物质,可供营养要求较高的细菌生长,如血琼脂平板。③鉴别培养基:利用各种细菌分解的作用物及其代谢产物的不同,可应用含有一定作用物和指示剂的培养基来培养细菌,作鉴别细菌之用,如糖发酵培养基。④选择培养基:利用细菌对各种化学物质的敏感性不同,在培养基中加入一定的化学物质,抑制非目的细菌生长,有利于需要分离细菌的生长,如 SS 琼脂平板。⑤厌氧培养基:厌氧菌必须在无氧的环境中才能生长。造成厌氧环境的方法较多,如在培养基中加入动物组织(如肉渣)或还原性化学物质(如巯基乙酸钠、半胱氨酸等),并在培养基表面用凡士林或石蜡封住,使与外界空气隔绝。常用的厌氧培养基有肉渣(疱肉)培养基。

按物理性状可分为:①液体培养基。②固体培养基:在液体培养基中加入 2%～3%琼脂,固体培养基倾倒平皿上即成"平板",倾入试管内即可制成"斜面培养基"。③半固体培养基:当液体培养基内加入 0.2%～0.5%琼脂时即成之。

(3)常用培养基的制备

肉汤培养基　是常用的液体培养基,也是制备某些其他培养基的基础。

材料　牛肉 50 g、蛋白胨 1 g、氯化钠 0.5 g、磷酸氢二钾($K_2HPO_4 \cdot 12H_2O$)0.1 g、蒸馏水 100 mL(制备 100 mL 肉汤培养基的用量)。

方法　先将已去筋膜脂肪并经绞碎鲜牛肉 50 g,加蒸馏水 100 mL,放入冰箱中过夜;45～50℃加热 1 h,并煮沸 30 min,用数层纱布或滤纸过滤,滤液用蒸馏水补至 100 mL;于滤液中加氯化钠 0.5 g、蛋白胨 1 g、磷酸氢二钾 0.1 g,加热使之完全溶化;测定酸碱度并调整至 pH 7.6,必要时用滤纸过滤;按需要分装于试管或烧瓶内,加棉花塞并包装后,置高压蒸气灭菌器内经 15 磅/寸灭菌 20～30 min;灭菌后置 37℃温箱孵育 24 h,无杂菌生长,即可应用。或放冰箱备用。

普通琼脂培养基　它是最常用的固体培养基。

材料　肉汤、琼脂。

方法　在肉汤中加入 2%琼脂,熔化后调整 pH 值至 7.6,必要时用棉花纱布过滤;于琼脂凝固前,分装于试管或小烧瓶内,然后加棉塞并包装;放入高压蒸气灭菌器内,经 15 磅/寸灭菌 20 min;取出,将试管斜摆,琼脂凝固后即成普通琼脂斜面。将烧瓶内琼脂培养基在未凝固前以无菌操作注入无菌平皿内,凝固后即成普通琼脂平板,倾注时应严格要求无菌操作。琼脂的温度应在 50℃左右为宜。如温度过高则平皿内凝水过多易致污染;过低则琼脂凝固而致培养基表面不平滑。将琼脂斜面及平板放入 37℃温箱内,孵育 24 h,若无菌生长,即可应用或放入冰箱保存备用。

半固体培养基

材料　肉汤、琼脂。

方法　在肉汤中加入 0.5%的琼脂,熔化后分装于小试管中,每管约 2 mL,加棉塞及包

装。然后放入高压蒸气灭菌器内,经 15 磅/寸 30 min 灭菌。取出直立,待凝固后即成半固体培养基,放 37℃温箱 24 h,若无菌生长,即可应用,或放入冰箱保存备用。

血液琼脂培养基 有些细菌营养要求较高,在普通琼脂培养基上生长不良,可用血液琼脂培养基进行培养。

材料 普通琼脂培养基、血液。

方法 将制好的普通琼脂培养基加热熔化,待冷至 50℃时以无菌操作加入 5%～10%脱纤维兔血或羊血,混匀,分注于灭菌试管或平皿中,制成血液琼脂斜面或血液琼脂平板,放于 37℃温箱 24 h,若无菌生长,即可应用,或放入冰箱保存备用。

2. 微生物接种的方法

(1)斜面接种 从已长好微生物的斜面中挑取少量菌种接种至另一空白斜面培养基上,其步骤为:①接种前用记号笔在距试管口 2～3 cm 位置上,注明菌名、接种日期等。②将试管放于手掌中,并用手指夹住,使两支试管呈"V"字形。③用火焰将接种环烧红,然后将接种环来回通过火焰数次。④用小指、无名指和手掌拔下试管塞,并持于手中。⑤将试管口在火焰上微烧一周。⑥将烧过的接种环伸入菌种管内,先将环接触一下没有长菌的培养基部分,使其冷却,以免烫死菌体,然后用环在菌苔上轻轻地接触,刮下少许培养物,并将接种环慢慢地从试管中抽出,并迅速地伸入另一试管中,在斜面上划线(波浪或直线),使菌体黏附在培养基上。⑦将接种环抽出,灼烧管口。⑧塞上棉塞。⑨将接种环经火焰灼烧灭菌。

(2)液体接种 将斜面菌种接种在液体培养基中,其步骤为:①接种前用记号笔在距试管口 2～3 cm 位置上,注明菌名、接种日期等。②将试管放于手掌中,并用手指夹住,使两支试管呈"V"字形。③用火焰将接种环烧红,然后将接种环来回通过火焰数次。④用小指、无名指和手掌拔下试管塞,并持于手中。⑤将试管口在火焰上微烧一周。⑥将接种环抽出,灼烧管口。⑦塞上棉塞。⑧将接种环经火焰灼烧灭菌。

(3)穿刺接种 这是常用来接种厌氧菌,检查细菌运动性,或保存菌种的一种接种方法,接种工具用接种针。接种方法同(2)。

(4)平板接种

划线接种法 ①倒置平板:将融化的琼脂培养基冷却至 45℃左右,在酒精灯火焰旁,以右手的无名指及小指夹持棉塞,左手打开无菌培养皿的盖的一边,右手持三角瓶向皿里注入 10～15 mL 培养基。将培养皿稍加旋转摇动后,置于水平位置待凝。②划线:在酒精灯火焰上灼烧接种环,待其冷却后,以无菌操作取一环待分离的菌液。划线时,琼脂平板可放在台子上也可以持在手中。左手握琼脂平板,在火焰附近稍抬起皿盖,右手持接种环伸入皿内,在平板上的一个区域沿"之"字形来回划线。划线时,使接种环与平板表面成 30°～40°角轻轻接触,以腕力使接种环在琼脂表面作轻快滑动,勿划破表面。灼烧接种环,待其冷却后,将手中培养皿旋转约 70°角,用接种环在划过线的第一区域接触一下,然后在第二区域进行划线,并以此对第三和第四区域进行划线。③培养观察:划线完毕后,在皿底用记号笔注明菌种名称、日期、姓名(或学号),将整个培养皿倒置放入 28～30℃恒温培养箱中培养。48～72 h 后,观察并记录单菌落的生长和分布情况。

倾注平板法 ①编号:取 6 支试管盛有 4.5 mL 无菌水的试管排列于试管架上,依次标上 10^{-1},10^{-2},10^{-3},10^{-4},10^{-5},10^{-6} 字样。②稀释:以 1 mL 无菌吸管按无菌操作从样品管中吸取 0.5 mL 菌液于 10^{-1} 试管中,然后用另一吸管在 10^{-1} 试管中来回吹吸 3 次,使其混合均匀,

制成 10^{-1} 稀释液。再用此吸管从 10^{-1} 管中吸取 0.5 mL 稀释液注入 10^{-2} 管中，依次制成 10^{-2}，10^{-3}，10^{-4}，10^{-5}，10^{-6} 稀释液。③加样：用 1 mL 无菌吸管分别吸取 10^{-4}，10^{-5}，10^{-6} 稀释液 1 mL 注入已编好号的 10^{-4}，10^{-5}，10^{-6} 号无菌培养皿中。④倾注平板：将融化后冷至 45℃左右(以手持三角瓶，不觉烫手为宜)的琼脂培养基，向加有稀释液的各培养皿中分别倒入 10～15 mL，迅速旋转培养皿，使培养基和稀释液充分混匀，水平放置，待其凝固后，倒置于 28～30℃恒温箱中培养。⑤观察结果：48～72 h 后，观察并记录各平板上菌落生长和分布情况，确定哪个稀释度最合适。

涂布接种法　①平板制备。②将菌液适当稀释。③用 1 mL 无菌吸管吸取经适当稀释的菌液 0.2 mL 加入平板中。④用无菌涂棒在各平板表面均匀涂布。

三点接种法　要获得霉菌的单菌落，宜在平板上用三点接种法接种。即用接种针粘取少量霉菌孢子，在琼脂平板上点成等边三角形的 3 点。经培养后，每皿形成 3 个菌落。其优点不但在一个培养皿上同种菌落有 3 个重复，更重要的是在菌落彼此相接近的边缘，常留有一条狭的空白地带，此处菌丝生长稀疏，较透明，还分化出稀落的典型子实器，因此可以直接把培养皿放在低倍镜下观察，便于根据形态特点进行菌种的鉴定。这是单点接种法所难以做到的。

用接种针从菌种斜面上分别挑取少量菌种孢子(产黄青霉、构巢曲霉等)，点接到对应的平板上。操作要点为：①标明 3 点位置，欲使点接的 3 点分布均匀，可用记号笔先在平板底部以等边三角形状标上 3 点。②取接种针，拿接种针，先在火焰上烧红灭菌，并在平板培养基的边缘冷却且蘸湿。③粘取孢子，将灭过菌并蘸湿的接种针伸入菌种管，用针尖粘取少量霉菌孢子。④点接，以垂直法或水平法把接种针上沾着的孢子以垂直的方向轻轻地点接到平板培养基表面预先做好标记的部位。注意在点接时切勿刺破培养基。

3. 微生物的培养　将上述接种好的斜面和平板于恒温箱中培养(细菌 37℃、霉菌 25～28℃)，平板应倒置；48 h 后开始观察生长情况。

4. 实验内容　用大肠杆菌接种斜面；用大肠杆菌进行液体接种；用大肠杆菌进行穿刺接种；用啤酒酵母进行划线接种；用大肠杆菌菌液进行涂布接种；用产黄青霉进行三点接种。

5. 结果与观察　检查接种后培养物的生长情况和染菌情况；将实验结果填入表 17-1；绘出平板上出现的菌落的生长和分布情况；选择一典型菌落描述菌落特征(表 17-2)。

表 17-1　微生物培养情况表

培养物	生长情况(＋或－)	染菌情况(＋或－)
斜面		
液体		
半固体		

表 17-2　微生物生长情况记录

	大肠杆菌	啤酒酵母	产黄青霉
绘图			
形状			
突起			
色素			
大小			

四、分析讨论

1. 微生物染色的基本原理是借助物理因素和化学因素的作用而进行的。物理因素如细胞及细胞物质对染料的毛细现象、渗透、吸附作用等。化学因素则是根据细胞物质和染料的不同性质而发生各种化学反应。酸性物质对于碱性染料较易吸附，且吸附作用稳固；同样，碱性物质对酸性染料较易于吸附。如酸性物质细胞核对于碱性染料就有化学亲和力，易于吸附。但是，要使酸性物质染上酸性材料，必须把它们的物理形式加以改变（如改变 pH 值），才利于吸附作用的发生。相反，碱性物质（如细胞质）通常仅能染上酸性染料，若把它们变为适宜的物理形式，也同样能与碱性染料发生吸附作用。

细菌的等电点较低，pH 值为 2～5，故在中性、碱性或弱酸性溶液中，菌体蛋白质电离后带阴电荷；而碱性染料电离时染料离子带阳电。因此，带阴电的细菌常和带阳电的碱性染料进行结合。所以，在细菌学上常用碱性染料进行染色。

2. 培养基的制备原则是必须有适当的营养成分，合适的酸碱度，且配制后经灭菌后方可使用。培养基灭菌后最好存放于 4℃冰箱中，放置的时间不宜过长。如果在室温下存放超过 7 d 或在 4℃冰箱存放超过 2 周则会影响培养的效果。

3. 微生物的接种技术是动物临床医学研究中的一项最基本的操作技术。由于目的不同，可采用不同的接种方法，如斜面接种、穿刺接种或三点接种等，以获得生长良好的纯种微生物。选择一种好的接种方法，对于微生物的分离、纯化、增殖和鉴别等都很重要，因接种方法的不同，常需采用不同的接种工具，如接种环、接种针、移液管和涂布棒等。为了确保纯种不被杂菌污染，在整个过程中，必须进行严格的无菌操作。

（胡延春）

实习十八　新鲜创和外科感染处理技术

一、实 习 目 的

掌握创伤的检查方法；认识不同类型创伤的临床特征；熟悉新鲜创的治疗方法；掌握化脓感染创和其他外科局部感染的治疗方法。

二、实 习 材 料

1. *动物*　患有新鲜创和化脓感染创的动物各一头。

2. *器材*　听诊器、体温计、毛剪、剃刀、手术刀、外科镊子、探针、灭菌纱布、棉花、卷轴绷带、创钩、缝针、缝线、持针钳、注射器等。

3. *药品*　酒精棉、碘酊棉、0.1%新洁尔灭、0.1%高锰酸钾溶液、生理盐水、0.25%普鲁卡因溶液、青霉素、碘仿磺胺粉、魏氏流膏、奥立甫柯夫氏液、3%过氧化氢溶液、2%甲紫酒精溶液、磺胺乳剂、硫呋液、0.01%呋喃西林溶液、水杨酸氧化锌软膏、2%～3%鱼肝油红汞等。

三、实 习 内 容

(一)创伤的检查

创伤检查的主要目的是确定创伤的性质，决定治疗措施和观察创伤的愈合情况。检查步骤如下：

1. *病史调查*　着重了解创伤发生的时间，致伤物的种类，受伤当时的情况，是否治疗及治疗方法等。

2. *一般检查*　检查创伤动物的体温、呼吸、脉搏，观察可视黏膜色泽和精神状态，检查受伤器官的机能障碍等。

3. *局部检查*　运用视诊、触诊和探诊的方法，按照先外后内的顺序，仔细检查伤部。①视诊创伤部位、大小、形状、裂开程度、方向等，观察创缘、创壁及创面是否平整，有无出血、血块、异物、挫灭及坏死组织、分泌物等，触诊创围皮肤温度、敏感度、紧张度、弹性及移动性、组织的肿胀程度及硬度。②创围剪毛消毒后，运用戴乳胶手套的手指或探针检查创伤部位。主要检查创道的方向、深浅、有无异物、脓液、血块及创囊的存在。③对新发生的创伤，着重检查出血情况，组织挫灭情况及创道内有无异物存留。④对化脓性感染创，主要检查组织的坏死情况，脓汁的颜色、气味、黏稠度、数量和排流情况。⑤对出现肉芽组织的创伤，应重点检查肉芽的颜色、性质及生长情况。

(二)新鲜创的治疗

1. *治疗原则*　及时止血，消除污物，尽早的实行清创术，力争第一期愈合。

2. 治疗步骤与方法

(1)止血　根据出血的种类、性质及程度,采取适当止血方法,尽早彻底止血。

(2)清洁创围　以灭菌纱布覆盖创口后,在创围进行剃毛,消毒。

(3)清创术　以手术方法修整创缘、创面,使其平整便于愈合;扩大创口以清除创囊;除去创内异物、血块及挫灭组织,然后以灭菌生理盐水(或0.01%呋喃西林溶液、0.1%利凡诺溶液),反复冲洗,直至干净为止,并用灭菌纱布吸干残留药液。对浅在性未受污染又无挫灭组织的创伤则不必进行手术处理。

(4)缝合及包扎　经外科处理且创面整齐的新鲜创应密闭缝合,外置结系绷带。如组织损伤严重、创腔较大的,缝合时创口下角应留排液孔,并放置片状或烟式引流装置。

(5)抗感染　损伤严重且污染也严重的创伤,虽经外科处理,仍有可能感染,可采用假缝合或暂时采取开放疗法。清创后,在创内撒青霉素粉或1∶9的碘仿磺胺粉或用硫呋液(0.01%呋喃西林溶液1 000 mL,加硫酸镁10.0～20.0 g配成溶液)湿敷。

(三)化脓性感染创的治疗

治疗原则是防止感染的发展,除去创内异物、坏死组织和脓汁,促进创伤自家净化,消除创围急性炎症。

1. 清洁创围　同新鲜创。

2. 清洗创面　选择碘双氧水(3%的过氧化氢加入少量碘酊)、0.1%～0.2%高锰酸钾溶液、0.02%呋喃西林溶液、0.1%～0.2%新洁尔灭溶液反复冲洗干净为止。厌氧细菌感染时可用3%过氧化氢溶液或0.5%高锰酸钾溶液冲洗;绿脓杆菌感染时用2%～4%硼酸溶液或2%乳酸溶液冲洗。

3. 处理创腔　为了消除创囊、彻底排脓、除去坏死组织和异物,应根据实际情况,采取扩创术、创伤部分切除术或创伤全切除术。

4. 创伤用药　应选择能加速创伤净化,促使坏死组织脱落,具有抗菌、抗毒、消炎作用,并能抵制创伤酸性环境的药物。如奥立甫柯夫氏液、硫呋液、10%氯化钠溶液、10%～20%硫酸镁或硫酸钠溶液、葱蜜合剂等进行创伤灌注或引流。急性炎症缓和后可应用魏氏流膏、磺胺乳剂等。

(1)奥立甫柯夫氏液　碳酸钠4.0 g、硫酸钠(或硫酸镁)80.0 g、蒸馏水80.0 mL、甘油280.0 mL、碘酊20.0 mL、洋地黄叶浸液180.0 mL。用于创伤引流、灌注。

(2)葱蜜合剂　将葱白4份洗净、捣碎,加入蜂蜜1份调匀,敷于患部,包扎或取汁灌注、引流。

(3)魏氏流膏　松馏油3.0 mL、蓖麻油(或鱼肝油)100.0 mL、5%～10%碘酊5.0 mL。用于创伤引流、灌注。

(4)磺胺乳剂　氨苯磺胺5.0 g、鱼肝油30.0 mL、蒸馏水65.0 mL。进行调制时,将氨苯磺胺置乳钵内研磨成粉末,加入鱼肝油后,研磨成均匀糊状,再加少量蒸馏水迅速研磨,制成初乳,然后分次将所剩蒸馏水加入,边加水边研磨,直至制成白色浑悬液。用于创伤引流、灌注。

(四)疖的治疗

疖是细菌经毛囊和汗腺侵入引起的单个毛囊及其所属的皮脂腺的急性化脓性感染,多为金黄色葡萄球菌或白色葡萄球菌感染所致。初期局部出现热、痛、较坚实、界限明显的圆形肿胀结节,继而病灶顶端出现明显的小脓包,最后逐渐形成小的脓肿,有波动感。初期可外涂

2%～5%的碘酊(小动物用2%,大动物用5%),或涂红霉素软膏或涂鱼石脂软膏等。后期已有脓液形成的,局部排脓消毒,可按脓肿处理。在必要的情况下,局部治疗和全身治疗(全身给予抗生素)相结合,同时加强饲养管理和消除引发疖病的各种原因。

(五)痈的治疗

痈是细菌同时侵入多个相邻的毛囊、皮脂腺、汗腺所引起的急性化脓性感染。其发病范围已侵害到皮下的深筋膜。其致病菌多为葡萄球菌,其次是链球菌,或两者混合感染。痈的初期在患部形成一个迅速增大、有剧烈疼痛的化脓性炎性浸润,局部皮肤紧张、坚硬、界限不清;继而病灶中央区出现多个脓点;以后病灶中央部皮肤、皮下组织坏死脱落,形成大的脓腔。动物常表现寒战、发烧等全身症状。治疗时应采取局部和全身治疗相结合。初期全身应用抗生素,适当休息和补充营养。局部配合使用50%硫酸镁,或用金黄膏等外敷,病灶周围可用普鲁卡因封闭疗法等。

(六)脓肿的治疗

在任何组织或器官内形成外有脓肿膜、内有脓汁潴留的局限性脓腔称为脓肿。引起脓肿的主要细菌是葡萄球菌,其次是化脓性链球菌、大肠杆菌、绿脓杆菌和腐败菌等。

1.脓肿的类型

(1)浅在性脓肿　初期局部肿胀,无明显的界限,局部增温,坚实有疼痛反应;以后肿胀逐渐清晰成局限性,肿胀中央部位首先开始软化;最后整个肿胀软化并呈明显的波动感。

(2)深在性脓肿　由于部位深在,加之被覆较厚的组织,局部增温不易触及。常出现局部皮肤和皮下结缔组织炎性水肿,触诊有疼痛反应和压痕。在压痛和水肿明显处穿刺,抽出脓汁即可确诊或用超声波检查后确诊。

2.脓肿的治疗方法

(1)抑制炎症渗出　脓肿初期,局部肿胀正处于急性炎性细胞浸润期,可局部涂擦樟脑软膏,或用冷疗法(如复方醋酸铅溶液、鱼石脂酒精、栀子酒精冷敷等),以抑制炎症渗出并有止疼作用。

(2)促进脓肿的成熟　当局部炎性渗出停止以及炎症产物无法消散吸收时,局部可用鱼石脂软膏、鱼石脂樟脑软膏等以促进脓肿的成熟。

(3)手术排脓　待局部出现明显的波动时,应进行手术排脓。脓肿常用的手术疗法有:

脓汁抽出法　适用于关节部位脓肿膜形成良好的小脓肿。方法是用注射器将脓肿腔内的脓汁抽出,然后用灭菌生理盐水反复冲洗脓腔,抽净腔内的液体,最后灌注抗生素溶液。

脓肿切开法　脓肿成熟并有明显的波动时,应切开排脓。切口应选择在波动最明显且又容易排脓的部位。按手术常规剪毛消毒,根据实际情况可做局部或全身麻醉。切开前为了防止脓肿腔内压过大脓汁向外喷射,可先用粗针头将脓汁放出部分后再行切开。切开时一定要防止损坏对侧的脓肿膜。深在性脓肿的切开,一定要麻醉确实,分层切开,并对出血的血管进行仔细的结扎或钳夹止血,以防细菌进入血流而扩散。脓肿切开后可按化脓创进行外科处理。在局部治疗的同时,可根据患病动物的实际情况配合全身应用抗生素和对症治疗。

(七)蜂窝织炎的治疗

蜂窝织炎是疏松结缔组织发生的急性弥漫性化脓性感染。引起蜂窝织炎的致病菌主要是溶血性链球菌,其次为金黄色葡萄球菌、大肠杆菌、厌氧菌等。

1.特点　蜂窝织炎常发生在皮下、筋膜下、肌间隙或深部疏松结缔组织。病程发展迅速,与正常组织无明显界限。局部症状主要表现为大面积肿胀，局部增温，疼痛剧烈和机能障碍。常伴有明显的全身症状，主要表现为精神沉郁，体温增高，食欲不振，并出现各系统机能紊乱。

(1)皮下蜂窝织炎　常发生于四肢；病初局部出现弥漫性渐进性肿胀，局部热痛非常明显，肿胀呈捏粉样有压痕；后则变为稍坚实感；局部皮肤紧张，无可动性。

(2)筋膜下蜂窝织炎　常发生于前肢的前臂筋膜下、鬐甲部的深筋膜和棘横筋膜下以及后肢的小腿筋膜下和阔筋膜下的疏松结缔组织中。其临床特征是患部热痛反应剧烈，机能障碍明显，患部组织呈坚实性炎症性浸润。

(3)肌肉间蜂窝织炎　常继发于开放性骨折、化脓性骨髓炎、关节炎症和腱鞘炎症之后。患部肌肉肿胀，肥厚，坚实、界限不清、机能障碍明显，触诊和运动时疼痛剧烈，全身症状明显(体温升高、食欲不振等)。

2. 治疗

(1)局部治疗　最初 24～48 h 以内，当炎症继续扩散，组织尚未出现化脓性溶解时，为了减少炎性渗出，可用冷敷，涂以醋调制的醋酸铅散。当炎症性渗出已基本停止，为促进炎症产物的消散吸收，可用上述溶液温敷。当蜂窝织炎一旦形成化脓性坏死，应尽快切开，并做引流。

(2)全身疗法　早期应用抗生素疗法、磺胺疗法、普鲁卡因封闭疗法，同时加强饲养管理，特别是适当补充些富含维生素的饲料。

四、分析讨论

新鲜创、化脓感染创以及其他外科局部感染是兽医临床常见的外科病之一，学会新鲜创、化脓感染创以及其他外科局部感染的检查诊断方法以及治疗技术，对于作一名合格的兽医临床医生是非常重要的。

(郝满良)

实习十九 骨折固定术

一、实习目的

掌握骨折的诊断方法、骨折的固定技术；熟悉骨折的急救常识。

二、实习材料

1. 动物 患有闭合性骨折和开放性骨折的动物各1头。

2. 器材 X-光机、夹板、石膏绷带、髓内针、接骨板、不锈钢骨栓、贯穿固定器、听诊器、体温计、毛剪、剃刀、手术刀、外科镊子、探针、灭菌纱布、棉花、卷轴绷带、创钩、缝针、缝线、持针钳、注射器等。

3. 药品 酒精棉、碘酊棉、0.1%新洁尔灭、0.1%高锰酸钾溶液、灭菌生理盐水、2%普鲁卡因溶液、青霉素、链霉素、碘仿磺胺粉、魏氏流膏、3%过氧化氢溶液等。

三、实习内容

(一)骨折的临床诊断

根据有外伤史和骨折特有的临床症状，一般不难做出诊断。可根据需要配合使用X线检查、直肠检查、骨折传导音等检查方法。

1. 骨折的临床症状

(1)肢体变形 骨折后的患肢呈弯曲、缩短、延长等异常姿势。诊断时可把健康肢体放在相同位置，仔细观察和测量肢体相关段的长度并两侧对比。

(2)异常活动 正常情况下，肢体完整而不活动的部位，在骨折后负重或作被动运动时，出现屈曲、旋转等异常活动。但肋骨、椎骨、蹄骨等部位的骨折异常活动不明显或缺乏。

(3)骨摩擦音 骨折两断端互相触碰，可听到骨摩擦音或有骨摩擦感。但在不全骨折、骨折部位肌肉丰厚、局部肿胀严重或断端间嵌入软组织时，通常感觉不到。骨骺分离时的骨摩擦音是一种柔软的捻发音。

诊断四肢长骨骨折时，常有一人固定近端后，另一人将远端轻轻晃动，如为全骨折时可以出现异常活动和骨摩擦音，但是这样的诊断不能持续做或反复做，以免加重骨折的程度，拍X光片可以确诊。

(4)骨折的其他症状 骨折除了上述特有症状外，多有出血与肿胀、明显的疼痛、功能障碍等，甚至出现全身症状。

2. X线检查 X线透视对诊断骨折可以清楚地了解到骨折的形状、移动位置情况、骨折后的愈合情况等以及关节附近的骨折和关节脱位作鉴别诊断时，亦常用X线透视或拍片。拍片一般要正位和侧位两个方向，必要时加斜位比较。

3. *直肠检查* 用于大动物的髋骨或腰椎骨折的辅助诊断，常有助于了解到骨折部变形或骨头的局部病理变化。

4. *骨折传导音的检查* 可用听诊器放置于大动物骨折任何一端骨隆起的部位作为收音区，以叩诊锤在另一端的骨隆起部轻轻扣打，病肢体与健康肢体对比。根据骨头传导音的音质与音量的改变，判断有无骨折存在。正常骨头的传导音有清脆实质感，骨折后音变钝而混浊，有时甚至听不清楚。但此方法不适合于小动物。

5. *开放性骨折* 除具有上述变化外，可以见到皮肤及软组织的创伤，骨折断端暴露于外，创内变化复杂，常含有血凝块、碎骨头片或异物等，容易继发感染化脓。

(二)骨折的急救

目的在于用简单有效的方法做现场就地救护。骨折发生后应不让动物走动；严重的骨折常伴有不同程度的休克，开放性骨折有大出血时，首先要制止出血和防治休克；动物疼痛不安或有骚动时，宜使用全身镇静剂，而局部麻醉药或吗啡、哌替啶等止疼药虽然止疼效果确实，但是应用后动物可因无痛感使病肢体做不适当的活动，而加重骨折部位的损伤，故不宜采用。

开放性骨折在使用全身镇静剂后，清创，撒布抗菌药物，随后包扎。

骨折的暂时固定在现场救护中十分重要，它可以减少骨折部位的继发性损伤，减轻疼痛，防止骨折断端移位和避免闭合伤变为开放性骨折。应就地取材，用竹板、木板、树枝、树皮等，将骨折部位上、下两个关节同时固定。装着时要最大限度地起到固定作用并保持病肢体的血液循环不受影响。

处理结束后，用较宽大的汽车，铺厚垫草或棉垫，尽快将骨折动物送到动物医院治疗。性情暴躁的动物可在全身麻醉或应用镇痛镇静剂后再运送。

(三)骨折的治疗

1. *闭合性骨折的治疗* 包括复位与固定、功能锻炼两个环节。

(1)复位与固定 四肢是以骨为支架、关节为枢纽、肌肉为动力进行运动的。骨折后支架丧失，不能保持正常活动。骨折复位是使移位的骨折端重新对位，重建骨的支架作用。时间要越早越好，力求做到一次整复正确。为了使复位顺利进行，应尽量使复位时无痛和肌肉松弛。一般应在侧卧保定下，根据患病动物的种类、损伤的部位和性质，选用局部浸润麻醉或神经阻滞麻醉。牛、羊、猪的后肢骨折可用硬膜外腔麻醉。马属动物或复杂骨折需要进行内固定手术或局部麻醉无效时，可采用全身麻醉；必要时还可以同时使用肌肉松弛剂。一般情况下，如果动物性情温驯、骨骼较单纯、容易整复，可不必麻醉。

闭合复位与外固定 在兽医临床中应用最广，适用于大部分四肢骨骨折。整复前应该使病肢保持于伸直状态。前肢可由助手以一手固定前臂部，另一手握住肘突用力向前方推，使病肢肘以下各关节伸直；后肢则一手固定小腿部，另一手握住膝关节用力向后方推，肢体即伸直。

轻度移位的骨折整复时，可由助手将病肢远端适当牵引后，术者对骨折部托压、挤按，使断端对齐、对正；若骨折部肌肉强大，断端重叠而整复困难时，可在骨折段远、近两端稍远离处各系上一绳，远端也可用铁丝系在蹄壁周围，牛可在第三、第四指(趾)的蹄壁角质部，离蹄底高 2 cm 处，与蹄底垂直，各钻 2 个孔(相距约 2.5 cm)穿入铁丝牵引。

按“欲合先离，离而复合”的原则，先轻后重，沿着肢体纵轴作对抗牵引，然后使骨折的远侧端凑合到近侧端，根据变形情况整复，以矫正成角、旋转、侧方移位等畸形，力求达到骨折前的原位。复位是否正确，可以根据肢体外形、抚摸骨折部轮廓、在相同的肢势下按解剖位置与对侧健肢对比等，观察移位是否已得到矫正，有条件的最好用 X 射线判定。在兽医临床中，粉碎性骨折和肢体上部的骨折在较多的情况下只能达到功能复位，即矫正重叠、成角、旋转，有的病例骨折端对位即使不足 1/2，只要两肢长短基本相等，肢轴姿势端正，角度改变不大，大多数患病动物经较长一段时间后，可逐步自然矫正而恢复功能。

由于骨折的部位、类型、局部软组织损伤的程度不同，骨折端再移位的方向和倾向力也各不相同。因而局部外固定的形式应随之而异。临床常用的外固定方法有：

夹板绷带固定法　采用竹板、木板、铝合金板、铁板等材料，制成长、宽、厚于患部相适应，强度能固定住骨折部的夹板数条。包扎时，将患部清洁后，包上衬垫(棉花)，于患部的前、后、左、右放置夹板，用绷带缠绕固定。包扎的松紧度，以不使夹板滑落和不过度压迫组织为宜。为了防止夹板两端损伤患肢皮肤，里面的衬垫应超出夹板的长度或将夹板两端用棉纱包裹。

国外广泛应用热塑料夹板代替木制夹板作外固定材料，其优点是使用方便，70～90℃热水即可使之软化塑型，在室温下很快硬固成型，重量轻、透水、透气，透 X 线，且有“弹性记忆”，加热后可恢复原状，便于重复使用。

石膏绷带固定法　石膏具有良好的塑形性能，制成石膏管型与肢体接触面积大，不易发生压创，对大、小动物的四肢骨折均有良好固定作用。但用于大动物的石膏管型最好夹入金属板、竹板等加固。

改良的 Thomas 支架绷带，是用小的石膏管型，或夹板绷带，或内固定骨折部，外部用金属支架像拐杖一样将肢体支撑起来，以减轻患部承重。该支架用铝或铝合金管制成(其他金属材料亦可)，管的粗细应与动物大小相适应。支架上部为环形，可套在前肢或后肢的上部，舒适地托于肢与躯体之间，连于环前后侧的支杠(可根据需要和肢的形状做成直的或弯曲的)向下伸延，超过肢端至地面，前后支杠的下部要连接固定。使用时可用绷带将支架固定在肢体上。这种支架也适用于不能做石膏绷带外固定的桡骨及胫骨的高位骨折。

近年来，国内外对石膏的代用材料研究较多。用树脂和玻璃纤维制成的外固定管型具有重量轻、强度高的特点。水固化高分子绷带在室温下浸于水中 30 s 即开始硬化，10 min 可固化成型，30 min 达最大硬度，重量轻，强度高，已在兽医临床上应用。

对大动物四肢骨折，无论用何种方法进行外固定，都须注意使用悬吊装置。例如在四柱栏内，用粗的扁绳兜住动物的腹部和股部，使动物的四肢疲劳时，可伏在和倚在扁绳上休息。可保持骨折部安静，充分发挥外固定的作用，是重要的辅助疗法。

切开复位与内固定　用手术的方法对暴露骨折段进行复位。复位后用对动物组织无不良反应的金属内固定物，或用自体或同种异体骨组织，将骨折段固定，以达到治疗的目的。

切开复位与内固定是在直视下进行手术，以使骨折部尽量达到解剖学复位和相对固定的要求。但是切开复位内固定存在不少缺点，例如手术必须分离一定的组织和骨膜，会破坏骨折血肿和损伤骨膜，导致骨折愈合延迟；局部损伤后易于继发感染，引起骨髓炎；市售人医所用内固定材料对成年牛、马的某些骨折，常因固定不够牢固，术后易于松动、弯曲或破坏而失败；骨折愈合后，某些内固定物需要再次手术拆除、医疗费用较多等，这些缺点大大地限制了它的使用范围。但在兽医临床中，当遇到骨折断端间嵌入软组织，闭合复位困难时，整复后的骨折段有迅速移位的倾向时，特别是四肢上部的骨折、陈旧性骨折或骨不愈合以及用闭合复位外固定不能达到功能复位的要求时，采用切开复位与内固定的方法，无疑是可取的。

单纯的切开复位加用内固定，对成年牛、马常因固定不够牢固而失败，为此，正确地选用内固定方法并结合外固定以增强支持；最大限度地保护骨膜并使骨折部的血液循环少受损害；严格按无菌技术进行手术，积极主动地控制感染，这 3 点是提高治愈率的必要条件。

内固定的方法很多，应用时要根据骨折部位的具体要求灵活选用。

髓内针固定法 这是将特制的金属针插入骨髓腔内固定骨折段的方法。本法术式简单，组织损伤较小，髓内针可回收再用，比较经济。这种方法普遍适用于小动物的长骨骨折、髋骨骨折，对驹和犊也可使用，但需临时加工制作较粗大的髓内针。临床上常用髓内针固定臂骨、股骨、桡骨、胫骨的骨干骨折，适用于骨折端呈锯齿状的横骨折或斜面较小又呈锯齿形的斜骨折等，特别是对骨折端活动性不大的安定性骨折尤为适用。对不安定性骨折，因易于发生骨断端转位，一般不用此法。而对粉碎性骨折，由于不能固定粉碎的游离骨片，也不适于应用此法。

常用的髓内针有各种类型。针的断面有呈圆形的，也有三叶草形、"V"字形或菱形的，还有弯曲形一端带钩的 Rush 针。这些针又按粗细、长短不同分成各种型号。用于小动物的各种髓内针，其尖端有棱锥形的、扁形的和带螺纹的。带螺纹的髓内针可拧入骨端的骨质内，能使骨折断面间密切接触，并产生一定的压力。选择髓内针时，尽可能选用与骨髓腔的内径粗细大致相同的针。对安定型骨折，选用断面呈圆形的髓内针比较方便。对不安定型骨折，如需使用髓内针，可选择带棱角的，能防止断骨的旋回转位，也可使用 Rush 针，通常是从骨的一端插入 2 条，将刺入部、骨折部与骨的另一端呈 3 点固定。如果单用髓内针得不到充分固定时，可考虑并用金属针做全周或半周缝合，以加强固定效果。

对于开放性骨折和非开放性骨折均可应用髓内针固定。用于非开放性骨折时，一般从骨的一端造孔，将髓内针插入。用于开放性骨折时，既可从骨的一端插入，也可从骨断端插入：先做逆行性插入后，再做顺行性插入。

接骨板固定法 是用不锈钢接骨板和螺丝钉固定骨折段的内固定法。

应用这种固定法损伤软组织较多，需剥离骨膜再放置接骨板，对骨折端的血液供应损害较大，但与髓内针相比，可以保护骨痂内发育的血管，有利于形成内骨痂。适用于长骨骨体中部的斜骨折、螺旋骨折、尺骨肘突骨折以及严重的粉碎性骨折、老龄动物骨折等，是内固定中应用最广泛的一种方法。

接骨板的长度和种类，应根据骨折类型选购。特殊情况下需自行设计加工。固定接骨板的螺丝钉，其长度以刚能穿过对侧骨密质为宜，过长会损伤对侧软组织，过短则达不到固定的目的。螺丝钉的钻孔位置和方向要正确。为了防止接骨板弯曲、松动甚至毁坏，绝大多数患病动物需加用外固定，特别是对大动物，并用外固定是必须的。

近年来，在小动物和大动物外科临床上，普通的接骨板固定以被压拢技术取代。所谓压拢技术就是使骨折断端对接的断面之间密切接触，并产生一定的压力，从而使骨折部产生最少的骨痂，达到最迅速的愈合。这种技术一般可采用牵引加压器械来进行。如果没有这种设备，在使用接骨板时，也应注意尽力压紧骨折断端后再拧入螺丝固定。

值得注意的是，近年来人医有报道认为骨折的两个断端在复位时不必完全对合，有 1 mm 的间歇对于骨折的愈合反而有益。

接骨板一般需装着较长时间(成年动物为 4～12 个月)，而于接骨板的直下方，由于长期压迫而脱钙，使骨的强度显著降低。取出接骨板后，其钉孔被骨组织包埋需 6 个月以上。在此期间，应加强护理，防止二次骨折发生。

贯穿术固定法 是用不锈钢骨栓，通过肢体两侧皮肤小切口，横贯骨折段的远、近两端，结合外涂塑料粉糊剂，硬化后，将骨栓连接起来，也可应用石膏硬化剂或金属板将骨栓牢固连接。这是一种内外固定相结合的一种方法。适用于小动物和体重不大的牛、马的桡骨、胫骨中部的横骨折或斜骨折。

根据需要可在骨折段远、近两端各插入2～3根骨栓，骨栓有不同的直径和长度，可按患病动物大小选用。操作要在X射线透视配合下进行。骨栓插入时，皮肤先切一小口，用手动骨钻钻透两层骨密质，于对侧皮肤作同样切开，然后插入带有螺丝帽的骨栓，再分别装上螺丝帽固定。再同一轴线上的螺丝帽间用粗丝线或塑料管串连起来，并用临时配制的塑料粉糊剂涂抹，硬固后即可加固各个骨栓间的连接。经6周到3个月不等，待骨痂形成后拔除骨栓。这种方法的缺点是通常伴发软组织的感染、骨坏死和骨髓炎，但因骨栓贯穿在骨折段以外的骨组织，将不影响骨折部的愈合。在治疗中要定时处理创口，更换绷带。一般待骨栓拔除后，感染化脓即很快停止。

目前，将骨栓用特制的金属连杆连接固定，使用方便，固定效果确实，以应用于大、小动物临床。其特点是，每组骨栓有一定夹角，从外部固定后，可牢固固定骨折段，不易发生变位。同时，它可从骨的一侧加以固定，应用更加广泛。

骨螺丝固定法 适于骨折线长于骨直径2倍以上的斜骨折、螺旋骨折和纵骨折及干骺端的部分骨折。根据骨折的部位和性质，必要时，应并用其他内固定或外固定法，以加大固定的牢固性。骨螺丝有骨密质和骨松质用两种，前者在螺钉的全长上均有螺纹，主要用于骨干骨折；后者的螺纹只占螺钉全长的1/3～1/2，螺纹较深，螺距较大，多用于干骺端的部分骨折。

本法用于骨干的斜骨折时，螺丝插入的方向为把骨表面的垂线与骨折线的垂线所构成的角度分为二等分的方向插入。必要时，用两根或多根螺丝才能将骨折段确实固定。使用骨螺丝时，先用钻头钻孔，钻头的直径应该较螺丝的直径略小，以增强螺丝钉的固定力。

钢丝固定法 一般使用不锈钢丝可根据骨折的具体情况，采用缠绕法或钻孔后缝合法固定骨折部。

移植骨固定法 在四肢骨折时，有较大的骨缺损，或坏死骨被移除后造成骨缺失，应考虑做骨移植。同体骨移植早已成功地运用到临床上，尤其是带血管蒂的骨移植可以使移植骨真正成活，不发生骨吸收和骨质疏松现象。

新鲜的同种异体骨移植的排斥问题尚未解决，而经过特殊处理后的同种异体骨被排斥的可能性大大降低。这种特殊处理法包括冷冻法或冷冻干燥法、脱蛋白和脱蛋白高压灭菌法、脱钙法、钴射线照射法等，而效果较好的是冷冻法和几种方法的综合性应用。

(2)功能锻炼 功能锻炼可以改善局部血液循环，增强骨质代谢，加速骨折修复和病肢的功能恢复，防止产生广泛的病理性骨痂、肌肉萎缩、关节僵硬、关节囊炎等后遗症。它是治疗骨折的重要组成部分。

骨折的功能锻炼包括早期按摩、对未固定关节做被动的伸屈活动、牵行运动及定量使役等。

血肿机化演进期 伤后1～2周内，病肢局部肿胀、疼痛，软组织处于修复阶段，容易再发生移位。功能锻炼的主要目的是促进伤肢的血液循环和消肿。可在绷带下方进行搓擦、按摩以及对肢体关节做轻度的伸屈活动，也可同时涂擦刺激药。这一时期的最初几天，牛通常要协助起卧，马大多固定在柱栏内，要十分注意对侧健肢的护理。

原始骨痂形成期　一般正常经过的骨折，2周以后局部肿胀消退，疼痛消失，软组织恢复，骨折端已被纤维连接，且正在逐渐形成骨痂。此期的功能锻炼，为了改善血液循环，减少并发症。最好能关在一间小的土地厩舍内，任其自由活动，地面保持清洁干燥；或是开始逐步作牵行运动，根据患病动物情况，每次 10～15 min，每日 2～3 次，10～15 d 后，逐渐延长到 1～1.5 h。一般在最初几天牵行运动后，大多数患病动物可出现全身性反应，而且跛行常常加重，但以后可逐渐好转。

骨痂改造塑型期　当患病动物已开始正常地用病肢着地负重时，可逐步进行定量的轻役，以加强患肢的主动活动，促使各关节能迅速恢复正常功能。

2. 开放性骨折的治疗　新鲜而单纯的开放性骨折，要在良好的麻醉条件下，及时而彻底地做好清创术，对骨折端正确复位，创内撒布抗菌药物。创伤经过彻底处理后，根据不同情况，可对皮肤进行缝合或作部分缝合，尽可能使开放性骨折转化为闭合性骨折，装着夹板绷带或有窗石膏绷带暂时固定。以后逐日对患病动物的全身和局部作详细观察。按病情需要更换外固定物或作其他处理。

软组织损伤严重的开放性骨折或粉碎性骨折，可按扩创术和创伤部分切除术的要求进行外科处理。手术要细致，尽量少损伤骨膜和血管。分离筋膜，清除异物和无活力的肌、腱等软组织以及完全游离并失去血液供给的小碎骨片。用骨钳或骨凿切除已污染的表层骨质和骨髓，尽量保留与骨膜和软组织相连，且保留有部分血液供给的碎骨片，大块的游离骨片应在彻底清除污染后重新植入，以免造成大块骨缺损而影响愈合，然后将骨折端复位。如果创内已发生感染，必要时可作反对孔引流。局部彻底清洗后，撒布大量抗菌药物。按照骨折具体情况，做暂时外固定，或加用内固定，要露出窗孔，便于换药处理。

在开放性骨折的治疗中，控制感染化脓十分重要。必须全身应用足量（常规量的 1 倍）敏感的抗菌药物 2 周以上。

3. 骨折的药物疗法和物理疗法　多数临床兽医认为用一定的辅助疗法，有助于加速骨折的愈合。骨折初期局部肿胀明显时，宜选用有关的中草药外敷，同时结合内服有关中药方剂。

为了加速骨痂形成，增加钙质和维生素亦是需要的。可在饲料中加喂骨粉、碳酸钙和增加青绿饲草等；幼龄动物骨折时可补充维生素 A、维生素 D 或鱼肝油；必要时可以静脉补充钙剂。

骨折愈合的后期常出现肌肉萎缩、关节僵硬、骨痂过大等后遗症。可进行局部按摩、搓擦，增强功能锻炼，同时配合物理疗法如石蜡疗法、温热疗法、直流电钙离子透入疗法、中波透热疗法及紫外线治疗等，以促使早日恢复功能。

四、分析讨论

1. 动物骨折经过治疗后是否能恢复生产能力是必须考虑的问题。由于动物的种类、年龄、营养状况不同，发生骨折的部位、性质、损伤程度不一，外加治疗条件、技术水平等因素，骨折后愈合时间的长短以及愈合后病肢功能恢复的程度有较大差异。除了有价值的种用或贵重的动物，可尽力进行治疗外，对于一般动物，若预测治疗后不能恢复生产性能，或治疗费用要超过该动物的经济价值时，就应该断然作出淘汰的决定。对于犬猫等伴侣动物，骨折通过外固定、内固定进行治疗效果较好。

2. 外固定在兽医临床中应用最多。目前，在治疗骨折中采用中西结合、把固定和活动结合起来的原则，提出固定时应尽可能让肢体关节尚能有一定范围的活动，不妨碍肌肉的纵向收缩。肢体合理的功能活动有利于局部血液循环的恢复和骨折端对向挤压、密接，可以加速骨折的愈合。

（郝满良）

实习二十　瘤胃切开术

一、实 习 目 的

掌握瘤胃切开术的适应症、瘤胃切开术的操作方法和技术要领。

二、实 习 材 料

1. *动物*　反刍动物牛或羊 1～4 头(依据分组情况而定)。

2. *器材*　手术台、无影灯、手术刀、手术剪、手术镊、止血钳、舌钳、持针钳、缝合针、缝合线、创巾、创巾钳、纱布块、手术衣、无菌巾、毛剪、剃刀、灭菌纱布、棉花、听诊器、体温计、注射器等。

3. *药品*　75%酒精棉球、2%～5%碘酊棉球、0.1%新洁尔灭、灭菌生理盐水、0.25%普鲁卡因溶液、青霉素、链霉素等。

三、实 习 内 容

(一)适应症

严重的瘤胃积食,经保守疗法治疗无效;创伤性网胃炎或创伤性心包炎,进行瘤胃切开取出异物;胸部食管梗塞且梗塞物接近贲门者,进行瘤胃切开取出食管梗塞物;瓣胃阻塞、皱胃积食,可做瘤胃切开术进行胃冲洗治疗;误食有毒饲料、饲草,且毒物尚在瘤胃中滞留,急性瘤胃酸中毒等,手术取出毒物并进行胃冲洗;网瓣胃孔角质爪状乳头异常生长者,可经瘤胃切开拔出;网胃内结石、网胃或瘤胃内存留的异物如塑料布、塑料管等,可经瘤胃切开取出结石或异物。

(二)术前准备

对有严重瘤胃臌气者可通过胃管放气以减轻瘤胃臌气;伴有严重水、电解质平衡紊乱和代谢性酸中毒者,术者应给予纠正;对进行胃冲洗者应准备瘤胃内双列弹性环橡胶袖筒、温盐水及导管等。

(三)麻醉

局部浸润麻醉或椎旁、腰旁神经传导麻醉。

(四)保定

一般采用站立保定,也可进行右侧卧保定。

(五)手术通路

1. *左肷部中切口*　为瘤胃积食的手术通路,一般体型的牛还可兼用于网胃内探查、胃冲洗和右侧腹腔探查术。

2. *左肷部前切口*　适用于体型较大病牛的网胃内探查与瓣胃阻塞、皱胃积食的胃冲洗术。

必要时可切除最后肋骨作为肷部前切口。

3. *左肷部后切口* 为瘤胃积食兼右侧腹腔探查术的手术通路。

(六)术式

左肷部按常规切开腹壁。切开腹膜时按腹膜切开的原则进行，以免误切瘤胃管。

1. *瘤胃固定与隔离法* 瘤胃固定与隔离法主要有下列4种。

(1)瘤胃浆膜肌层与皮肤切口创缘的连续缝合固定与隔离法

瘤胃固定 显露瘤胃后，用三角缝针带10号丝线作瘤胃浆膜肌层与皮肤切口创缘之间的环绕一周连续缝合。针距为1.5～2 cm，每缝一针都要拉紧缝合线，使瘤胃壁与皮肤创缘紧密贴附在一起。固定瘤胃壁的宽度为8～10 cm，缝毕，检查切口下角是否严密，必要时做补充缝合。

瘤胃黏膜外翻预置缝合线 用三角缝针带10号丝线，在瘤胃预切开线两侧通过瘤胃壁全层各作3个水平纽扣缝合，缝合针再在距同侧皮肤创缘10～12 cm的皮肤上缝合，暂不抽紧打结，在瘤胃切开线两侧，用温生理盐水纱布垫覆盖。

瘤胃切开与黏膜外翻固定 瘤胃切口长度为15～20 cm，在切开线上先用外科刀切一小口，慢慢放出瘤胃内气体，改用手术剪扩大瘤胃切口。在瘤胃切开后，助手将切口创缘两侧的预置缝线抽紧打结，使瘤胃黏膜外翻。

放置洞巾 洞巾系由70 cm正方形的防水材料(如橡胶布、油布、塑料布)制成。洞巾直径15 cm，洞孔弹性环是用弹性胶管或弹性钢丝缝于防水洞孔边缘制成的。应用时将洞巾弹性环压成椭圆形，把环的一端塞入胃壁切口内下缘，另一端塞入胃壁切口内上缘。将洞巾四角拉紧展平，并用巾钳固定在隔离巾上，准备掏取瘤胃内容物和进行瘤胃探查。

(2)瘤胃六针固定和舌钳夹持黏膜外翻法 显露瘤胃后，在切口上下角与周缘，用三角缝针带10号丝线，通过瘤胃的浆膜肌层与临近的皮肤创缘做六针钮孔状缝合，打结前应在瘤胃与腹腔之间，填入浸有温生理盐水的纱布。纱布一端在腹腔内，另一端再腹壁切口处，然后再抽紧六针缝合线，使瘤胃壁紧贴在腹壁切口上。胃壁固定后，在瘤胃壁和皮肤切口创缘之间，填以温生理盐水纱布，以便在胃壁切开、黏膜外翻时胃壁的浆膜面能得到保护，减少对浆膜面的刺激。

胃壁切开的方法为：先在瘤胃切开线的上1/3处用外科刀刺透胃壁，并立即用两把舌钳夹住胃壁的创缘向上向外拉起，防止胃内容物外溢。然后用剪扩大瘤胃切口，并用舌钳固定提起胃壁边缘，将胃壁拉出腹壁切口并向外翻，随即用创巾钳将舌钳柄夹住，固定在皮肤和创巾上，以便胃内容物流出，然后套入橡胶洞巾。

(3)瘤胃四角吊线固定法 此固定法适用于瘤胃内容物较少、瘤胃壁易于向切口外牵引的病例。将瘤胃壁预定切口部位，牵引至腹壁切口外。在胃壁与腹壁切口间，填塞大块灭菌纱布，并保证大纱布牢固的固定在局部。在瘤胃壁切口左上角与右上角，左下角与右下角，依次用丝线穿入胃壁浆膜肌层，做成预置缝线。每一预置缝线相距5～8 cm。切开胃壁，由助手牵引预置缝线使胃壁浆膜紧贴术部皮肤，并将其缝合固定于皮肤上。

(4)瘤胃缝合胶布固定法 显露瘤胃后，用一张70 cm^2、中央带有6 cm×15 cm长方形的塑料布或橡胶洞巾，将瘤胃壁浆膜肌层与中央孔的4个边连续缝合，使中央长方形孔缘紧贴在瘤胃壁上，形成一个隔离区。于瘤胃壁和洞巾下填塞大块生理盐水纱布，将橡胶洞巾4个角展平固定在切口周围，在长方形孔中央切开瘤胃。

4种瘤胃固定方法的比较:第一种方法隔离严密,对瘤胃切口与皮肤切口机械摩擦极少,适用于大量瘤胃内容物取出与胃冲洗,但要求腹壁切口较大;第二种方法操作简单,但是用舌钳较多;第三种方法操作简便,适用于瘤胃内容物较少不需取出瘤胃内容物的网胃探查与异物取出;第四种方法操作简单,腹壁切口小,缺点是瘤胃切口未作外翻,手臂出入切口时刺激磨损较大。

2.胃腔内探查与各种类型病区的处理 瘤胃切开后即可对瘤胃、网胃、网瓣胃孔、瓣胃及皱胃、贲门等部位进行探查,并对各种类型病区进行处理。

(1)瘤胃腔内探查与处理

对由于甘薯藤、花生秧、麦秸等粗纤维引起的瘤胃积食,可取出为内容物总量的1/2～2/3。缠结成团的应立即取出,剩余部分掏松并分散在瘤胃各部。

对泡沫性瘤胃臌气,应在取出部分胃内容物后,用等渗温盐水灌入瘤胃,冲洗胃腔,清除发酵的胃内容物。

对饲料中毒病例(如有毒饲料、饲料中混有农药、黑斑病甘薯等),可在早期进行手术,将有毒胃内容物取出,剩余部分用大量温盐水冲洗,并放置相应的解毒药。为了加速毒物的排出,可进行胃冲洗,将瓣胃、皱胃内容物尽早洗出。

(2)贲门的探查 贲门开口于前背盲囊的瘤胃前庭。贲门口可插入3～4个手指,黏膜光滑。当牛发生胸部食管梗塞时,其梗塞部多靠近贲门口5～6 cm出的食管内。当用保守疗法无效时,可做瘤胃切开术,经贲门用手直接取出梗塞物,或用异物钳经贲门取出梗塞物,手术效果良好。

(3)网胃腔内探查与处理 术者手自瘤胃前背盲囊向前下方,经瘤网胃孔进入网胃。首先检查胃前壁和胃底部每个多角形黏膜隆起褶——网胃小房有无异物刺入(如针、钉、钢丝等),胃壁有无硬结和脓肿等,并采取相应的措施。手抓住网胃前壁向网胃腔内提拉,可确定网胃与膈有无粘连。自网胃硬结与附近组织形成索状瘘管,可判定其异物穿出后所损伤器官的位置。

网瓣胃孔的探查与处理:网瓣胃孔位于网胃右侧稍下方,口径有3～4指宽,在开张状态下手可通过。手术中有时发现网瓣胃孔角质爪状乳头增生,增生的乳头似鸟爪状,棕色而硬如皮革,约3 cm长,其上半部粗硬,下半部稍软,易于拔除,乳头根部呈淡白色。异常生长的角质爪状乳头一般有15～20根,能引起网瓣胃孔狭窄,使瘤胃内容物通过受阻,临床上常表现前胃弛缓的症状。对此增生的乳头应将其拔除。拔除后无出血或其他并发症,手术效果良好。

(4)瓣胃阻塞的探查与处理 于瘤胃腔的右侧前肌柱附近,隔瘤胃壁触诊瓣胃体积。网瓣胃孔常呈开张状态,孔内与瓣胃沟中充满干涸内容物,瓣胃叶间嵌入大量干燥如茶砖或豆饼样硬度的内容物,可用胃冲洗进行治疗。

瓣胃冲洗前,先将瘤胃基本掏空,然后左手进入网瓣胃孔内,取出网瓣胃孔内和瓣胃沟内部分干涸内容物后,将双列弹性环的橡胶排水袖筒洞巾套入瘤胃腔内,然后术者左手持胃导管的一端带入网瓣胃孔内,导管另一端在体外连接漏斗向瓣胃内灌注大量温盐水,以泡软瓣胃沟及瓣胃叶间的内容物,泡软冲散下来的内容物随水反流至网胃和瘤胃腔内。在瓣胃叶间干涸的内容物未全部泡软冲散前,切忌疏通开瓣皱胃孔,以免灌注的水大量涌入皱胃并进入肠腔造成不良后果。由于其解剖特点,瓣胃左上方叶间干涸的内容物最难泡软冲散,手指的指端也难以触及到该位。应将手退回到瘤胃腔内,在前肌柱下部隔瘤胃壁按压瘤胃的左上角,以促使瓣胃叶间干涸的物质松散脱落。经反复、大量的温水灌注冲洗和手指对干涸物质的松动,可将瓣胃内容物全部冲散除尽。大量冲洗瓣胃反流到瘤胃腔内的液体，不断地经瘤胃内套入的双列弹性橡胶排水袖筒排出，冲洗用水量为 100～200 kg。

(5)皱胃积食的胃冲洗法　皱胃积食常继发瓣胃梗塞，因此胃冲洗的步骤应先冲洗瓣胃。待瓣皱胃孔内干涸内容物被冲洗以后，手持胶管端进入皱胃内继续冲洗，一边灌注温水，一边用手松动皱胃内干涸胃内容物。皱胃后半部干硬物，在体形较大的牛，手难以直接触及松动皱胃内容，主要依靠温盐水浸泡冲洗与体外撬杠按摩的方法松动解除。也可在瘤胃腹囊处，隔瘤胃壁对皱胃进行按摩。在皱胃幽门部阻塞物冲开前，一定要基本解除瓣胃和皱胃的干涸阻塞物后，方可将皱胃幽门部阻塞物冲开，至此皱胃积食的胃冲洗术即告结束。

将瘤胃、网胃腔内过多的液体，经胶管虹吸至体外，剩余在瘤胃腔内的液体水平面，在瘤胃腔的下 1/3 处。向瘤胃腔内填入 1.5～2 kg 青干草与健牛瘤胃内容物，以刺激瘤胃恢复收缩蠕动能力，促进反刍。撤除双列弹性环橡胶排水袖管，准备胃壁缝合。

3. 胃壁缝合　清理瘤胃创口与胃壁缝合病区处理结束后，除去橡胶洞巾，用生理盐水冲净附着在瘤胃壁上的胃内容物和血凝块。拆除纽孔状缝合线，在瘤胃壁创口进行自下而上的全层连续缝合，缝合要求平整、严密，防止黏膜外翻。

用生理盐水再次冲洗胃壁浆膜上的血凝块，并用浸有青霉素、盐酸普鲁卡因溶液的纱布覆盖已缝的瘤胃创缘上，拆除瘤胃浆膜肌层与皮肤创缘的连续缝合线，与此同时，助手用灭菌纱布抓持瘤胃壁并向腹壁切口外牵引，以防当固定线拆除完了后瘤胃壁向腹腔内陷落。再次冲洗瘤胃壁浆膜上的血凝块，除去遗留的缝合线头及其他异物后，准备瘤胃壁的第二层伦贝特缝合，此阶段由污染手术转入无菌手术。手术人员重新洗手消毒，污染的器械不许再用。对瘤胃进行连续伦贝特氏或库兴氏缝合。

4. 常规缝合腹部切口

(七)术后治疗与护理术

术后禁食 36～48 h 及以上，待瘤胃蠕动恢复、出现反刍后开始给少量优质的饲草。术后 12 h 即可进行缓慢的牵遛运动，以促进胃肠机能的恢复。术后不限饮水，对术后不能饮水者根据动物脱水的性质进行静脉补液。术后 4～5 d 内，每天使用抗生素。术后还应注意观察原发病消除情况，有无手术并发症，并根据具体情况进行必要的治疗。

(郝满良)

实习二十一　动物去势术

一、实 习 目 的

熟悉动物生殖腺的解剖位置和结构；掌握动物去势术的步骤和方法。

二、实 习 材 料

1. 动物　马(公)、牛(公)各1匹(头)；羊(公)、猪(母)、鸡(公)、犬(公、母)各若干。

2. 器材　保定器械、外科刀、特制去势刀、小挑刀、大挑刀、外科镊、外科剪、止血钳、持针钳、固定钳、去势烙铁、剪毛剪、剃毛刀、创钩、缝针、灭菌纱布、脱脂棉、缝合线等。

3. 药品　0.25％普鲁卡因注射液、氨水、0.1％新洁尔灭、酒精棉、碘酊棉、青霉素、链霉素、磺胺粉、破伤风类毒素或抗破伤风血清等。

三、实 习 内 容

(一)公马去势术

公马去势力的适宜年龄是2～4岁。年龄过小，对生长发育有一定影响；年龄过大，精索太粗，术后容易发生出血或慢性精索炎，且马的习惯业以形成，对术后性情调教不利。

1. 局部解剖

阴囊：马的阴囊位于耻骨前下方，股内侧，由皮肤、肉膜及肉膜下筋膜3层组成。阴囊皮肤正中线上有一条阴囊缝际。肉膜沿阴囊正中平面形成阴囊膈，将阴囊分成左右两半。

睾外提肌：位于总鞘膜外。

总鞘膜：位于肉膜内面，是腹膜壁层及贴附于其外的腹横筋膜，经腹股沟管延伸至阴囊腔内形成的。在阴囊后部(相当于鞘膜韧带处)总鞘膜与肉膜之间有阴囊韧带，使它们在此处紧密相连。在被睾去势时必须剪断阴囊韧带，才能使肉膜下筋膜与总鞘膜分离。在阴囊内，总鞘膜与固有膜之间形成鞘膜腔；在腹股沟管内形成鞘膜管。鞘膜腔经鞘膜管与腹腔相通。

固有鞘膜：是腹膜的脏层，与睾丸和副睾的白膜紧密相连。固有鞘膜在副睾尾及整个精索后缘与总鞘膜紧密相连，该连接部叫做睾丸系膜，睾丸系膜下部的加厚部分称为阴囊韧带。去势前剪断阴囊韧带，撕开睾丸系膜，睾丸即下垂不能退缩回。

睾丸及附睾：马的睾丸呈前后长的椭圆形，背侧缘与附睾紧密相连，前端背侧接附睾头，后端背侧接附睾尾。

精索：呈扁平圆锥形，上起于鞘膜管内口，下至睾丸及附睾。精索前部包含精索内动脉、精索内静脉及其蔓状丛、睾丸提肌、精索神经丛及淋巴管，精索后部有输精管。

腹股沟管及鞘膜管：腹股沟管是一个漏斗状的肌肉缝隙，位于腹股沟部的腹内斜肌和腹外斜肌之间，管长 10 cm 左右。它有内、外两个口，外口叫皮下环，是一个长 10～13 cm 的裂缝；内口叫腹环，呈椭圆形，长径有 3～4 cm。鞘膜管是腹膜延续部分，即总鞘膜被覆在腹股沟内形成，它也有内、外两个口，内口与腹腔相通，外口与鞘膜腔相通，管内有精索，管的直径为 2～4 cm。

2. 术前检查和准备　为了保证手术的正常进行，在去势前必须对公马进行全面仔细的临床检查，以避免事故的发生。同时要对生殖器官的发育、阴囊及腹股沟区做详细检查。要通过直肠检查，确定腹股沟内环的长度和宽度，如能伸入 3 个手指，去势时肠管即有从腹股沟管脱出的危险，宜采取被睾去势术。

去势前两周应注射破伤风类毒素，或在手术当日注射抗破伤风血清 2 万～3 万 IU 和类毒素 3～5 mL，以防破伤风的发生。

术前绝食 12 h，6 h 前限制饮水。选择好手术场地，并清扫、消毒。

3. 保定　用单绳倒马法或双环倒马法，用手术台保定；也可行左侧横卧保定，右后肢前方转位。

4. 消毒及麻醉　术部剃毛作常规消毒后，用 2%～3% 普鲁卡因溶液进行精索内传导麻醉，皮肤切口作直线浸润麻醉。对烈性马可做全身麻醉。

5. 术式　根据去势时是否切开总鞘膜而分为露睾去势法和被睾去势法两种。

(1)露睾去势法

固定睾丸　术者用左手握住阴囊颈部，使阴囊皮肤紧张，将睾丸挤于阴囊底部。必要时，以灭菌纱布结扎阴囊颈部，固定睾丸。

切开阴囊及总鞘膜　在阴囊缝际两侧 1.5～2 cm 处平行缝际切开阴囊壁及总鞘膜。切口长度以睾丸的横径能自由露出为度，如有粘连应仔细剥离。

剪断阴囊韧带　睾丸露出后，术者用右手固定睾丸，左手将阴囊及总鞘膜推向腹壁方向，在附睾尾上方找到阴囊韧带，由助手剪断。然后术者顺剪口方向分离睾丸系膜，睾丸即下垂不再缩回。

除去睾丸　结扎法：术者左手将总鞘膜和皮肤向腹壁方向适当推动，以充分显露精索。在睾丸上方 6～8 cm 处的精索上，用弯圆针系 10 号丝线进行单纯贯穿结扎。结扎精索的结扣一定要打紧，为此，在第一个结扣系紧后，助手用止血钳立即将结扣夹住，术者再打第二个结扣，当第二个结扣打紧的瞬间，迅即将止血钳撤除，这种操作可以防止结扣的松脱。在结扎线下方 1.5～2 cm 处切断精索，在确认精神索断端不出血后，断端用碘酊消毒，并将精索断端缩回到鞘膜管内。该法的优点是安全、迅速、止血确实。其缺点是如无菌操作不严或缝合线消毒不确实，易引起精索感染。此外，除去睾丸的方法还有捻转法、挫切法、捋断法等，其中结扎法是临床最常用的方法。

(2)被睾去势法　当腹股沟内环过大，露睾去势后有发生肠脱出危险时，宜采取被睾去势法，该法只切开阴囊壁而不切开总鞘膜。将总鞘膜与阴囊壁钝性分离，充分显露被有总鞘膜的精索，在睾丸上方 6～8 cm 处用粗丝线贯穿结扎总鞘膜和精索，在结扎线下方 1.5～2 cm 处切断总鞘膜和精索，去掉睾丸。确认断端无出血后，用碘酒消毒。然后，将断端送至腹股沟管内。在腹股沟管外环上缝合 1～2 针，以防发生疝气。此外，还有榨木法等。

6.术后治疗与护理　术后3～4 h内，将马拴系在安静场地，注意观察有无术后出血和腹腔内容物脱出的情况。上述两种情况多在术后1～4 h内发生。也有在术后36～48 h发生的。术后防止马卧地。从术后第二天起，每天早晚测量马的体温并作牵遛运动30～40 min。在此期间，严禁骑乘和接近母马。1周后可延长牵遛运动的时间，10 d后即可转入正常的饲养和使役。

(二)公牛及公羊去势术

役用公牛1～2岁为宜，育肥牛多在出生后3～6个月去势。公羊去势多在出生后4～6周龄，也有成年时去势的。

1.公牛去势术

(1)麻醉　一般不麻醉或采用普鲁卡因局部麻醉，对性烈公牛可采取全身麻醉。

(2)保定　采用站立保定或侧卧保定。

(3)术式　多采用开放式露睾去势法。术者握住牛的阴囊颈部，将睾丸挤向阴囊底部，在阴囊的后面或前面距阴囊缝际外侧1.5～2 cm处，平行缝际各做一个纵切口，切口下达阴囊底部。一刀切开阴囊各层，挤出睾丸，剪开附睾尾韧带并分离睾丸系膜，充分暴露精索，贯穿结扎精索，在结扎线下方1.5～2 cm处切断精索，去除睾丸。在确认精索断端不出血后，断端用碘酊消毒，将精索断端缩回到鞘膜管内。其他操作步骤及方法同马的去势法。切开阴囊皮肤和总鞘膜的方法除了纵切法外，还有横切法、横断法等。公牛的去势方法还有无血去势钳法、捶阉法等。

(4)术后治疗与护理　手术当日肌肉注射破伤风抗血清。其余参考马的术后治疗与护理。

2.公羊去势术

(1)保定　公羊可用倒提法保定，即保定者用两腿将羊颈夹住，用两手将羊两后肢提起。大羊可用侧卧保定法。

(2)术式　基本同牛的去势法。

(三)公猪去势术

小公猪去势年龄为1～2月龄，体重5～10 kg最为适宜。大公猪则不受年龄和体重的限制。在传染病流行期间和阴囊或睾丸有炎症时，可暂缓去势。对阴囊疝可结合去势进行治疗。

1.小公猪去势术

(1)麻醉　一般不麻醉。

(2)保定　术者右手握住猪的右后肢，左手抓住右侧膝前皱，使其左侧卧，背向术者，术者左脚踩住猪的颈部，右脚踩住尾根。

(3)术式　术部常规消毒后，术者用左手腕部按压猪右侧大腿后部，使其向前方转位，充分暴露术部，同时用中指、食指、拇指捏住阴囊颈部，将睾丸挤向阴囊底部，使阴囊皮肤紧张，将睾丸固定。术者右手持刀，沿阴囊缝际两侧，平行阴囊缝际切开两个切口，切透阴囊壁和总鞘膜，挤出睾丸，切断阴囊韧带，分离精索。然后用右手握住睾丸，以同一方向旋转；与此同时，用左手食指和拇指配合，刮挫精索，直至断离为止。除去两睾丸后，断端涂以碘酊。切口碘酊消毒，切口不用缝合。

2. 大公猪去势术

(1)麻醉　一般不麻醉。

(2)保定　横卧保定,多用左侧卧位。

(3)术式　基本同小公猪。只是除去睾丸前要先贯穿结扎精索,然后去除睾丸。

(四)母猪卵巢摘除术

1. 小挑花(卵巢子宫摘除术)　该法适合于1～3月龄,体重15 kg以内的小母猪。手术前禁止食8～12 h,用小挑刀进行手术。

(1)保定　术者用左手握住小猪左后腿提起,右手捏住左侧膝皱,使猪体右侧卧地,背向术者,用右脚踩住猪的颈部,将左后肢向后拉直,并使肢背侧向上,并用左脚踩住跖部,使其后躯呈半仰卧姿势。

(2)术部　一般在腹下左侧倒数第三乳头外缘,距左侧乳头2～3 cm,与左侧髋结节相对处。但因猪体肥瘦饥饱情况的不同,切口位置略有不同,即所谓"肥朝前,瘦朝后,饱朝内,饥朝外"。

(3)术式　术者用左手中指顶住左侧髋结节,拇指压迫术部,使中指和拇指相对,并达到两指相接的程度,然后用右手持刀切透腹壁,切口长约1 cm。切透腹膜后,即有腹水流出,再抽刀的同时配合以拇指用力加压腹壁,子宫角可自行脱出。当子宫角冒出切口后,用屈曲的左右手食指的第二指节背面压住腹壁,用左右拇食指交替拉出两侧的全部子宫角和卵巢,然后用手指钝性挫断,将其全部摘除。皮肤切口涂布碘酊,一般不做缝合。

(4)术中可能出现的问题

子宫角不能自动冒出　切透腹膜后,不见子宫角冒出的常见原因是保定方法不当,切口位置不准,术者左手拇指按压无力。如果切口位置基本正确,子宫角不冒出时,应在左手拇指紧压术部的配合下,将刀柄钩端伸入腹腔内轻轻作弧形滑动,并向外钩引,子宫角即可冒出。

出血　正常情况下切口出血不多。如遇大出血则是去势刀损伤了腹腔内较大的动静脉所致,应立即停止手术,并采取相应的止血措施。

膀胱圆韧带冒出切口　这是因切口偏后所致。如若切口偏前或饱后施术则可能冒出肠管。如遇着这些情况应用刀柄钩端伸入腹腔向相反方向作弧形滑动,并向切口钩引,以使子宫角冒出。

子宫角和卵巢摘除不全　当子宫角从切口涌出后,用两手导引两侧子宫角和卵巢时,没能运用下压腹壁迫使子宫角涌出的原则,而是用力向外牵引子宫角,小母猪的子宫角细而柔嫩,很容易将左侧子宫角拉断,而将左侧卵巢和右侧子宫角和卵巢遗留在腹腔内。发生这样的情况,应停止手术。待母猪的卵巢发育较大后再进行大挑花手术或用腹白线切开法摘除。

2. 大挑花(单纯卵巢摘除术)　该法适应于3月龄以上,体重在17 kg以上的母猪。在发情期最好不进行此手术,因发情时子宫和卵巢充血,容易造成出血。手术前应禁食6 h以上。阉割用具为大挑刀。

(1)保定　一般采取右侧卧保定,由助手压住猪的颈部并固定两后肢。

(2)术部　由左侧髋关节前方向腹中线引一垂线,再分别由髋结节和膝盖骨前方向最后肋骨与肋软骨交界处各作一条连线,三线所形成的三角区中央即为术部。

(3)术式　术者站于猪的背侧，在术部剪毛消毒后，左手按住切口处皮肤，右手持大挑花刀在术部做一半月形皮肤切口，长 3～4 cm。然后用食指(或用刀柄配合)钝性刺破腹肌及腹膜，将食指伸入腹腔，在背侧由前向后探摸卵巢(卵巢一般位于倒数第二腰椎下方骨盆腔入口的两侧)，摸到卵巢后用手将其钩出。卵巢一旦引出切口外，术者左手食指迅即深入切口内，堵住切口以防卵巢回缩入腹腔内。在左手中指、无名指和小手指屈曲下压腹壁的同时，食指越过直肠下方进入对侧腹腔探查另一个卵巢，同法拉出卵巢。两侧卵巢都引出切口外后，用丝线分别结扎两侧的卵巢悬吊韧带及血管，在卵巢的前后分别做两道结扎，然后切除卵巢；两侧卵巢切除后，消毒切口，缝合 2～3 针。对腹膜、肌肉、皮肤进行全层连续缝合或结节缝合。对个体较大母猪的复辟切口应先缝合腹膜，再缝合肌肉和皮肤。

(五)公犬去势术

1.适应症　本手术适应于犬的睾丸癌或经一般治疗无效的睾丸炎。两侧睾丸都切除适应于良性前列腺肥大和绝育。去势术又用于改变公犬的不良习性，如发情时的野外游走，和别的公狗咬斗，尿标记等。公犬去势术后不改变公犬的兴奋性，不引起嗜睡，也不改变犬的护卫、狩猎和玩耍表演能力。

2.术前准备　手术前对犬进行全面检查，注意有无全身变化，如体温升高、呼吸异常等，如有应待恢复正常后再行手术。还应对阴囊、睾丸、前列腺、泌道尿进行检查，如有感染应等治疗痊愈后再行去势。去势力前应将阴囊部及阴茎包皮鞘后 2/3 区域内的被毛剃去。

3.麻醉　全身麻醉。

4.保定　仰卧保定，两后肢向后外方伸展固定，充分显露阴囊部。

5.术式

(1)显露睾丸　术者用两手指将两侧睾丸推挤的阴囊底部，使睾丸位于阴囊逢际两侧的阴囊最低部。从阴囊最低部的阴囊缝际向前的腹中线上，作 5～6 cm 皮肤切口，依次切开皮下组织。术者左手食指、中指推顶一侧阴囊后方，使睾丸连同鞘膜向切口内突出，并使包裹睾丸的鞘膜绷紧，固定睾丸，切开鞘膜，使睾丸从鞘膜口内露出。术者左手抓住睾丸，右手用止血钳夹持附睾尾韧带，并将附睾尾韧带从附睾尾部撕下，右手将睾丸系膜撕开。左手继续牵引睾丸，充分显露精索。

(2)结扎精索、切断精索、去掉睾丸　用三钳子法，在精索的近心端钳夹第一把止血钳，在第一把止血钳近睾丸端侧的精索上，紧靠第一把止血钳钳夹第二把、第三把止血钳。用 4～7 号丝线，近靠第一把止血钳钳夹精索处进行结扎。当结扎线第一个结扣接近打紧时，松去第一把止血钳，并使线结恰好位于第一把止血钳的精索压痕处，然后打紧第一个结扣和第二个结扣。完成对精索的接扎，剪去线尾。在第二把与第三把钳夹精索的止血钳之间，切断精索。用镊子夹持少许精索断端组织，松开第二把钳夹精索的止血钳，观察精索有无出血，在确认精索断端无出血时，方可松去镊子，将精索断端还纳回鞘膜管内。

在同一皮肤切口内，按上述同样的操作，切除另一侧的睾丸。在显露另一侧睾丸时，切忌切透阴囊中隔。

(3)缝合阴囊切口　用 0～2 号铬制肠线或 4 号丝线缝合皮下组织，用 4～7 号丝线间断缝合皮肤，外打以结系绷带。

5. *术后治疗与护理* 术后阴囊潮红和轻度肿胀，一般不用治疗，伴有泌尿道感染和阴囊切口有感染倾向者，在去势后应给予抗生素治疗。

(六)母犬卵巢子宫切除术

健康犬在5～6月龄较为适宜；成年犬在发情期和怀孕期不能进行手术，可在发情后3～4个月进行手术；幼犬在断奶后6～8周为宜。对因治疗子宫坏死、化脓、肿瘤等疾病而进行的卵巢子宫切除手术，则不受时间限制。术前禁饲12 h以上，禁水2 h以上。对犬进行全身检查。

1. *麻醉* 全身麻醉。

2. *保定* 仰卧保定。

3. *手术通路* 脐后腹中线切口，根据动物体形大小，切口长4～10 cm。

4. *术式*

(1)切开腹腔 沿切口切开皮肤、皮下组织及腹白线、腹膜，显露腹腔。

(2)牵引子宫和卵巢 术者持子宫卵巢切除钩或米氏钳，深入切口内探查右侧子宫角(先探查右侧子宫角，可以避免探查左边子宫角时脾脏对卵巢的干扰)。术者将子宫切除钩或米氏钳的钩端对着腹腔内面，沿着腹壁将钩伸入腹腔背壁，当钩到达腹腔内脊背部时，将钩旋转180°，钩端对着腹壁面，从脊背部沿着腹壁向切口处探查子宫角，将子宫角拉出切口外，用生理盐水纱布覆盖在子宫角上，用手抓持固定，以防缩回腹腔。

术者继续向外牵引子宫角，可显露出子宫角前端的卵巢。继续向外牵引子宫和卵巢，即可显示卵巢悬吊韧带。左手牵引子宫角，右手的食指端向卵巢悬吊韧带的前方和背面进行钝性分离，以便显露足够长度的卵巢悬吊韧带(分离时应仔细，以防撕破卵巢动、静脉血管)。

(3)结扎和切断子宫、卵巢 在卵巢悬吊韧带充分显露后，用“三钳法”切断卵巢悬吊韧带及血管。

在卵巢系膜无血管区切一小口，经过此切口对卵巢悬吊韧带装置3把止血钳。第一把止血钳在紧靠卵巢的悬吊韧带上钳夹，依次在第一把止血钳的外侧(即肾脏侧)的悬吊韧带上装置第二把、第三把止血钳。这样就完全夹闭了卵巢悬吊韧带内的动、静脉血管。在第一把和第二把止血钳之间切断卵巢悬吊韧带和卵巢动、静脉血管，将右侧子宫角和卵巢全部拉出切口外，然后结扎卵巢悬吊韧带的断端。在紧靠第三把止血钳的近肾脏侧的悬吊韧带上，用4～7丝线集束结扎，当第一个结扣接近拉紧时，松去第三把止血钳，使线结正好落在钳痕处，迅即拉紧结扎线并完成第二个结扣。剪去线尾。用镊子夹持卵巢悬吊韧带断端少许组织，再松开第二把止血钳，在确认断端无出血的情况下松去镊子，卵巢悬吊韧带断端迅即回缩到腹腔内。

将右侧子宫角完全拉出切口外，继续向外导引子宫体，从子宫体找到对侧子宫角和卵巢，再按“三钳法”结扎和切断卵巢悬吊韧带。

两侧卵巢和子宫角完全拉出切口外后，显露子宫体，成年犬子宫体两侧的子宫动脉应进行双重结扎后切断。子宫体经过结扎后切断。对于幼犬可将子宫体和子宫体两侧的子宫动脉一起进行集束结扎后切断。

如果手术是单纯绝育手术，只需要卵巢摘除而不必做子宫切除，卵巢摘除前须在卵巢的前后做两道结扎。

(4)缝合腹壁　腹壁切口按常规缝合。

5. *术后治疗与护理*　术后 10～20 d 内限制动物剧烈活动。手术切口用绷带包扎,防止动物舔咬切口。术后前 3 d 用抗生素药物预防感染。术后 7～8 d 拆除缝线。

(七)公猫去势术

1. *适应症*　为防止猫的乱交配和对猫进行选育,对不能作为种用的公猫进行去势。公猫去势后可减少本身特有的臭气,减少公猫发情时的性行为。如猫在夜间的叫声对周围环境的污染等。

2. *保定*　左侧或右侧卧保定,两后肢向腹前方向伸展。猫尾要反向背部提举固定,充分显示肛门下方的阴囊。

3. *术式*　将两侧睾丸同时用手推挤到阴囊底部,用食指、中指和拇指固定一侧睾丸,并使阴囊皮肤绷紧,在距阴囊缝际一侧 0.5～0.7 cm 处,平行与阴囊缝际做一 3～4 cm 的皮肤切口,切开肉膜和总鞘膜,显露睾丸,术者左手抓住睾丸,右手用剪刀剪开阴囊韧带,向上撕开睾丸系膜,然后将睾丸引出阴囊切口外,充分显露精索,结扎精索和去掉睾丸的方法同公犬去势手术。两侧阴囊口开放。

4. *术后治疗与护理*　一般不需治疗,但应注意阴囊区有无明显肿胀,若阴囊切口有感染倾向,可给予广谱抗生素治疗。

(八)猫的子宫卵巢切除术

1. *术前准备、麻醉、保定*　与犬相同。

2. *手术通路*　腹中线切口,脐与骨盆耻骨连线的中点为切口的中点,向前、向后切开 4～8 cm。

3. *术式*　与犬基本相同,因猫体形小,手术操作应更加细心。

(九)公鸡去势术

1. *局部解剖*　公鸡的睾丸位于腹腔内肾脏前方的脊柱两旁,腰荐部凹陷处,其前端可达最后第二肋骨处。睾丸呈豆状浅黄色或橙黄色,为绿豆到黄豆大,睾丸系膜较短,内含精索内动脉和静脉。主动脉和后腔静脉由两睾丸间通过,去势时必须防止将其损伤。

2. *术部*

(1)最后肋间隙切口　在倒数第一至第二肋骨之间,背最长肌外缘,在最后肋骨前缘切口。该切口只适用于 2～3 月龄的小公鸡去势。

(2)最后肋骨后方切口　即最后肋骨后 0.5 cm,背最长肌背缘,适用于大公鸡去势。

3. *保定*　将鸡的两翅在根部以反时针方向交扭,并将两肢缚住,取左侧卧姿势。术部拔毛消毒,擦湿周围羽毛并向四周分开,显露术野。

4. *术式*

(1)切开腹壁　用左手压住术部皮肤并向后移动,右手持阉鸡刀在术部做一平行肋骨的 2～3 cm 长的切口。切透皮肤及肌层后装置扩创器,利用套睾器柄挑破腹膜,腹腔即被打开。

(2)显露睾丸　右手持睾丸勺,左手持套睾器,用睾丸勺将肠管拨向下方,右侧睾丸即显露。小公鸡向后拨开肠系膜,大公鸡则需以套睾丸柄拨开肠系膜即可看到左侧睾丸。但在拨开肠系膜时需防止损伤主动脉及后腔静脉。然后在睾丸勺及套睾器柄的配合下,将睾丸前端和外侧的被膜挑破，并从被膜中将睾丸分离出来，以便套睾摘除。

(3)套睾摘除

分别摘除睾丸　先摘除下面的睾丸。在睾丸勺的帮助下，用套睾器套住睾丸，随时以手指上、下拉动套睾器上的线端，睾丸即可被锯取下来。将锯下的睾丸随套睾器或睾丸勺一同带出，再以同法套取上侧睾丸。

同时摘除两侧睾丸　用睾丸勺将下方睾丸托起，并靠近上方睾丸时，用套睾器将两侧睾丸同时套住，按上法摘除。

取出睾丸后，解除扩创器。因切开皮肤时将其向后移动，术后皮肤恢复原位，覆盖肌肉切口，这就不必缝合。

四、分析讨论

在雄性动物去势手术中，特别需要强调两点：一是精索的结扎一定要牢固，以防术后出血而死亡；二是严格消毒，尤其是结扎线，以防精索或术部感染。雌性动物去势手术中，关键是子宫或卵巢血管及悬韧带的结扎必须牢固。

（郝满良）

实习二十二　乳房炎诊疗技术

一、实 习 目 的

掌握奶牛临床型乳房炎的临床诊断和隐性乳房炎(乳汁)实验室检验法,为及时治疗临床型乳房炎以及预防和治疗隐性乳房炎提供理论依据。

二、实 习 材 料

1. 动物及样品　健康牛和乳房炎患牛及新鲜奶样各若干。

2. 器材及药品　离心机、10 mL 刻度离心管、直读式电导率仪、中性滤纸、10 mL 试管、载玻片、5 mL 吸管、1 mL 吸管、乳房炎检验盘、乳导管、注射器,治疗药品,各种试剂见各检验法项下。

三、实 习 内 容

(一)临床型乳房炎的临床诊断

1. 问诊　了解发病日期、发病经过、防治方法等病史。了解牛场的环境及卫生情况,牛群的发病情况;牛群有无结核、布氏杆菌病、口蹄疫等疾病及其流行情况。

2. 乳房和乳汁的临床检查　了解及观察患牛的挤奶技术,挤出奶的难易、奶量、奶质(是否含黏液、脓、凝块及絮片)、稀稠、颜色、气味以及乳房的卫生情况等;视诊及触诊乳房的对称情况、大小、形状、颜色、温度、质地(软硬、弹性、波动),有无疼痛、外伤、结节、气肿等。触诊要先检查健侧,后检查病侧;触诊乳房上淋巴结的大小、质地。

3. 全身健康情况的临床检查

(二)乳房炎的实验室诊断

临床型乳房炎症状明显,根据乳汁和乳房的变化,就可做出诊断,无需进行实验室诊断,但可以与隐性乳房炎的乳汁作对照。

隐性乳房炎乳房无临床症状,乳汁也无肉眼可见的变化,但乳汁的 pH 值、导电率和乳汁中的体细胞(主要是白细胞)数、氯化物的含量等,都比正常高,需要通过乳汁化验,才能做出诊断。必要时可进行乳汁细菌学检查,为药物治疗提供依据。

1. 细胞计数法　计算每毫升乳汁中的体细胞数是诊断隐性乳房炎的基准,也是与其他诊断方法作对照的基准。乳房受感染后,会引起白细胞不同程度的渗出和上皮的脱落,使乳中细胞数增加。另外,乳中的细胞数还与挤奶方法、泌乳牛胎次、泌乳月数(表 22-1)和泌乳期等有关。初乳和干乳期的乳汁中,细胞数也增加。

表 22-1　不同挤奶法、不同泌乳月数乳中细胞数　　个/mL

泌乳月数	奶中平均细胞数	
	手工挤奶	机器挤奶
1～3	78 000	365 000
3～6	83 000	258 000
6～9	115 000	352 000
9～12	150 000	643 000
12 以上	382 000	832 000

(1)直接显微镜细胞计数(DMSCC)法　将乳样充分振荡,吸取中部乳汁 0.01 mL,在载玻片上涂布成约 1 cm^2 范围,经脱脂、固定、干燥后,用美蓝液染色,酒精脱色后,镜检。

目镜为 10×,油镜下观察,视野直径要求为 0.16 mm(0.016 cm),计数 100 个视野内的细胞数,然后平均每个视野中的细胞数。

$$视野面积=3.141\ 6\times(0.016/2)^2=3.141\ 6\times(0.008)^2=0.000\ 2\ cm^2$$

$$显微镜系数=\frac{1}{0.000\ 2}\times 100=500\ 000$$

系数×平均 1 个视野的细胞数= 细胞数/mL

乳中细胞数超过 50 万个/mL,定为乳房炎乳。有人则认为超过 25 万个/mL,即可定为乳房炎乳。由于乳腺对外来物异常敏感,据中国农科院中兽医研究所试验,即使仅向乳头内注入注射用水,乳中细胞数也可增至 400 万个/mL 以上,故他们提出在乳房炎治疗判定疗效时,乳汁细胞数降至 100 万个/mL 以下就可定为正常。国外也有报道,在泌乳中期乳汁细胞数超过 100 万个/mL,才疑为炎症。

(2)白细胞分类计数的刻度管检验法　取被检乳 10～15 mL 装入刻度离心管,以 2 000 r/min离心 10 min,待其沉渣达到刻度 1 以上时,仔细吸除上清液及管壁上的脂肪,将剩余的液体与沉渣混合,然后按制作血液涂片的方法做成抹片,待自然干燥后,置二甲苯中脱脂 2 min,取出,再自然干燥后,在甲醇中固定 2～5 min,水洗,用姬姆萨或其他血液染色液染色,镜检,按表 22-2 进行判定。

表 22-2　奶牛乳房炎白细胞分类计数的刻度管检验法的判定标准

白细胞分类计数结果		判 定
嗜中性分叶核细胞占白细胞总数	12%以下	健康
	12%～20%	可疑
	20%以上	乳房炎

2. 化学检验法　间接测定乳汁细胞数和乳汁 pH 值的方法,种类较多,现将常用的方法介绍于下。

(1)CMT 法　这是美国 California mastitis test 的缩写,对隐性乳房炎检出率很高,可在牛旁迅速做出诊断,是一种常规诊断方法,世界各国已广泛采用。

机理　乳汁细胞在表面活性物质和碱性药物作用下,脂类物质乳化,细胞被破坏后释放出 DNA,DNA 与其作用,使乳汁产生沉淀或形成凝块。根据沉淀或凝胶的多少,间接判定乳中细胞数的范围而达到诊断目的。乳中细胞数越多,产生沉淀或凝胶也越多。本法不适用于初乳期和泌乳末期。

试剂 烃基(烷基)硫酸盐 30～50 g、苛性钠 15 g、溴甲酚紫 0.1 g、蒸馏水 1 000 mL。溴甲酚紫(B. C. P.)是乳汁 pH 的指示剂,以颜色变化指示不同的 pH 值,便于临床判定。

方法 乳汁检验盘上有 4 个直径 7 cm,高 1.7 cm 的检验皿,4 个乳区的乳汁分别挤入 4 个检验皿中。倾斜检验盘 60°,流出多余乳汁,加等量(2 mL)试液,随即平持检验盘旋转摇动,使试药与乳汁充分混合,10 s 后观察。

判定标准 见表 22-3。

表 22-3 CMT 法判定标准

被检乳	乳汁反应	判定符号	细胞总数/(万个/mL)	嗜中性白细胞/%
阴性	无变化,不出现凝块	−	0～2	0～25
可疑	有微量沉淀,但不久即消失	±	15～50	30～40
弱阳性	部分形成凝胶状	+		
阳性	全部形成凝胶状,回转搅动时凝块向中央集中,停止搅动则凝块呈凹凸状附着于皿底	++	80～500	60～70
强阳性	全部呈凝胶状,回转搅动时搅块向中央集中,停止搅动则回复原状,并附着于皿底	+++	>500	
酸性 pH2.5 以下	由于乳糖分解,乳汁变黄色			
碱性	乳汁呈深黄紫色			

WMT(Wisconsin mastitis test)法和 MMT(Michigan mastitis tcst)法与 CMT 法基本类似。

中国农业科学院兰州中兽医研究、浙江农业大学、北京奶牛研究所等根据国内药源相继研究出了类似试液,其效能与 CMT 基本一致。中国农业大学根据普通洗衣粉的主要成分与 CMT 试液主要原料类似,简化以普通洗衣粉配制试液,称为乳房炎简易诊断液,更便于在广大奶牛场推广。

(2)PL 试验 即日本乳房炎简易检验法,是由 CMT 衍变而来的一种检验方法,也不适用于泌乳初期及末期。

试剂 烷基丙烯基硫酸盐 2 g、溴麝香草酚蓝 0.02 g,蒸馏水加至 100 mL。

方法 同 CMT 法,待乳汁略凝后,缓慢摇动检验盘,5 s 后凝结消失,以后再凝。

判定标准 见表 22-4 至表 22-6。

表 22-4 PL 试验中平皿保持不动时的判定标准

判定	符号	乳汁反应	平均白细胞数(万个/mL)
阴性	−	无疑片,倾斜平皿时,乳从表面平滑流过	8.8
可疑	±	静置时可看出凝集,乳从平皿上平滑流过	35.0
阳性	+	明显凝集,倾斜平皿时,表面停留凝集片	92.1
	++	多量凝集片,黏稠性略强	207.3
	+++	多量凝集片,黏稠性强呈半凝块状	376.1
	++++	全成凝块,呈胶冻样	太多,不能计算

表 22-5 PL 试验中平皿倾斜时牛乳凝集颜色反应

乳房炎	符号	颜色反应	pH 值
阴性	－	金黄色或黄色	6.2～6.5
可疑	±	微微带有绿色	6.6
阳性	＋	稍呈绿色	6.6～6.8
阳性	＋＋	绿色	6.8～7.0
强阳性	＋＋＋	浓绿色	7.0 以上

表 22-6 PL 试验的综合判定(凝集及颜色)

凝集	颜色	判定
－	－～ ±	阴性
－ ±	＋以上 －～ ±	7～10 d 后再检查,结果同样时判断为阴性
± ＋	＋以上 －～ ±	乳房炎可疑(阳性可疑)
＋ ＋＋以上	＋以上 －～ ＋＋	乳房炎

(3)H_2O_2 玻片法(过氧化氢酶法) 此法为间接测定乳中白细胞数的方法,即测定乳中白细胞的过氧化氢酶,以推断白细胞的含量。

试剂 取双氧水(30%H_2O_2),按 1∶(2.33～4)的比例加入中性蒸馏水,配成 6%～9%的 H_2O_2 试剂,待用。

方法 将载玻片置于白色衬垫物上,滴被检乳 1 滴,再加 H_2O_2 试剂 1 滴,混合均匀,静置 2 min 后观察。

判定标准 见表 22-7。

表 22-7 H_2O_2 玻片法的判定标准

反应	判定	符号
液面中心无气泡或有小如针尖的气泡聚积	正常乳	－
液面中心有少量大如粟粒的气泡聚积	可疑乳	±
液面中心布满或有大量粟粒大的气泡聚积	感染乳	＋

(4)苛性钠凝乳检验法 此方法简易,检出率高,可在牛旁进行,但不适用于检验泌乳初期及接近干乳期的牛乳。

将载玻片置于黑色衬垫物上,加被检乳 5 滴,再加 4%苛性钠溶液 2 滴(冷藏 2 d 以内的乳样加试剂 1 滴即可),用细玻棒或火柴杆迅速搅拌,使其扩展成直径 2.5 cm 的圆形,并继续搅拌 20～25 s 观察,按表 22-8 进行判断。

表 22-8 苛性钠凝乳检验法的判定标准

反应	判定	符号
无变化，不出现凝乳现象	阴性	—
有细小的凝块出现	可疑	±
出现较大的凝块，乳汁略微转透明	弱阳性	+
出现大凝块，用火柴棒搅动时，形成丝状凝结物，乳汁水样透明	阳性	++
出现乳白色的大凝块，有时全部凝成一大块	强阳性	+++

(5)氯化物硝酸银试验 用于测定乳中氯化物的含量。氯化物含量在 0.09%～0.14%为正常乳，含量在 0.14%以上，超过 0.25%为乳房炎乳。

试剂 硝酸银 1.341 5 g，溶解于蒸馏水 1 000 mL 中。

方法 试剂 5 mL、10%铬酸钾溶液 2 滴、被检乳 1 mL 充分混匀，1 min 内变黄色为阳性。

3. 乳汁 pH 值检验法 在此类方法中，操作比较简单而且常用的是溴麝香草酚蓝(BTB)检验法。

试剂 47.4%乙醇 500 mL 加 BTB 试剂 1 mL，再加 5%苛性钠溶液 1.3～1.5 mL，混合均匀成为微带绿色的溶液。

试管法 首先在 10 mL 试管中加入 BTB 试剂 1 mL，再加入被检乳 5 mL，混合均匀后静置 1 min 观察；或者先在 10 mL 试管中加入被检乳 5 mL，然后用 2 mL 吸管吸取 BTB 试剂 1 mL，沿试管壁缓慢滴入被检乳中，观察被检乳与试剂接触面的变化。

玻片法 将载玻片置于白色衬垫物(白布或白纸)上，滴被检乳 1 滴，再加 BTB 试剂 1 滴，混合观察。

判定标准 见表 22-9。

表 22-9 溴麝香草酚蓝(BTB)检验法的判定标准

颜色反应	pH 值	判定	符号
黄绿色	6～6.5	正常乳	—
绿色	6.6	可疑乳	±
蓝绿色至青绿色	6.6 以上	感染乳	+

4. 乳汁物理学检验法 患乳房炎时，乳汁中的 Na，Cl，K 等离子组成发生变化，从而导致乳汁的导电性改变，因此可以利用某些仪表测定乳汁的导电率或电阻，以诊断隐性乳房炎，此法迅速，准确。目前国内应用的仪表有多种，如直读式电导率仪(DDS-11A 型)、AHI 仪、RRSZ-I 型仪、改装的 500-I 型万用电表(测电阻)等。

(1)直读式电导率仪(DDS-11A 型)

检验器材 直读式电导率仪，中性滤纸，50 mL 小烧杯，恒温水浴锅。

样品的采集及准备工作 产后 5 d 至停奶前的奶样均可检验，以新鲜乳汁为佳，如需冷藏但不得超过 24 h。检验前必须将水浴温度调至 32～34℃，并将电导率仪接通电源加以校正。

检验方法及判定标准 用小烧杯装乳样 5～10 mL 置于水浴中加温，待乳温升至 32～34℃即可进行检测。每测完一份乳样，检测下一乳样之前，必须用中性滤纸将附着在电极上的残乳擦净。

健康牛乳汁的电导率一般为 $0.50\times10^2\sim0.55\times10^2$ μV/cm；但有少数牛的乳汁电导率可能高于或低于这一范围。遇此情况时，必须求出其比值（相对导电性），即以导电性最低乳区的导电率数值与其他 3 个乳区的乳汁导电率数值之比的大小，按表 22-10 的标准进行判定。

表 22-10 直读式电导率仪（DDS-11A 型）检验法的判定标准

电导率范围		判定
绝对值	比值	
$(0.55\pm0.005)\times10^4$ μV/cm 以下	1.04 以下	－
$(0.55\pm0.005)\times10^4\sim(0.610\pm0.05)\times10^4$ μV/cm	1.04～1.108	±
$(0.610\pm0.005)\times10^4$ μV/cm 以下	1.108 以上	＋

（2）AHI 乳房炎检测仪　手握式，圆筒形，一端的盛乳皿中有两个电极，检验结果由指标灯光显示（分红绿两色），内装 9 V 电池。挤新鲜被检乳于乳皿内，接通电源，指示灯立即显示出结果，绿灯亮为阴性，红灯亮为阳性，红绿灯同时亮可疑。此法简便、快速，只需几秒钟即完成。

（3）SX-I 型乳房炎诊断仪　山西农业大学郝庆铭 1983 年发明。该仪器以 3 位数字显示，有 540 个判定阈值，可检测 4～39℃范围内任何乳温的乳样，检测速度小于 10 s。能区分健康乳、可疑乳、隐性乳房炎轻度乳、中度乳、重度乳等 5 类乳汁，还可初步判定乳汁的营养水平。

（4）CN 乳房炎诊断仪　是 SX-I 型乳房炎诊断仪的发展，根据导电与温度补偿研制成的。乳质由指针显示，可检测的乳温范围扩大至 0～40℃，检测速度小于 5 s。除能区分上述 5 类乳外，对健康乳还能区分为最佳健康乳、一般健康乳和次健康乳。仪器体积小、重量轻，可在牛体旁进行测定。

（5）XND-A 型奶检仪　由西北农业大学根据正常奶和异常奶（包括乳房炎奶）的主要理化性状和生物液体的特性研制而成。为以电导电极为传感器的便携式奶检仪，体积小，能快速、准确、综合地检出掺假加水奶、酸败奶和乳房炎奶。检出率可达 92%～100%。

据报道和编者的试验，牛乳汁的电导率值有个体差异，约 14%的牛平时乳汁的电导率值就高于一般正常值，约 26%的牛低于一般正常值，故有时用相对值来判定较为合适。

（三）治疗

以杀灭侵入的病原菌和消除炎性症状为治疗原则。对乳房炎的治疗，历来多采用抗生素，也用磺胺类和呋喃类药；病情严重者还配合进行全身治疗。为避免病原菌对抗生素产生抗药性和抗生素在乳中的残留，近年来研究用复方中草药进行治疗，效果也较为满意。有条件时，可边治疗边培养微生物进行药敏试验，筛选出最敏感的药物。

1. 乳房内灌注抗生素　是临床最常用的常规方法。可根据当地流行病原菌选择最佳药物，临床上一般选用环丙沙星、青霉素、链霉素、氨苄青霉素、庆大霉素、阿米卡星等。抗生素适量加入生理盐水 80～100 mL 中，1 次乳头灌注（操作参照实验九）。乳房内灌注时，应在每次挤尽乳后进行，连续 1～3 d。

2. 生殖股神经封闭　操作参照实验十一。

3. 乳房基部封闭　操作参照实验十一。

4. 会阴神经封闭　操作参照实验十一。

5. 全身疗法

(1)全身静脉注射大剂量抗生素抗感染　如用青霉素 80 万 IU×50 支，生理盐水 500 mL×2 瓶，维生素 C 2 mL×10 支，静脉注射，临床上根据情况进行加减。

全身用药时为使抗生素更有效地从血液向乳汁转移，要使用脂溶性好、电离度低、蛋白结合性差的药物，要高剂量、高频率给药。乳汁 pH 值约 6.5，而血浆 pH 值为 7.4，因此，全身使用弱碱性药物常可在乳汁内达到满意的药物浓度，如红霉素及其他大环内酯类药物。催产素 3～5 mL、头孢霉素 3 g、氨苄西林 3 g、土霉素 2 g、卡那霉素 3 g、地塞米松 4 mg 混合，大腿深动脉 1 次注入，同时乳房内 1 次注入除地塞米松为 0.4 mg 外的其他上述剂量药物，治疗后 24 h内症状减轻，多数患牛经 2～3 次治疗可治愈。

(2)中药疗法　蒲公英 60 g、紫花地丁 80 g、银花 40 g、大黄 50 g、连翘 40 g、木通 40 g、皂角刺 40 g、栀子 40 g、甘草 20 g。每日 1 剂，连服 3 剂。

6. 其他疗法

(1)乳房按摩　为了及时从患病乳叶排出炎性渗出物，降低乳房内的压力，白天 2～3 h，夜间 5～6 h 挤奶一次，每次挤乳时，按摩乳房 15～20 min。

(2)冷敷、热敷及涂擦刺激法　为了防止炎性渗出，在炎症初期需冷敷，2～3 d 后可热敷。用 10%鱼石脂软膏、安得列斯糊剂涂布患区，以促进吸收，消散炎症。

四、分析讨论

1. 奶牛乳房炎是危害奶牛养殖业常见疾病之一。全世界约有 2.2 亿头奶牛，其中约有 1/3 的奶牛患各种类型的乳房炎，其中临床型乳房炎占乳房炎发病率的很小一部分，1%～2%，而绝大部分是隐性乳房炎。据报道，奶牛乳房炎的阳性率在 46.4%～85.7%，乳区阳性率在 28%～59%。我国每年因隐性乳房炎造成的损失约达 1.35 亿元人民币，而且危害人类健康。因此，在奶牛场如何进行综合性防治以防止该病的发生就显得尤为重要。

2. 乳牛乳房炎的主要病原菌是金黄色葡萄球菌、无乳链球菌和其他链球菌。我国一些地区无乳链球菌检出率高于金黄色葡萄球菌，成为乳房炎最主要的病原菌。临床上长期使用青霉素、链霉素合并治疗乳房炎，曾经有相当效果，但也产生了不少抗药菌株。现场不可能在查明病原菌之后再进行治疗，故发现乳房炎后，宜先采用广谱抗生素，或选择两种抗生素合并使用，经 2～3 d，如无明显好转，再改用其他抗菌药物。有条件的在查明病原菌后，则可有针对性地应用相应药物进行治疗。

3. 奶牛乳房炎应加强预防，对各牛场按实际发病原因制定相应的预防措施，并长期坚持，形成制度。建立稳定、训练有素的熟练的挤奶员队伍，挤奶员技术水平与乳房炎发生有很大的关系。挤奶前，各乳区先用温水洗净，然后用热水热敷按摩，促使下乳充盈，保持牛舍、牛床清洁，并定期消毒，防止病菌感染。挤奶员两手、洗乳巾、挤奶机等必须清洁，挤奶姿势要正确，榨乳力量要均匀，并尽量挤尽乳房中的乳汁。挤完奶后，坚持乳头药浴。正确地进行干奶，干奶期注入抗菌药物，发现异常时，立即进行检查处理。发现乳房炎后，及时治疗，及时淘汰。乳房炎的预防只能采取综合措施才有效，而综合措施的实施必须长年坚持，天天进行。

（何剑斌）

实习二十三　妊娠诊断技术

一、实习目的

了解怀孕后卵巢及子宫外形的变化，与未怀孕的进行比较，并了解子宫血管的起源及走向，为直肠检查马、驴、牛的怀孕(妊娠诊断)奠定基础。

直肠检查牛、马怀孕初期(牛1～3个月；马1～4个月)、中期(牛4～6个月；马5～8个月)及后期(牛7个月后；马8个月后)生殖器官各部分的变化，了解怀孕各期的现象，借以确定怀孕与否及怀孕的大致月份。

认识母畜怀孕后阴道内所发生的变化，作为诊断怀孕的一种辅助方法。此外，因为阴道检查也是母畜科中最基本的检查方法之一，所以本实验具有训练基本操作的意义。

掌握母畜怀孕的外部检查方法。

二、实习材料

1. 标本及模型　①各种未孕母畜的子宫(带卵巢)标本及模型。②牛、马、羊、猪怀孕初期(牛、马1～3个月；羊1～2个月；猪1～1.5个月)的子宫(带卵巢)标本。③未孕牛、马(驴)骨盆干制标本或模型，内含全部生殖器官及分布于子宫、卵巢上的血管，以便说明子宫动脉的来源及走向。④牛、马生殖器官动脉标本(从主动脉末端开始)。⑤未孕及怀孕后半期母牛及母马的子宫中动脉切片。⑥怀孕初、中、后期的牛、马及其子宫标本。⑦未孕及怀孕2个月以上的母马(驴)。⑧未孕及怀孕3或4个月以上的母牛。⑨未孕及怀孕2个半月以上的母羊。⑩未孕及怀孕马的膣垢抹片。

2. 动物　①怀孕2.5～4个月的母羊。②怀孕母猪(妊娠30～40 d)、母羊、母牛(怀孕60 d左右)。③怀孕母牛(怀孕7个月以上)、母马(驴)(8个月以上)、母羊(2.5个月以上)及母猪(2.5个月以上)。④怀孕母犬或母猫(30 d左右)。

3. 器材及用品　保定器械、缠尾绷带、金属开膣器(马、牛、羊用)、额灯或手电筒、温水、肥皂、面盆、消毒药液、润滑剂、纱布、酒精棉球、细竹棒(长约40 cm)、消毒棉花、玻片、滴管、无水酒精、姬姆萨染色剂、蒸馏水、显微镜、镊子、小尺、解剖盘等。探诊棒为一塑料或玻璃棒，其外径为0.8～1 cm，长45～50 cm。

三、实习内容

(一)怀孕母畜生殖器官的观察

1. 怀孕初期的生殖器官

牛怀孕1个月时，孕角略大于空角，卵巢上常有一发育良好的黄体。2个月时，孕角比空角粗1倍，而且较长，空角比未孕时略微增大，但两角分岔仍很明显，角间沟仍可看出（但直检时有时角间沟摸不清楚）。3个月时孕角比空角大得多，多数已呈囊状，子宫较柔软，直肠检查时感觉子宫轮廓不清楚。同时子宫颈管紧闭，其中含有黏液塞。

马怀孕初期卵巢内常有数个大的卵泡及黄体，所以卵巢体积增大。怀孕1个月时，两子宫角或仅孕角变成圆筒状，孕角短而粗，孕角基部与子宫体交界处亦变粗，形成如鸡蛋大小的圆泡。2个月时孕角及子宫体增大，圆泡大小如垒球，波动明显。3个月时圆泡更加增大，成为囊状，波动明显。

2.子宫动脉　牛和马的内生殖器官每侧都有3条动脉，即卵巢动脉、子宫动脉（即子宫中动脉）和阴道动脉。牛、马子宫动脉的组织构造均分为内、中、外3层。未孕时，3层均较薄。至怀孕中期开始，子宫动脉不仅逐渐变粗。而且内层变厚，内壁形成皱襞，中层肌肉层也稍增厚。

（二）直肠检查法

1.牛怀孕各期直肠检查的变化情况

怀孕1个月时，子宫颈仍在骨盆腔中；角间沟明显。子宫角位于骨盆腔内或一少部分进入腹腔。孕角较空角稍粗且长，壁较薄，质地松软。孕角侧卵巢上有明显的黄体。

怀孕2个月时，角间沟已不清楚。子宫角及卵巢移至耻骨前缘或者进入腹腔。孕角比空角粗1倍，壁软薄。孕侧的黄体发育良好。

怀孕3个月时，子宫颈移至骨盆前缘，角间沟已消失。子宫如袋状垂入腹腔，触诊子宫感觉较柔软，且有明显的波动感。用手提子宫颈，可以感到子宫重量加大。卵巢移至耻骨前缘前下方，有时可以触到。在体格较大的经产奶牛，由于怀孕前子宫已坠入腹腔，因此角间沟、子宫角及卵巢均不易摸到。

怀孕4个月时，子宫颈已移至耻骨前缘的前方，手提宫颈，明显感到较重。子宫为囊状，其轮廓不易摸清楚，但子叶很明显，大小如卵巢。

怀孕5个月时，子宫增大；往往可触到胎儿。孕角侧子宫中动脉的怀孕脉搏已可明显感觉出来。

怀孕6个月时，子宫已垂入腹腔底部，子叶的大小如鸽蛋，空角侧子宫中动脉开始出现轻微的怀孕脉搏。胎儿在子宫中漂浮，可以触到胎动，但在体格较大的母牛，由于子宫下垂至腹底往往不易触及。

怀孕7～9个月，手伸入骨盆腔入口处即可摸到胎儿，且可摸到明显的子叶。两侧子宫中动脉的怀孕脉搏均显著，孕角中动脉更粗大。

在牛检查子宫中动脉的方法为：将手心向上贴着骨盆顶向前滑动，越过岬部，再向前3～5 cm，即可摸到腹主动脉的最后两个分支（髂内动脉），在髂内动脉的起点处或其稍下方找到另一分支，其中一条有搏动的动脉就是子宫中动脉，脐动脉则没有搏动。寻找子宫后动脉是将手贴在一侧骨盆壁上，前后滑动，遇到一条由上至下的游离的动脉就是子宫后动脉，因为骨盆侧壁上再无可感觉出的动脉。

2.马怀孕各期直肠检查的变化情况　马怀孕初期，生殖器官的变化除在实验十二中所叙述的以外，应注意以下现象。

怀孕1个月时，孕角是圆筒状，较短，有弹性。孕角基部与子宫体交界处的圆泡为横的椭圆形，泡壁有弹性。

怀孕 2 个月时，孕角侧卵巢稍降低。圆泡有弹性，泡内波动明显。孕角前半段变粗，空角也变为圆筒状(粗细无变化)。

怀孕 3 个月时，卵巢下降至骨盆腔中部水平面上，空角侧卵巢亦下降，但位置稍高。两卵巢间距离变小，卵巢系膜变紧张。触诊感觉整个子宫形似一泡囊，其体积较排球略小，波动明显，有时可感到胎儿在其中浮动。空角尖端仍为圆筒状。

怀孕 4 个月时，卵巢已降至骨盆的水平面上，两侧卵巢已很接近。子宫体的界限不易摸到，只可摸到子宫似一大囊，垂于骨盆前缘之前。子宫壁软，波动明显，有时可触及胎儿。

马怀孕 5 个月时，子宫的变化除比 4 个月时更大之外，其他基本相同，但往往摸不到卵巢。孕角侧子宫中动脉开始出现怀孕脉搏，但不明显。

怀孕 6 个月时，在骨盆前缘前下方，往往可以摸到胎儿，触诊时可能出现胎动，孕角侧子宫中动脉怀孕脉搏已较明显。

怀孕 7～8 个月时，容易摸到胎儿，孕角子宫中动脉的怀孕脉搏变明显。子宫后动脉亦开始出现怀孕脉搏，此后变得越来越明显，从此以后，都可触到胎儿。

马子宫中、后动脉的检查方法和牛基本相同，所不同的是马子宫中动脉起于髂外动脉。因此触到腹主动脉最后的一对分支(髂内动脉)后，必须越过它，手再向前伸，寻找倒数第二对分支——髂外动脉。在髂外动脉起点的前缘附近仔细触摸，并向腹顶按压，即可摸到子宫中动脉。

(三)羊妊娠间接(探诊棒)直肠检查法

使绝食一夜的母羊仰卧在保定床上，后腿放在能使胃部肌肉松弛的位置。将探诊棒涂以润滑剂后，紧贴着脊椎轻轻缓慢送入直肠，使其伸入 30～35 cm 时为止。先在直肠内灌入肥皂水 30 mL 左右，则操作更为容易。插入到需要的深度之后，应将探诊棒压向胎儿所处的腹腔后部。

当探诊棒接触到怀孕子宫时，通常可感觉到棒在扭动或翻动，如感到状似子宫的实体，即可判为怀孕。如未怀孕，则探诊棒在腹腔后部从最左到最右都感觉不到有胎儿，同时可由腹壁外面多处清楚地摸到探诊棒；应当注意的是，要防止探诊棒在子宫与母羊下腹壁之间滑动，以免造成误诊。

(四)阴道检查法

1. 准备工作

(1)保定　马、牛应在柱栏内保定确实；羊可采用倒提后肢的方法保定。

(2)消毒　开膣器用清水洗净后，以消毒液浸泡(金属开膣器也可用火焰烧灼)消毒，临用时再以酒精棉球擦拭干净。母畜阴唇及肛门周围先用肥皂、温水清洗，然后以消毒药液洗净并擦干。如需将手伸入阴道触诊，手臂应按外科手术的方法消毒，检查前并涂上灭菌石蜡油。

2. 检查方法　在已消毒的开膣器前半部涂上灭菌润滑油。检查者站于母畜左后侧，用左手拇、食指将阴唇分开；右手持开膣器(如为金属开膣器必须使其两唇合拢成为侧立状态)轻缓插进阴门。插入的方向是先向前向上，以便越过坐骨弓，然后再水平向前，达到需要观察的部位为止。使用金属开膣器时，完全插入后，必须向下转动把柄，使其两唇呈扁平状态，最后压紧把柄，使它完全开张。检查或观察时，必须借助外部光源(额灯或电筒)。检查完毕抽出金属开膣器时，切忌将它完全闭合，否则会夹伤阴道黏膜。检查完毕后，将开膣器清洗并消毒后保存。

3. 怀孕时及怀孕后阴道的变化　怀孕时，阴道黏膜变为苍白，比较干燥，且失去光泽(牛怀孕末期除外)。羊黏膜的开膣器插入后迅速由白变为粉红,这是可以用于诊断怀孕的一个现象;因此,在羊观察应迅速,否则诊断即不正确。至怀孕后半期,可以感觉到阴道壁松软、肥厚。子宫颈的位置前移(随怀孕月份不同而异),而且往往偏于一侧,子宫颈口紧闭。马从怀孕前半期末,牛从怀孕三四个月开始,子宫颈口外即有明显可见的浓稠黏液,以后且逐渐增多,黏附在整个阴道壁上。附着于开膣器上的黏液呈条纹或块状,灰白色;马至怀孕后半期,黏液有时略带灰红色。怀孕后,膣垢成分变化的主要特征是含有大量的淡蓝色黏液球和柱状上皮细胞,这些现象在羊怀孕时是没有的。

4. 马膣垢抹片的制作方法　①将阴道张开后,用一端缠有消毒棉花的细竹棒,伸至子宫颈外口上,取少量黏液。②将取得的黏液做成薄的抹片,待自然干燥。③用酒精固定 5～10 min,并用吸水纸吸干抹片上的酒精。④用姬姆萨染色剂(每毫升加染料 3 滴)染色,染色时间视染料的浓度及配制时间长短而定。⑤最后用蒸馏水冲洗,自然干燥后,置显微镜下观察。

(五)外部检查法

1. 牛的检查法

(1)视诊　使牛自然站立在平坦的地方,检查者蹲于或立于牛的正后方(距离 5 m 左右),对比两侧腹壁突出的情况。怀孕时,一般是右下腹侧较突出(必须注意经产母牛右腹部往往较大)。与此同时,观察乳房是否增大。此外,尚可观察胎动(胎儿活动引起的母畜腹壁颤动),胎动的节律不规则,易于和呼吸动作区别开。

(2)触诊　触诊的目的是感觉有无胎儿,检查者斜站于牛的右侧,左手按在母牛髋关节处,或将右手扶于背腰上,右手(左手)五指并拢,将手掌紧贴于右腹壁最突出的部位,并轻微用力向腹腔作连续推动。推动时注意有无硬物,如有硬物,即为胎儿。为可靠起见,应将手向前、后、上、下移动,反复触诊数次。如果牛的腹壁松软,也可用 3 或 4 个指尖(并拢)触诊,这样比用整手掌触诊更易感到胎儿。

2. 马的检查法

(1)视诊　视诊的项目及方法和牛的基本相同,但观察的部位是左腹壁;马的乳房变化,尤其是胎动比牛要明显得多。

(2)触诊　触诊的操作方法与牛的基本相同,所不同的是在左侧进行检查。

3. 羊的检查法

(1)触诊　检查者面向羊的尾部,骑在羊颈上,用两腿将羊颈部夹紧,使它不能活动;然后用两手兜住羊的腹部,连续向上轻掂数次,注意左手是否碰到硬的胎儿。若羊毛短而且腹壁较薄,有时甚至可以摸到胎盘。

(2)听诊　至怀孕末期,有时在羊的右侧下腹部可以听到胎儿的心音。胎心音快而弱,时断时续,与母羊心音易于区别。

4. 猪的检查法

(1)视诊　母猪怀孕至后半期,腹部显著增大下垂(胎儿数目少时,不明显)。乳房皮肤发红,并逐渐增大,乳头也增大。

(2)触诊　检查时,应设法使母猪安静侧卧,一只手平放于相当于倒数第二对乳头外靠近地面一侧的腹壁下面,另一只手放在上侧面腹壁之上,两手同时压迫并滑动,感觉有无胎儿。但在肥胖母猪此法往往不能奏效。

5. 犬、猫的检查法　触诊时呈站立姿势,为便于确诊,最好在喂食前进行,双于紧抱母犬腹部，向腰粇突方向轻轻施加压力（切忌用力挤压），然后手指并拢，用滑动来感觉妊娠与否，根据子宫及其胎儿的变化判断大概的怀孕日期。

犬怀孕 21 d，胚胎为 12 cm×0.9 cm，腹壁触诊，豌豆大小；24～33 d，胚胎直径为 2.5～4 cm，乒乓球大小，并有一定的紧张度；35～44 d，胚胎体积为 5.4 cm×8.1 cm 左右，子宫下垂与腹壁接触。由于狭窄部分扩张，整个子宫呈宽的圆筒形，有时可见腹围增大；45～55 d，胎儿增大，可摸到子宫后部的胎儿，胎儿较多时，子宫呈长圆筒状，抵达肝脏背侧面，纵轴朝向骨盆；55～63 d，很容易触摸到胎儿。

用手掌托住猫后腹部，手指向腹内轻轻的按压。孕后 14～17 d，可触摸到附植的子宫内有小弹子样硬物；21～25 d，触知原来的硬物增大且较柔软；26～50 d，可触到形成的胎儿，且能大体确定其数目。

四、分析讨论

母畜的妊娠诊断方法多种，但兽医临床上对大动物多用直肠检查法，中、小动物多用外部检查法，B-超诊断法在小动物临床上已开始得到应用。

（何剑斌）

实习二十四　难产及剖腹产技术

一、实习目的

了解动物常见难产的种类和助产方法;掌握动物剖腹产的准备工作及操作方法。

二、实习材料

1.材料　难产病例。

2.器械　手术刀柄、手术刀、剪刀、持针器、止血钳、有齿及无齿镊子、创钩、创巾钳、各种缝针若干、缝线(4 号、7 号、10 号、18 号)若干、纱布若干块(其中有一块特大)、创布、有钩探针、注射器若干、塑料布、手术盘;剪毛剪、剃毛刀、手刷、肥皂、洗手盆、体温表、听诊器以及保定器械。

3.药品　消毒药物(新洁尔灭、洗必泰等)、碘酒、酒精、药棉、2%普鲁卡因注射液、846 合剂、静松灵、强心药、止血药、抗生素等。

三、实习内容

(一)常见的难产种类

根据发病原因分为产力性、产道性和胎儿性难产 3 种。前两种是由母体异常引起的,后一种则是胎儿异常造成的。

1.产力性难产

(1)阵缩及努责微弱　子宫及腹壁的收缩次数少、时间和强度不够,以致胎儿不能排出。

(2)努责过强及破水过早　努责过强是指母畜分娩时子宫肌及腹壁的收缩时间长、间歇短、力量强烈;有时子宫壁的一些肌肉还出现痉挛性的不协调收缩,形成狭窄环。破水过早则是在宫颈未完全松软开张、胎儿姿势尚未转正和进入产道时,胎囊破裂,胎水流失。

2.产道性难产

(1)子宫捻转　整个怀孕子宫、一侧子宫角或子宫角的一部分(猪)围绕自己的纵轴发生扭转。其治疗方法有产道矫正、直肠矫正和翻转母体等。

(2)子宫颈狭窄　是软产道狭窄中比较常见的一种。

(3)双子宫颈　是胚胎期间两侧缪勒氏管形成子宫颈的部分未完全融合所造成的。

(4)阴门及阴道狭窄　可发生于各种动物,而且常见于头胎。

(5)骨盆狭窄　亦称胎儿相对过大,指在母畜分娩的过程中软产道和胎儿都正常,只是因骨盆狭窄和形态异常,妨碍胎儿排出者。

3.胎儿性难产

(1)胎儿和骨盆的大小不相适应　这种异常是由母子两方面造成的。但较多是指母体产道正常，而胎儿过大造成的。

(2)胎儿发育异常或畸形　这种畸形可能与遗传、感染、营养缺乏以及食入有毒物质有关。

(3)胎儿姿势异常　包括头颈姿势异常、前腿姿势异常和后腿姿势异常，既可单独发生，也可以同时发生。

(4)胎位异常　指胎儿的纵轴与母体的纵轴不一致而出现的异常，主要表现为下位或侧位。

(5)胎向异常　指胎儿的纵轴与母体的纵轴大体上呈垂直的，主要表现为竖向或横向。

(二)剖腹产适应症

在下列情况下应施行剖腹产：①骨盆发育不全(交配过早)或骨盆变形(骨软症、骨折)而盆腔过小；猪、羊体格过小，手不能伸入产道。②阴道极度肿胀狭窄，手不易伸入。③子宫颈狭窄或畸形，且胎囊已经破裂，子宫颈没有继续扩张的迹象，或者子宫颈发生闭锁。④子宫捻转，矫正无效。⑤胎儿过大或水肿。⑥胎儿的方向、位置、姿势有严重异常，无法矫正；或胎儿畸形，且截胎有困难者。⑦子宫破裂。⑧阵缩微弱(猪)，催产无效。⑨干尸化胎儿(牛、羊)很大，药物不能使其排出。⑩怀孕期满母畜，因患其他疾病生命垂危，需剖腹抢救仔畜者。

在上述情况下，无法拉出胎儿，又无条件进行截胎，尤其在胎儿还活着时，可以考虑及时施行剖腹产。但如难产时间已久，胎儿已经腐败，引起子宫炎症及母畜全身状况不佳时，确定施行剖腹产以前必须十分谨慎，以免引起腹膜炎和败血症而使母畜死亡。

(三)剖腹产的术前准备

1. 施术场地的选择　应在手术台上或选择洁净干燥的场地进行手术。

2. 动物的准备　术部剃毛、清洗消毒，并检查全身情况。

3. 保定　一般为左侧或右侧卧，亦可站立保定。侧卧保定时，腹下必须垫一塑料布。

4. 麻醉　在牛、马、羊可施行硬膜外腔麻醉或腰旁、椎旁传导麻醉，或用静松灵或846合剂进行全身麻醉。

(四)剖腹产的手术操作步骤

1. 牛、羊、马的施术方法　牛、羊、马的施术方法基本相同，以牛为例介绍施术方法。

(1)腹下切开法　可供选择的切口部位有5处，即乳房前中线、中线与右乳静脉之间、乳房和右乳静脉的右侧5～8 cm、中线与左乳静脉之间以及乳房和左乳静脉的左侧5～8 cm处。一般选择切口的原则是，胎儿在哪里摸得最清楚，就靠近哪里作切口。如两侧触诊的情况相近，可在中线或其左侧施术；在左侧作切口不会受到瘤胃的妨碍，而且肠道脱出的机会较少。母绵羊至冬春季节极度乏瘦，可不在乳静脉外侧作切口，因为该处腹肌很薄，有时不易缝合。若第一次手术后，大网膜和腹膜切口发生粘连，第二次施术时可另选一切口。如遇粘连，可以把它扯开，或切开大网膜，以暴露子宫。如乳静脉的粗大分支妨碍在某处作切口，需另选一部位施术。

保定　左或右侧卧，将前后腿分别绑缚，并将头压住。

术部准备及消毒　见外科手术。母畜的尾根、外阴部、会阴以及从产道露出的胎肢，必须先用温肥皂水清洗，然后用消毒液洗涤并将尾根系于身体的一侧。切口周围铺上消毒巾，腹下地面上铺以消毒过的塑料布。

麻醉　除切口局部浸润麻醉外，可在硬膜外麻醉或肌肉注射盐酸二甲苯胺噻唑。也可采用电针麻醉。

下面以在中线和右乳静脉之间作切口为例介绍手术步骤。

切开腹壁　在中线和右乳静脉之间，从乳房基部前缘开始，向前做一纵行切口，长 25～30 cm。切透皮肤、腹黄膜和腹斜肌腱膜、腹直肌；用镊子把腹横肌腱膜和腹膜同时提起，切一小口，然后在食指和中指引导下将切口扩大。这时助手必须注意用大块纱布防止肠道及大网膜由于腹压而脱出来(但如硬膜外麻醉可靠，一般不会发生脱出)。如果奶牛的乳房很大，为了避免切口过于靠前，不便于暴露子宫，可先不将切口的长度切够，切开腹膜后再根据情况向前或向后延长。乳腺和腹黄膜的联系很疏松，切口如需向后延长，可将乳房稍向后拉。如切口已够大，这时可将手术巾切口的边缘用连续缝合法缝在切口两边的皮下组织上。

牵引子宫　切开腹膜后，常发现子宫上盖着小肠及大网膜。这时可将双手伸入切口，紧贴下腹壁向下滑，绕过它们，达到子宫。隔着子宫壁握住胎儿的某些部分(正生时是两后腿跖部，倒生时是头和前腿掌部)，把子宫角大弯的一部分拉出于切口之外，这样也就把小肠及大网膜挤开了。在子宫和切口之间塞上大块纱布，以免肠道脱出及切开子宫后其中的液体流入腹腔。

如果是子宫捻转，因为子宫被捻短了，并且紧张，暴露子宫壁有困难，切开子宫壁时出血也多，所以要先把子宫转正。

如果胎儿为下位，背部靠近切口，向外拉子宫壁时无处可握，应尽可能先把胎儿转为上位。

切开子宫　沿子宫角大弯，避开子叶，作一与腹壁切口等长的切口。切口不可过小，以免拉出胎儿时被撑破，不易缝合。也不可作在侧面，尤其不得作在小弯上，这些地方的血管粗大，引起的出血较多。

胎儿活着或子宫捻转时，切口出血很多，必须边切边用止血钳止血，不要一刀把长度切够。

取出胎儿　将子宫切口附近的胎膜剥离一部分，拉出于切口之外，然后再切开，这样可以防止胎水流入腹腔。慢慢拉出胎儿，交助手处理。如果胎儿还活着，拉出速度则不宜过慢，防止胎儿吸入胎水引起窒息。拉出的胎儿首先要清除口鼻内的黏液。如果发生窒息，先不要断脐，一方面用手捋脐带，使胎盘中的血液流入胎儿体内，同时按压胎儿胸部，待呼吸出现后再断脐。拉出胎儿后，必须注意防止子宫切口缩回，胎水流入腹腔；特别是污染的胎水流入腹腔，是手术后果不良的一个重要原因。如果胎儿已死，拉出时有困难，可先将其造成障碍的部分截除。

剥离胎衣　尽可能把胎衣完全剥离拿出，子宫颈闭锁时尤应这样，但也不要硬剥。胎儿活着时，胎儿胎盘和母体胎盘粘连紧密，勉强剥离会引起出血。此时可在子宫腔内注入 10%的氯化钠溶液，停留 1～2 min，这样有利于胎衣的剥离。如果剥离很困难，可以不剥，术后注射子宫收缩药，让它自行排出。将子宫内液体充分蘸干，均匀撒布四环素族抗生素 2 g 或使用其他抗生素或磺胺药，更换填塞纱布。

缝合和还纳子宫　用丝线或肠线、无刃针及连续缝合法先把子宫浆膜和肌肉层的切口缝合一道，再用胃肠缝合法缝第二道(针不可穿透黏膜)，使子宫切口向内翻。用无刺激性温热消毒溶液或加入青霉素的温生理盐水冲洗暴露的子宫表面(冲洗液不可流入腹腔)、蘸干并充分涂以抗生素软膏后，放回腹腔。

缝合腹壁　用粗丝线、皮肤针采取锁边缝合法把腹黄膜和腹斜肌腱膜、腹直肌、腹横肌腱膜及腹膜一起缝起来。缝完之前，用细橡胶管在腹腔内注入大剂量水剂青霉素或磺胺制剂等抗菌药物。然后缝合皮肤切口，并涂以消炎防腐软膏。

术后护理及治疗　按一般腹腔手术常规进行。如切口愈合良好,10 d 后拆线。

(2)腹侧切开法　子宫发生破裂时,破口多靠近子宫角基部,宜行腹侧切开法,以便于缝合。在人工引产不成的牛干尸化胎儿,因子宫壁紧缩,不易从腹下切口取出,亦宜采用此法。切口部位可选用左或右腹侧,每侧的切口又可有高低不同。选择切口的原则也是在哪一侧容易摸到胎儿,就在哪一侧施术。两侧都摸不到时,可在左侧作切口。兹以左腹切口为例,介绍它和腹下切口法不同之处,相同的地方则从略。

保定　需站立保定,这样才能将一部分子宫壁拉到腹壁切口之外,但应防止牛在手术过程中卧下。不可侧卧保定,否则因为胎儿重量的关系,暴露子宫壁会遇到很大困难。

如果无法使牛站立,可以使它伏卧于较高的地方,把左后肢拉向后下方。这样便于将子宫壁拉向腹壁切口。

麻醉　可行腰旁神经干传导麻醉,或肌肉注射盐酸二甲苯胺噻唑并施行局部浸润麻醉。

切开腹壁　切口长度约 35 cm,切口作在髂结节与脐部之间的连线上或稍前方。整个切口宜稍低一些,因为这样容易暴露子宫壁,但是切口的下端必须与乳静脉有一定的距离。

切开皮肤和皮肌,按肌纤维方向依次切开腹外斜肌、腹内斜肌、腹横肌腱膜和腹膜,以便于缝合及愈合;但这样切口的实际长度往往大为缩小,不利于暴露子宫。因此可将腹外斜肌按皮肤切口方向切开,其他腹肌按纤维方向分开。

暴露子宫　如瘤胃妨碍操作,助手可用大块纱布将它向前推,术者隔着子宫壁握住胎儿的某一部分向切口拉,即能将子宫角大弯暴露出来。以下操作同腹下切开法。

缝合腹壁　先用丝线及连续缝合法缝合腹横肌腱膜和腹膜上的切口;如果两层腹斜肌是按肌纤维方向切开的,可分层用上法缝起来。如腹外斜肌是横断的,这时助手可将切口的两边向一起压迫,术者用褥氏缝合法把腹外、腹内斜肌上的切口同时缝起来。皮肤切口用丝线及锁边缝合法缝合。

(3)腹下切开法与腹侧切开法的比较　腹下切开法的优点是子宫角和胎儿是沉于腹底的,在侧卧保定的情况下,很容易把子宫壁的一部分拖出腹壁切口之外,切开子宫不会使其中的液体流入腹腔,可以防止发生腹膜炎。侧卧保定也是在任何地方都能采用的保定方法。此外,它破坏的肌肉组织很少,出血也很少。缺点是如果缝合不好,可能发生疝气或脱出。切口位于腹下,容易发生肿胀及感染。但只要缝合可靠,术后注意护理,这些问题都是可以解决的。腹侧切开法的优缺点正好与此相反,而且站立保定比较困难,牛在手术当中也常卧下,因此一般宜行腹下切开法。

2.猪的施术方法　因为乳房位于腹下,猪的剖腹产仅行腹侧切开法,左右均可。现将猪与牛不同的特点介绍如下,相同之处从略。

保定　侧卧。

消毒　侧腹壁大面积剃毛、洗净、涂碘酒,并铺上在消毒剂中泡过的大块塑料布,以便在术中置放子宫角用。其他的消毒见外科手术。

麻醉　可应用戊巴比妥钠、乙酰普马嗪、氯丙嗪等进行基础麻醉,并配合切口局部浸润麻醉即可。也可采用电针麻醉或者静松灵。

切开腹壁　从髋结节下约 10 cm 处,并在膝皮皱襞之前,向下向前作一与腹内斜肌纤维方向相同的切口，长约 15 cm；切开皮肤、皮下脂肪及皮肌（这里皮肌很厚，夹在两层皮下脂肪之间，肌纤维方向由后向前并稍向下行）、腹外斜肌腱膜、腹内斜肌及其腱膜，按纤维方向切开腹横肌，分开腹膜外脂肪（板油），最后切开腹膜。这时往往发现腹腔中有大量腹水，可把它尽量排出。

首先，术者把手伸向盆腔，隔着子宫壁把领先的胎儿向软产道捏挤，助手则试将手伸入阴道取胎。如果难产是由此胎儿引起的，且能从阴道中取出，即不必再切开子宫，并使用催产药将以后的胎儿排出。否则再按以下步骤进行传统的剖腹产。

腹壁切口如已够大，这时可将塑料布上开口的两个边缘用连续缝合法缝在切口两边的皮下组织下。

暴露子宫　隔着子宫壁握住最先遇到的胎儿，拉出于腹壁切口外，并顺次检查两子宫角及子宫体内共有几个胎儿，分布在何处，以便确定切口部位。

有时膀胱很大，不要误认为是子宫，且需防止弄破。胀大的膀胱为纵椭圆形，表面血管分支很明显，内含液体，弹性很强。子宫角表面则无明显血管，内含硬的胎儿，两胎儿之间的部分细软。

切开子宫，取出胎儿　两侧子宫角中都有胎儿，且能暴露子宫角基部，即可确定在此作一切口，便于取出两侧的胎儿，并先将一侧子宫角或其一部分拉出来，盖上生理盐水浸湿的纱布。紧靠子宫体，并在大弯上作一长约 15 cm 的切口，把每个胎儿与其胎衣取出来。掏深部胎儿时，助手必须将深部子宫角从腹部切口中暴露出来，术者用小号产钳夹住胎儿拉出来。操作须迅速，以免掏空的部位复旧缩小，妨碍手术进行。子宫角中如留有胎衣，隔着子宫壁摸起来是一条或一堆能够滑动的柔软组织。

如果胎儿还活着，取出胎儿时仅撕破胎膜，不要剥离尿膜绒毛膜，以免子宫黏膜出血。待全部胎儿取出后，尿膜绒毛膜即很容易从子宫黏膜上剥下；也可不剥，以后注射子宫收缩药，使它自行排出。

一侧子宫角中的胎儿全部取完后，可看到同侧卵巢，并证明此角已达尖端。如胎儿已经腐败，术后母猪常因子宫内膜炎而不能受孕，不宜再作繁殖之用，因此必须与动物主人商量，是否同时摘除卵巢。然后将此角冲洗干净，并涂软膏，放回腹腔，但让切口留在外面，并用同法处理另一侧子宫角。

如果估计从子宫角基部作一切口不易取出两个角的胎儿，例如一侧或两侧基部无胎儿并已复旧缩小，则先将一侧子宫角拉出，在距各胎儿适中的大弯上作一切口，取出胎儿及胎衣，缝合、洗净后送回，摘除卵巢，然后再处理另一侧。

如仅有一个胎儿，则在靠近它头或尾的子宫角大弯上切一小口，将它掏出来即可。其余处理方法同上。

缝合切口　子宫用药、切口的缝合及处理方法与牛相同。用丝线及连续缝合法分别缝合腹横肌与腹膜（缝完以前在腹腔内注射大剂量抗生素）、腹斜肌腱膜、皮肌，用锁边缝合法缝合皮肤。皮肤切口上涂油膏保护。

（五）剖腹产的并发症及防治方法

手术过程中见到的主要并发病有休克、肠脱出、瘤胃膨气及出血，另外还有子宫壁变脆、胎儿气肿腐败分解。术后常见的并发病有腹膜炎、粘连、子宫内膜炎、腹壁疝气(腹壁切口缝合不当)及皮肤切口感染等。

1.休克　马、驴在手术当中有时会发生休克,原因可能和腹膜受到刺激、拉出胎儿后腹压急骤降低、引起血压下降和毛细血管灌注不良有关。应及时采取相应的抢救措施,但常效果不佳。

2.肠道脱出　牛、马在切口位置较低时,肠道及大网膜(牛)脱出是常见的并发病,而且脱出严重者,回送会遇到很大困难。为了防止脱出,必须做好硬膜外麻醉;从切开腹膜到缝合腹膜,助手必须一直注意防止脱出。如肠道脱出很多,无法推回,可将手伸入腹腔,握住其系膜根部拉回。

3.瘤胃臌气　这是牛的常见并发病,原因是在侧卧的情况下,气体的排出发生障硬。为了避免此病发生,手术操作应尽量快速。如膨气严重,必须穿刺胃壁放气。

4.出血　一般的出血可予以结扎。有时子宫捻转的病例施行剖腹产或矫正以后,子宫黏膜上不断有血液渗出,这时必须持续给予止血药,至不再出血为止。

5.子宫壁变脆　这不是手术本身引起的并发病,而是难产历时较久的病例时常发生的一种现象,可能和子宫壁水肿有关。这种子宫壁容易撕裂,触动及拉出子宫壁时须特别小心。缝合子宫切口时,为了避免把组织拉豁,浆膜肌肉层切口的第一道缝合也须用胃肠缝法,下针处要距切口边缘稍远一些。这样在抽紧缝线时,两侧切口边缘均向内翻,彼此靠拢,即不至撕破组织。

6.胎儿气肿　经常见于难产发生已久的病例。腐败气肿的胎儿外形丰满,触诊皮下有捻发音,被毛脱落。胎儿及胎衣的腐败分解产物可能使子宫受到感染,施行手术则使炎症扩散;此外还因子宫膨胀成为圆形,不易将子宫壁的一部分拉出腹壁切口之外作切口,子宫内容物极易流入腹腔,引起腹膜炎,危害母畜的生命。因此,这种病例应尽可能施行截胎或矫正术。如迫不得已必须施行剖腹产术,则须将腹壁切口开的稍大一些,并在子宫与腹壁切口之间填塞塑料布,严密防止子宫内容物进入腹腔,术后并应给以大量抗生素和磺胺类药。

7.腹膜炎　包括严重的弥散性腹膜炎及局限性腹膜炎。弥散性腹膜炎常是母畜死亡的直接原因,因此手术中必须十分注意防止子宫内容物入腹腔。术后腹腔内必须注入大剂量抗生素,并同时肌肉注射广谱抗生素,也可静脉注射磺胺类药物。局限性腹膜炎常引起局部粘连,例如子宫及腹膜切口常和附近组织发生粘连。子宫上的大面积粘连可能造成不育。

8.子宫内膜炎　这是导致术后不育的最主要原因,如不彻底治愈,即使受孕,也可能在怀孕过程中复发,造成流产。因此,术后须在子宫内持续使用大剂量广谱抗生素。

9.术后处理　术后要求学生定时检查患病动物全身情况,并注意保持术部清洁,防止感染化脓。若切口愈合良好,术后8～10 d即可拆除缝线。

四、分析讨论

1.难产中以胎儿性难产较为多见,各种难产并不一定单独发生,有时某一种难产可能伴有其他异常。难产的种类虽多,但常见的只有数种,掌握了常见难产的手术助产原则和基本方法,遇到其他难产时也容易解决。在动物之中,牛由于骨盆腔比较狭窄,骨盆轴不像马的那么短直，不利于胎儿通过，同时胎体也较粗，所以难产比马、羊多得多。

2. 剖腹产就是切开腹壁及子宫，取出胎儿。如果无法矫正胎儿或截胎，或者它们的后果并不比剖腹产好，即可施行此术。只要母畜全身情况良好、早期进行且病例选择得当，不但可以挽救母畜的生命，保持其生产能力（如使役、泌乳、产仔、育肥等）和繁殖能力，甚至可能同时将胎儿救活。因此，剖腹产是一个重要的手术助产方法。

剖腹产是一个重要的手术助产方法，只要早期施术，防止胎水流入腹腔，按照上述基本操作方法和遵守注意事项，并采用抗菌药物，就可以使手术取得成功。

（何剑斌）

实习二十五　胎衣不下诊疗技术

一、实 习 目 的

认识胎衣不下的症状，并掌握其治疗方法，为以后独立进行诊疗工作打下基础。

二、实 习 材 料

1. 材料　兽医院或实验养殖场的胎衣不下患病动物(牛或马、驴)。

2. 器械及药品　体温计、听诊器、鼻钳、塑料长壁手套或医用橡皮手套、橡皮围裙、长统靴；石蜡油；新洁尔灭、高锰酸钾以及治疗药品。

三、实 习 内 容

(一)诊断

1. 询问病史　主要了解分娩的时间及经过，胎儿是否足月；胎衣排出多少；阴道分泌物的性状及数量；患病动物食欲及奶量有无改变；是否做过布氏杆菌检疫(牛、羊)，结果如何。

2. 临床检查　仔细观察悬吊于阴门外的胎衣颜色及是否腐败；检查阴道流出液体的性状、颜色、气味，其中是否含有腐败的胎衣碎块。对牛、马外部检查完毕后，应将手臂消毒，伸入阴道及子宫内检查，注意子宫颈开张程度及胎衣与子宫粘连的程度。此外，尚应注意检查全身情况，如体温、呼吸、脉搏、眼结膜以及胃肠活动等。

(二)治疗

胎衣不下的治疗方法很多，概括起来可分为药物疗法(又称保守疗法)和手工剥离两类。

1. 药物疗法　促进子宫收缩，加速胎衣排出是其保守疗法的原则。可试用促进子宫收缩的药物，皮下或肌肉注射垂体后叶素 50～100 IU。最好在产后 8～12 h 内注射，如分娩超过 24～48 h，则效果不佳。也可注射催产素 100 IU，麦角新碱 6～10 mg。在使用子宫收缩药之前可向子宫腔内灌注浓盐水或溶解后的消炎药。对产后超过 1 d 仍未排出胎衣的病牛，可以进行剥离。如果时间拖延已久，子宫颈已经收缩，手臂不能进入子宫时，则可采用以子宫内置入广谱抗生素为主的一些保守疗法。对有全身症状(体温升高、脉搏增数、胃肠蠕动减弱、食欲减退)的病例，尚应全身应用抗生素及采用其他的对症疗法。

无论是牛或者马，剥离胎衣之后，都应在子宫内置入抗生素，必要时可隔 1～2 d 连用 2～3 次。在马剥离胎衣后，置入抗生素之前，也可应用消毒液冲洗子宫。

2. 手术剥离胎衣　适用于马和牛，体格较大的羊也可以。

(1)原则　容易剥离就坚持剥离，否则不可强行剥离，以免损伤子宫，引起感染，而且胎衣不能完全剥离的后果与不剥离没有差别。体温升高的动物说明子宫已经感染，不可剥离，以免炎症扩散，加重病情。

(2)术前准备　先用温水灌肠。排出直肠中积粪，或用手掏尽。再用0.1%高锰酸钾液洗净外阴。术者将手臂消毒后，先搽0.1%碘化酒精加以鞣化，使保护层不易脱落，然后涂油。术者手上有伤口的不能剥离胎衣，以免术者感染。操作时必须穿戴长臂手套、长统靴及橡皮围裙。

(3)剥离方法　用手扯紧露出阴门外的胎衣，右手沿着它伸入子宫黏膜与胎衣之间，找到未分离的胎盘。先用拇指找出胎儿胎盘的边缘，然后将食指或拇指伸入胎儿胎盘与母体胎盘之间，把它们分开，至胎儿胎盘被分离一半时，用拇、食、中指握住胎衣，轻轻一拉，即可完整地剥离下来。如粘连较紧，则须慢慢剥离。剥离要有顺序，由近及远，逐个逐圈进行；先剥离一个子宫角，再剥离另一个子宫角。越靠近子宫角尖端，越不易剥离，尤须细心，力求完整取出胎衣。

(4)术后处理　胎衣剥离后，因子宫内可能还存在有胎盘碎片及腐败液体，必须用0.1%高锰酸钾、0.1%新洁尔灭或其他刺激性小的消毒液冲洗，清除子宫中的感染源，冲洗后向子宫内投置抗生素(如土霉素片等)药物，隔日1次，连用2～3次，防止子宫感染。

(三)预防

当分娩破水时，可接取羊水300～500 mL于分娩后立即灌服，可促进子宫收缩，加速胎衣排出。

四、分析讨论

1. 胎衣不下是临床常见的产科疾病，尤其在牛最多见。在临床上，对胎衣不下的病例是根据动物种类、分娩后经历的时间长短以及患病动物全身情况来选用适当疗法。

2. 马分娩后经过1 h未排出胎衣，就应采用手术剥离胎衣。在奶牛，一般在产出胎儿后经过12～18 h(夏季要短一些)胎衣未下时就应进行治疗。

3. 可利用胎衣不下的病例或在正常分娩后尚未排出胎衣的实习动物上练习剥离胎衣的操作方法。

4. 如有条件，在实习之前，可收集怀孕末期的子宫(着重为牛)，让学生在实际标本上复习胎盘的结构及练习剥离操作。也可利用剖腹产术的实习动物(取出胎儿后)，练习剥离技术。

(何剑斌)

实习二十六　瘤胃酸中毒诊疗技术

一、实习目的

通过对瘤胃酸中毒的发生发展过程的观察，掌握该病的临床表现、实验室诊断要点、治疗方法。

二、实习材料

1. 动物　瘤胃酸中毒病例或试验动物（健康成年山羊 4 只）人工复制病例。

2. 器材　胃管投药器具（动物开口器、粗口径胃管），临床检查器具（听诊器、体温计），普通试管，50 mL 刻度烧杯，载玻片，盖玻片，显微镜，CO_2 结合力测定仪，精密 pH 试纸，OPT 荧光检测仪。

3. 饲料及药物　玉米面；肝素、对羟基联苯、盐酸酚红；一次性塑料注射器、一次性输液袋；洗胃溶液（1%食盐水、2% $NaHCO_3$ 水、1∶5 石灰水）；石蜡油；无糖补液盐；5%碳酸氢钠溶液、10%安钠咖、复方氯化钠注射液、生理盐水、10%葡萄糖注射液、维生素 C、地塞米松、5%氯化钙溶液或 10%葡萄糖酸钙溶液、维生素 B_1 等（根据临床实际情况选用）。

三、实习内容

（一）临床自然病例

1. 临床诊断

（1）病史调查　通过病史调查，动物有过食谷物等富糖饲料的病史。

（2）临床检查　精神抑郁，严重脱水，流涎，呆立，体温 38.4～40℃，呼吸加深，呼吸次数达 30 次/min 以上，心率加快达 100～120 次/min，瘤胃臌胀，蠕动音消失，腹痛不安，后肢肌肉震颤，排灰白色稀便，粪便混有黏液，气味酸臭，尿量减少。冲击式触诊瘤胃有拍水音。后期卧地不起。

2. 实验室诊断　根据检测项目采集血液、瘤胃液、尿液等进行实验室检验。

（1）瘤胃液、尿液、血液中乳酸含量测定　将瘤胃酸中毒动物保定，在颈静脉处剪毛、消毒后用预先抽吸过 1%肝素的玻璃注射器，直接采取颈静脉血液 2～5 mL，并立即将针头套入橡皮塞。采用羟基联苯显色法测定血液乳酸含量。测定结果见表 26-1。

表 26-1 山羊瘤胃酸中毒前和中毒后 8 h 乳酸浓度变化 mmol/L

项目	中毒前	中毒后
瘤胃液	1.76±1.03	63.18±18.52
血液	1.84±0.33	6.98±1.45
尿液	0.55±0.38	3.34±1.69

(2)瘤胃液、尿液、血液 pH 值测定 采用精密试纸法或酸度计测定 pH 值。测定结果表明,瘤胃酸中毒动物的瘤胃液、尿液和血液 pH 值明显著降低(表 26-2)。

表 26-2 山羊瘤胃酸中毒前和中毒后 8 h 瘤胃液、尿液 pH 值变化

项目	中毒前	中毒后
瘤胃液	7.0±1.4	5.6±0.5
尿液	7.7±0.4	6.3±0.4

(3)血液 CO_2 结合力测定 采用盐酸酚红滴定法测定血浆 CO_2 结合力。测定结果表明,血液 CO_2 结合力(mmol/L)为 20.92±4.82,而投服后 8 h,下降至 13.12±2.30。

(4)血液或瘤胃液组胺含量测定 采用 OPT 荧光检测仪测定瘤胃酸中毒病羊血液和瘤胃液中的组织胺含量。测定结果表明中毒后瘤胃液、血液中组织胺含量明显升高(表 26-3)。

表 26-3 山羊瘤胃酸中毒前和中毒 8 h 后瘤胃液、血液中组织胺含量的变化 μg/100 mL

项 目	中毒前	中毒后
瘤胃液	15.26±2.37	40.92± 6.69
血液	1.95±0.34	16.83±10.85

(5)瘤胃液纤毛虫检查 取采取的新鲜瘤胃液、滴数滴于载玻片上,加盖玻片后镜检。瘤胃液纤毛虫活力测定结果表明,瘤胃液中纤毛虫数量显著减少,活力明显降低。

(二)瘤胃酸中毒的复制及救治

1. 动物 取健康成年山羊 4 只(若条件许可,可增加实验动物,分组进行),体重 20 kg 左右(公母各半)。

2. 投服谷物前体格检查 重点检查项目包括以下方面:①动物分组编号,称体重。②测定体温、脉搏数、呼吸次数。③观察羊精神状态、体格及营养状态;可视黏膜(眼结膜)色泽;鼻汗及有无脱水表现(皮肤弹性及颈部皮肤厚度、眼球凹陷);有无脱水表现;饮食欲;排粪及粪便状况;排尿状况;有无呼吸困难等。④进行系统检查,重点进行反刍功能和瘤胃检查,听呼吸音、心音。⑤实验室检查:瘤胃液检查(pH 值、纤毛虫)、血液(pH 值、PCV 值等)、粪尿 pH 值等。

3. 病理模型复制 可按照参考剂量(表 26-4)由动物自由采食或采用胃管投服玉米面。

表 26-4 投服玉米面的剂量(每千克体重) g

项目	动物编号			
	1	2	3	4
投服玉米面剂量	60	80	100	120
山羊玉米面中毒参考剂量	60~80			

4.诊断　观察项目及检测指标同临床自然病例。

5.救治方案　待出现瘤胃酸中毒的典型症状后，记录出现典型症状的时间并开始进行救治。记录开始救治的时间，用药情况以及救治后症状改善情况和救治结果。亦可取一只让其自然发展，观察其临床表现的变化。死后进行剖检，以观察、记录病理变化。

(1)治疗原则　彻底清除有害(毒)的瘤胃内容物；及时纠正酸中毒和脱水(补碱补液)；逐步恢复胃肠功能。

(2)具体治疗方案

洗胃和泻下　温水或2%碳酸氢钠溶液或10%石灰水上清液冲洗瘤胃。石蜡油500 mL，一次灌服泻下。

补碱补液　用无糖补液盐(KCl 1.5 g，NaCl 3.5 g，$NaHCO_3$ 2.5 g)，加常水1 000 mL溶解后一次灌服；或$NaHCO_3$每千克体重0.3 g口服；重症病例用生理盐水100～300 mL，20%安钠咖2～5 mL；5%$NaHCO_3$ 20～150 mL(每千克体重3～5 mL)；林格氏液100～300 mL，分别静脉注射，先超速输注30 min，以后平速输注，对严重病例具抢救性治疗功效。

抗休克　地塞米松10～20 mg，肌肉注射。

恢复胃肠功能及对症处置　投服健康羊瘤胃液；增强植物性神经机能，促进糖代谢用5%维生素B_1；增强机体解毒机能用25%维生素C；脱水症状缓解仍不能站立，静脉注射10%葡萄糖酸钙10～50 mL或5%$CaCl_2$ 5～20 mL。

四、分析讨论

1.病例复制必须掌握剂量，剂量多，发病快，死亡迅速；剂量少，中毒症状不明显，甚至不出现症状。

2.临床上瘤胃酸中毒分为轻症、中症和重症病例。导胃、洗胃是治疗的关键，必要时进行瘤胃切开，尤其对急性瘤胃酸中毒，具有急救之效。轻症和中症病例伴有轻度和中度脱水，治疗时在导胃、洗胃之后，口服无糖补液盐、活性炭和石蜡油即可治愈。严重病例，伴有重度脱水，应在导胃、洗胃后，首先补碱补液，口服电解质溶液，同时还须配合对症治疗。

补碱量应根据CO_2-CP及尿pH值监测，需补5% $NaHCO_3$(mL)=(正常CO_2-CP－病例CO_2-CP)×0.5×体重(kg)×100。临床上，静脉补充5% $NaHCO_3$首次量一般为每千克体重3～5 mL，隔6～12 h重复应用，直至尿液pH值大于6.6时终止补碱。补液量应根据脱水程度而定，一般以PCV值监测。

3.瘤胃酸中毒临床病例，待酸中毒基本解除后，为恢复瘤胃的功能，可内服健康牛、羊瘤胃液及其他健胃药。

(袁慧、左之才)

实习二十七　皱胃变位诊疗技术

一、实习目的

了解反刍动物皱胃变位的发生发展过程，掌握皱胃变位的临床特征和诊断要点，熟悉治疗方法。

二、实习材料

1. *动物*　奶牛皱胃变位临床病例。

2. *器材*　手术台及腹部手术器械、保定器具、瘤胃液检查设备、尿酮测定设备。

3. *药品*　手术药品（酒精棉球、碘酊、0.1%新洁尔灭溶液、生理盐水、2%普鲁卡因等）；治疗药物。

三、实习内容

（一）临床诊断

1. *右方变位*　多数在产犊后数周内突然发病。患病动物蹲腰，踢腹，出汗，体温初期上升，后期降常温以下。心率加快，可达 120 次/min，食欲废绝，右腹明显增大，迅速脱水，血液黏稠，可视黏膜苍白，严重时卧地不起，呈昏睡状态。在右侧第八至第十三肋间，肩关节水平线以上叩诊并结合听诊，可听到砰砰的“钢管音”。直肠检查，有时可摸到变位的皱胃。在出现钢管音的下方穿刺，容易抽吸出皱胃内容物。

2. *左方变位*　通常奶牛分娩后 1 周内发病。病牛拒食精料，产奶量明显下降，迅速消瘦，腹部紧缩，腹围缩小，肷部深陷，粪便量逐渐减少，呈黏腻滋润，糨糊样有油腻感，心率加快（可达 100 次/min），有的病例体温升高。直肠检查手感空虚。在左腹肩关节水平线上方第九至第十二肋骨之间的区域内，可闻带金属调流水音，叩诊结合听诊，可听到清脆的、具有特征性的“钢管音”。在钢管音明显区的正下方穿刺，抽吸液体作实验室检查为真胃液。

（二）实验室诊断

1. *穿刺液检查*　皱胃左方变位时，左侧钢管音明显区的正下方腹壁穿刺，为皱胃液。

2. *尿酮检查*　取病牛新鲜尿液，进行尿酮检测多为阳性。

3. *手术探查*　可感知到皱胃变位的类型和严重程度。

（三）治疗

一般采用保守疗法和手术治疗。

1. *保守疗法*　有药物保守疗法和滚转疗法，但只适用于皱胃左方变位的早期病例，而皱胃右方变位保守治疗无效，应尽早实施手术。

使用健胃剂辅以消导剂，增强胃肠运动，消除真胃弛缓，促进真胃气液排空。用硫酸新斯的明 10 mg，皮下注射，每日 2 次；10%维生素 B_1 20 mL，肌肉注射，每日 2 次。生理盐水 500 mL，20%安钠咖 10～20 mL，25%维生素 C 20 mL，静脉注射；10%葡萄糖 1 500 mL，10% KCl 100 mL，10% $CaCl_2$ 100～150 mL，静脉注射，每日 1 次。结合中医按前胃弛缓处方兼以消导治疗(用四君子汤、平胃散、补中益气汤、椿皮散加减)，可望治愈。

2. *手术治疗*

(1)左方变位　动物保定在两柱栏内，取站立姿势，采用 2%普鲁卡因腰旁神经干传导麻醉与术部浸润麻醉，必要时，进行全身镇静。

目前临床上多采用左方切开、右方固定的手术方法：在左腹部腰椎横突下方 25～35 cm，距第十三肋骨 6～8 cm 处做垂直切口(约 20 cm)；按手术常规切开左腹壁，打开腹腔后，皱胃便暴露出或在切口的稍前下方；用导管针穿刺导出皱胃内的气体和液体；然后牵拉皱胃寻找大网膜，将大网膜引至切口处，用长约 1 m 的肠线，一端在真胃大弯的大网膜附着部作一褥式缝合并打结，剪去余端；带有缝针的另一端放在切口外备用。纠正皱胃位置后，右手掌心握着带肠线的缝针，紧贴左内腹壁伸向右腹底部，并按助手在右腹壁外指示真胃正常体表位置处，将缝针向外穿透腹壁，由助手将缝针拔出，慢慢拉紧缝线；然后，缝针从原针孔刺入皮下，距针孔处 1.5～2.0 cm 处穿出皮肤，引出缝线，将其与入针处留线在皮肤外打结固定，剪去余线。腹腔内注入青霉素和链霉素溶液，缝合腹壁。加强术后护理。

(2)右方变位　做右肷部前切口(右腹第三腰椎横突下方 10～15 cm 处做垂直切口，切口长约 20 cm)，打开腹腔，变位的邹胃即暴露在创口内或位于其前上方。如皱胃内充气量较多，应先行穿刺放气、排液再行整复。术者探查皱胃的扭转方向，做与扭转方向相反的整复与复位(十二指肠和大网膜在切口内的位置恢复正常，说明复位成功)。将幽门部上方的大网膜折成双层皱褶，将其缝合固定在正常位置的腹膜及肌层上，再关闭腹腔切口。

四、分析讨论

1. 真胃变位尤其是左方变位，是奶牛的高发疾病之一，应引起高度重视。听、叩诊结合是临床诊断真胃变位的重要指标。但皱胃变位的确诊，应结合病史、叩诊结合听诊、穿刺液检查、尿酮检查，必要时剖腹探查等。

2. 本病的治疗，保守疗法对单纯性皱胃左方变位早期病牛可望治愈，但总体效果不十分理想，而手术疗法治愈率高。经保守治疗复位后，应让动物尽可能地采食优质干草，以增加瘤胃容积，防止左方变位的复发和促进胃肠蠕动。

3. 加强术中和术后护理。术中抗菌消炎、强心补液：0.5%甲硝唑 100 mL×(7～10)瓶，静脉注射。复方氯化钠注射液 3 000 mL、25%葡萄糖注射液 500～1 000 mL、20%安钠咖注射液 10 mL、25%维生素 C 20 mL，静脉注射。术后抗菌消炎、强心补液、纠正碱中毒：腹腔注射庆大霉素 100 万 IU 或输注甲硝唑，每日 1 次，连用 3～5 d。补液与术中相同。完全畅通后，兴奋胃肠功能，促进真胃运动：可选用促反刍液、维生素 B_1、拟胆碱药等。

(*袁慧、左之才*)

实习二十八　有机磷化合物中毒诊疗技术

一、实 习 目 的

了解动物有机磷化合物中毒的发生发展过程、临床特征；掌握临床与实验室诊断方法及抢救措施。

二、实 习 材 料

1. 动物　有机磷化合物中毒的临床病例或用实验动物（猪、犬、山羊、鸡等）人工诱发中毒病例。

2. 器材　听诊器、体温计、注射器、针头等诊断设备；实验室检验设备。

3. 药品　检验药品；硫酸阿托品、解磷定、注射用水、10%葡萄糖、生理盐水等治疗药品；甲胺磷或用精制敌百虫等病例复制药品。

三、实 习 内 容

（一）临床诊断

1. 病史调查　主要了解动物接触有机磷化合物的情况，发病时间，发病头数，死亡头数。

2. 临床特征　表现为胆碱酯酶活性被有机磷化合物抑制、胆碱能神经高度兴奋的临床症状，临床上出现：

（1）毒蕈碱样症状　主要表现为平滑肌收缩、腺体分泌过多的临床表现，患病动物瞳孔缩小，大量流涎，严重者涎中带血、呕吐、出汗、腹泻、肺水肿、呼吸困难，支气管腺体分泌增多，有湿啰音，可视黏膜发绀，心律不齐。

（2）烟碱样症状　支配骨骼肌的运动神经高度兴奋，表现为肌群震颤、痉挛。

（3）中枢神经兴奋症状　表现为先兴奋不安、后转为抑制，昏睡，有时出现四肢抽搐。

（二）实验室检验方法

多用全血胆碱酯酶活性试纸测定，参考实习十五。

（三）治疗方法

1. 原则　有机磷化合物中毒的解毒药有生理拮抗剂（阿托品）和特效解毒剂（胆碱酯酶复活剂氯磷定、解磷定及双复磷等），但通常是用生理拮抗剂和胆碱酯酶复活剂结合治疗。因阿托品只能解除毒草碱样症状，且作用消失较快，对烟碱样症状无效。

2. 具体方法

（1）应用抗胆碱药阿托品　阿托品通过阻断乙酰胆碱和受体的结合而产生抗胆碱作用。但有机磷化合物中毒动物对阿托品的耐受性较高，故需用常规剂量的 2～4 倍，牛每千克体重

0.25 mg，其他动物每千克体重0.5～1 mg，皮下或肌肉注射；严重病例用1/3加入葡萄糖溶液缓慢静脉注射，2/3皮下或肌肉注射，以后每隔3～4 h用常规剂量（每千克体重0.05～0.1 mg）阿托品巩固疗效，直到阿托品化（流涎和出汗停止、口腔干燥、瞳孔散大、心跳加快）。

（2）应用胆碱酯酶复活剂　药物主要有解磷定（PAM、碘磷定），氯磷定（2-PAMCl），双解（复）磷。解磷定按马、牛每千克体重20 mg，其他动物按每千克体重50～100 mg，加入生理盐水溶液，配成2.5%～5%静脉注射。

（3）除去尚未吸收的毒物

经皮肤沾染中毒　洗涤皮肤，可选用5%石灰水、草木灰水、0.5%食盐水或肥皂水（但敌百虫中毒不宜碱洗，因为敌百虫遇碱起反应变成敌敌畏，增加吸收，毒性增强10倍左右）。

经消化道中毒　2%～3%小苏打液或食盐水洗胃，并灌服活性炭；用硫酸钠（因为硫酸镁抑制呼吸）泻下；催吐时禁用吗啡、琥珀酸胆碱。此外可采取利尿等措施。

（四）人工复制有机磷中毒实验

1. 投服有机磷农药前体格检查　动物编号，称体重。测定体温、脉搏数、呼吸次数。观察精神状态；瞳孔大小；可视黏膜色泽；有无流涎、出汗现象；有无呼吸困难、咳嗽、流鼻液；饮食欲情况，单胃动物有无呕吐；排粪及粪便状况；排尿状况。进行各系统检查，重点听呼吸音、心音及胃肠蠕动音，反刍动物反刍功能及瘤胃检查。

2. 病理模型复制　取试验动物4只，根据实验动物品种、体重不同，以胃管方式一次投服相应剂量的有机磷农药（10%敌百虫）。同时记录投毒时间，随后观察动物的表现。投服有机磷农药（敌百虫）的参考剂量见表28-1。

表28-1　投服有机磷农药（敌百虫）的参考剂量

动物	投服10%敌百虫/mL（每千克体重）			投服生理盐水/mL	中毒参考剂量/mg（每千克体重）
	1	2	3	4（对照组）	
家兔	5	10	15	10	500～1 100
山羊	1	2	3	2	100～200
猪	4	5	6	5	350～466
鸡	0.2	0.3	0.4	0.2	$LD_{50}\leqslant 50$
犬	0.2	0.3	0.4	0.3	

3. 解救　待出现明显症状后，一只动物皮下注射治疗剂量的硫酸阿托品，注意观察哪些症状消失，哪些症状不消失，然后再用解磷定静脉注射治疗，继续观察其症状消失情况。一只动物只用解磷定单独进行治疗，以观察疗效。一只动物不治疗，死亡后进行剖解，观察并记录病理变化。

四、分析讨论

1. 有机磷农药是近代农业上应用最广泛的高效杀虫剂之一，有100多种，其毒性差异很大。所有有机磷农药，除用于农业杀虫外，尚用于动物杀灭体虱、驱除蚊蝇、治疗疥螨或胃肠道线虫病。因此若使用不合理，或饲草、饲料、饮水被污染，都可引起动物中毒。禽类（鸡）和犬尤为敏感，每千克体重敌百虫的 LD_{50} 值<50 mg，犬猫多因舔食灭蝇纸或食入毒死的动物而引起中毒。

2. 在诊断方面可应用阿托品进行治疗性诊断：应用常规剂量阿托品（每千克体重 0.05 mg）皮下或肌肉注射，30 min 内，若心率不加快，原心率加快的反而减慢，毒蕈碱样症状减轻为有机磷中毒（+）；若很快出现口干、瞳孔散大，心率加快等，不是有机磷中毒（—）。

3. 治疗有机磷化合物中毒，必须采取胆碱酯酶复活剂和乙酰胆碱对抗剂联合疗法，治疗的关键是要达到阿托品化。用阿托品治疗后可引起胃肠功能障碍，且治疗后应停饲或仅给予流体饮料（由于食道麻痹可造成误咽或梗阻）。

4. 据报道，解磷定不是对所有有机磷农药中毒都可产生良好解毒作用，它对 1605，1059，乙硫磷，特普等急性中毒有良好作用，但对敌敌畏、乐果、敌百虫、马拉硫磷（4049）及慢性有机磷中毒则作用较差。氯磷定对乐果中毒应用亦不理想，对 1059，1605，敌百虫，敌敌畏等中毒，若中毒后 48～72 h 应用，疗效亦不佳，此时可用阿托品解毒。有人提出双复磷（TMB）在兽医临床上其作用比氯磷定更优越，剂量为每千克体重 15～30 mg。

（袁慧）

实习二十九　动物驱虫技术

一、实 习 目 的

了解动物常见主要寄生虫和驱虫药物的种类;掌握驱虫药物的选择、驱虫方法与程序,为动物生产实践中寄生虫病的预防和控制奠定基础。

二、实 习 材 料

1. 动物　马、牛、羊、猪、犬、猫等。

2. 器材及药品　保定器材、投药器材、注射器材;各种驱虫药物。

三、实 习 内 容

(一)寄生虫的种类与各种动物易感的主要寄生虫

动物寄生虫包括体内和体外寄生虫两大类,其中体内寄生虫主要有线虫、吸虫、绦虫、原虫等,体外寄生虫主要有蜱、螨、蜘蛛、昆虫等。由于动物的种属不同,其易感的主要寄生虫或类别不尽相同。

(二)常见寄生虫驱虫药物的选用

目前在我国应用的驱虫药较多,应合理选择,正确使用,以便更好地发挥药物的疗效。选用抗寄生虫药物必须在正确诊断的基础上,针对病原体选用高效、安全、广谱、剂量小、适口性好和价格低廉的药物。常见寄生虫主要选择的驱虫药物见表 29-1。

(三)驱虫方法

1. 驱虫药的给药途径　驱虫药的给药途径主要有口服法(拌饲法、混饮法、直接投服法),透皮法(耳后颈部),注射法(皮下注射、肌肉注射、静脉注射)等。

2. 常用驱虫模式

(1)治疗性驱虫　以发现动物有寄生虫感染病征时确定为驱虫时期,针对所发现的感染寄生虫种类选择驱虫药物进行驱虫,主要目的是治愈患病动物,即不定期驱虫模式。

(2)预防性驱虫　针对有寄生虫寄生的动物群体所进行的一种定期性的驱虫措施,不论其发病与否,主要目的是防止寄生虫病的暴发。

定期预防性驱虫　①全场驱虫,即对全场所有动物进行全面用药驱虫。对于多数蠕虫每年驱虫 2 次(即每年冬末春初季进行第一次驱虫,秋末冬初季进行第二次驱虫),有时可采取每季度驱虫一次。②成熟前驱虫,是趁蠕虫在宿主体内尚未发育成熟的时候,用药驱除之,主要应用于某些蠕虫。具体驱虫时间应根据寄生虫的生活史和流行病学特点以及药物的性能等因素来确定。这种方法的优点在于将虫体杀灭于成熟之前,防止了虫卵或幼虫对外界环境的污染，阻断宿主病程的发展，有利于保护动物健康。③阶段性驱虫，是指在动物的某个特定阶段进行定期用药驱虫。以猪为例，种母猪产前 15 d 左右驱虫一次；保育仔猪阶段驱虫一次；后备种猪转入种猪舍前 15 d 左右驱虫一次；种公猪每年驱虫 2～3 次。

表 29-1 常见寄生虫主要选择的驱虫药物

常见寄生虫			主要药物
蠕虫	吸虫	日本血吸虫	硝硫氰胺(7505)、硝硫氰醚(7804)、硫双二氯酚(别丁)、六氯对二甲苯(血防 846)、吡喹酮等
		肝片吸虫及大片吸虫	碘醚柳胺、氯氰碘柳胺、硝碘酚腈(硝羟碘腈)、五氯柳胺(羟氯柳胺)、三氯苯唑(肝蛭净)、丙硫苯咪唑(抗蠕敏)、硝氯酚(拜尔 9015)等
		其他吸虫	吡喹酮、丙硫苯咪唑等
	线虫	蛔虫	左旋咪唑、丙硫苯咪唑、甲苯咪唑、芬苯达唑、阿维菌素、伊维菌素及敌百虫等
		丝虫病	乙胺嗪(海群生)、左旋咪唑、伊维菌素、倍硫磷、盐酸二氯苯砷等
		旋毛线虫	丙硫苯咪唑、甲苯咪唑等
	棘头虫	猪棘头虫	硝硫氰醚、丙硫咪唑和吡喹酮合剂等
		鸭棘头虫	硝硫氰醚等
		绦虫	吡喹酮、氯硝柳胺、丙硫苯咪唑、甲苯咪唑等
原虫	球虫		氯苯胍、氯羟吡啶(克球粉)、尼卡巴嗪(球虫净)、甲基三嗪酮(百球清)、磺胺氯吡嗪(三字球虫粉)、磺胺喹噁啉、地克珠利、莫能菌素、盐霉素、马杜霉素、拉沙洛菌素、磺胺二甲基嘧啶、磺胺二甲氧嘧啶等
	锥虫		萘磺苯酰脲(拜尔 205)、喹嘧胺(安锥赛)、氯化氮氨啡啶等
	梨形虫(焦虫、泰勒虫)		三氮脒(贝尼尔、血虫净)、喹啉脲(阿卡普林)、黄色素(吖啶黄、锥黄素)、苔盼蓝(锥蓝素)、咪唑苯脲(咪唑啉卡普)等
	弓形体		磺胺间甲氧嘧啶注射液等
	住白细胞原虫		磺胺间甲氧嘧啶(泰灭净)等
	附红细胞体		贝尼尔、黄色素、土霉素及四环素等
外寄生虫	螨、虱、蜱、蝇蛆		有机磷类：敌百虫、敌敌畏、马拉硫磷、皮蝇磷等 拟除虫菊酯类：溴氰菊酯、氰戊菊酯——速灭杀丁等 大环内酯类：阿维菌素、伊维菌素及多拉菌素等 其他杀虫药：双甲脒等

长期给药预防性驱虫 在雏鸡和幼兔的饲料或饮水中，加入抗球虫药长期服用，是目前预防鸡、兔球虫病的重要措施。为了预防鸡住白细胞原虫病，可将药物加入饲料中在流行季节长期服用。为预防羊的胃肠道寄生虫，可将药物混于精料或食盐中让羊舔食，或应用缓释制剂或控释制剂(如阿维菌素控制释放丸)在感染季节投服，其药效可达 3 个月以上，如结合每年 2 次

的定期驱虫，可对起到有效预防牛羊等动物寄生虫病和净化牧场的双重作用。

（四）一般驱虫程序

1.猪　首次进行寄生虫控制程序的猪场，应首先对全场猪进行一次彻底的驱虫。公猪每年至少驱虫 2 次。仔猪、育成猪转群前用药一次。初产母猪配种前 7～14 d 用药一次；母猪分娩前 7～14 d 驱虫一次。新购进猪用药 2 次（每次间隔 10 d），隔离饲养 30 d 后才能与其他猪混群饲养。外寄生虫感染严重猪，每年用药 4～6 次。

2.牛、羊　每年全群预防性驱虫 2 次，冬末春初及秋末冬初驱虫，在寄生虫严重的地区，5～6 个月可增加一次。犊牛和羔羊断奶前后进行保护性驱虫，母牛、羊在产前进行驱虫，严重地区产后 3～4 周再进行驱虫。发病后，在驱虫前应检查牛、羊群主要感染寄生虫的种类，然后针对地驱虫。

3.犬、猫　幼龄犬猫最好每个月驱虫一次；成年后每年驱虫 1～2 次。驱虫的同时，最好也驱跳蚤（肉犬以 2～3 个月一次为宜）。在寄生虫病高发地区应每月驱虫一次或 1 个半月驱虫一次。

4.家禽　家禽主要驱除线虫、吸虫、绦虫和球虫，夏季来临前，注意住白细胞原虫的预防。驱虫一般选择在傍晚，这样清晨可清除排出的虫体，防止再次污染。

5.兔　球虫和螨是危害兔的最主要寄生虫，必须引起重视。种兔产仔前 10～15 d 混料使用地克珠利，直到仔兔断奶，同时在产仔前 10～15 d 皮下注射伊维菌素或阿维菌素。仔兔断奶前 1 周左右皮下注射伊维菌素或阿维菌素，防止个别带虫者混群后传染。仔兔断奶后 2～3 个月内，连续使用高效抗球虫药物（如莫能霉素）预防兔球虫病。仔兔混群后 1 周全部注射伊维菌素或阿维菌素，杀死皮内虫卵孵出的幼虫。毛兔每次剪毛后皮下注射阿维菌素或伊维菌素，预防内外寄生虫的传播。引进兔需注射伊维菌素或阿维菌素及饲喂抗球虫药（地克珠利或莫能霉素等），并隔离饲养 1 个月后方可混群。

（五）注意事项

1.合理选择和使用驱虫药物是做好防治畜、禽寄生虫病的重要一环　正确选择驱虫药物是保证驱虫效果的重要前提。①每一种抗寄生虫药物都有其各自的抗虫谱，处在不同发育阶段的寄生虫对药物的敏感性亦有很大差异，因此，应根据寄生虫种类及其发育阶段，合理地选择应用驱虫药物，以便更好地发挥药物的抗虫效果。②如果一次驱除多种寄生虫，应选择广谱驱虫药或选择几种有效药物联合使用，如消化道线虫和螨虫同时感染，可选择伊维菌素或阿维菌素。③如进行成熟前驱虫，应选择对幼虫有效的药物。④药物应对动物机体不产生抗药性、无三致、无残留及环境公害。如驱球虫时，若采用有计划地在短期内轮换或穿梭使用作用机理不同，或抗球虫活性峰期不同的抗球虫药。这样，不仅能维持药物的抗球虫活性，而且可推迟球虫产生耐药性的速率。

2.驱虫药的剂量、疗程和使用　用药量不足，达不到驱虫效果，并容易诱发虫体产生抗药性；用药超量会导致中毒。为保证用药量的准确，对驱虫动物的体重应用实际称重法，尽量不用目测估重法。大群动物驱虫，尤其是未曾使用过的药物，应先选择少数动物进行驱虫试验，确保安全有效后再大群使用。对体弱、有病、怀孕或对特定驱虫药物敏感的动物驱虫，更应考虑安全性，可分次用药或延缓驱虫时间，如敌百虫等有机磷类最好不要用于怀孕母畜，不宜用于禽类和犬猫肠道线虫的驱除；苏格兰牧羊犬对阿维菌素类药物比较敏感，驱虫时应防止中毒。如通过混饲或饮水大群给药时，应充分混匀，并保证动物按标准摄入驱虫药物。驱虫时和驱虫后，应注意观察动物的反应，发生中毒应及时救治。

3. 注意驱虫药的禁忌和休药期，保证公共卫生安全　有些药物如磺胺类、聚醚类、氯苯胍、尼卡巴嗪、乙氧酰胺苯甲酯等，因能降低蛋壳质量和产蛋量，或在肉、蛋中出现药物残留，以致危害人体健康。因此，对有上述不良作用的药物应禁用于产蛋鸡，而肉鸡、肉兔则应在屠宰前有数天休药期。此外，还应防止工作人员中毒。

4. 防止病原的散布　驱虫后，动物会随粪便排出大量的虫体、幼虫和虫卵，可造成环境污染。因此，驱虫应将动物集中在专门(有隔离条件的)的场所进行；动物驱虫后应有一定的隔离时间，直至被驱出的病原物质排完为止；动物驱虫后排出的粪便和一切病原物质均应集中处理，使之“无害化”。粪便一般是发酵(即生物热)的方法用进行处理以杀死病原。

5. 驱虫效果的评定　驱虫后，观察动物的精神、营养、粪便等症状的改善情况，并在用药后1个月左右抽查一定数量动物的粪便，观察动物体内虫体或虫卵的减少情况。驱虫药物效果的判定标准，一般采用精计驱虫率(排出虫体数/(排出虫体数＋残留虫体数)×100％)与粗精计驱虫率即驱净率(完全驱虫动物数/试验动物总数×100％)。从驱虫的意义和生产实际的要求来说，驱净率标准的意义更为重要。高效驱虫药单剂一次投服的驱净率应在60％～70％及以上。动物驱虫后，应对其效果作出全面评价，总结经验，找出问题，以供今后驱虫参考。

四、分析讨论

1. 动物寄生虫病是一个世界性的问题，给养殖业带来了巨大的经济损失。动物寄生虫包括体内寄生虫和体外寄生虫两大类，其中体内寄生虫主要有线虫、吸虫、绦虫、原虫等，体外寄生虫主要有蜱、螨、蜘蛛、昆虫等。

2. 动物寄生虫病的防治，必须采取“预防为主”的方针，采取“综合防治”的措施。主要包括：①动物驱虫。②加强粪便管理。③杀灭中间宿主和传播者。④注意饲养卫生(饲料、饲草及饮水卫生，圈舍及周围环境卫生)，减少同病原接触的机会。⑤建立、健全兽医卫生检验制度，逢宰必检，检出的有虫肉尸及屠宰场排出的污水按规定处理。⑥采取轮牧、分群饲养、改变饲养方式(舍饲、禽笼养)等科学饲养方式，减少寄生虫感染率。⑦加强饲养管理，尤其是全价饲养，增强动物的抵抗力。⑧免疫接种。⑨利用寄生虫的自然天敌来进行生物防治。总之，对动物寄生虫的防治，必须针对每一种寄生虫的发育史和流行病学中的各个关键环节，通过控制传染源、切断传播途径、保护易感动物的基本原则，采取综合措施才能奏效。

(胡延春)

实习三十　动物危症急救技术

一、实 习 目 的

了解兽医临床上常见急救病症的种类；熟悉各种急救病症的解救方法，能对危急病症实施急救。

二、实 习 材 料

1. 动物　发生危急病症的动物或人工病例。

2. 器材及药品　保定器材、临床检查器材、急救药物等。

三、实 习 内 容

(一)心肺复苏法

心、肺复苏是针对心跳骤停及呼吸停止采取的抢救措施。

1. 通畅呼吸道　将口、咽、鼻腔内的异物清除净后，插入气管插管以畅通呼吸，并可同时进行补氧。

2. 心脏按摩　为确保脑和心脏冠状动脉的血流量应进行心脏按摩。①首先是心区拳击术，在心脏骤停后的瞬间，心脏的应激性明显升高，此时以中等力量连续拳击心区 3～5 次，可以使心脏复跳。②心区拳击术无效时，可以采用胸外心脏按摩，频率与健康动物心率一致，为增强按摩效果，可以配合人工呼吸及进行心内注射 0.1%的肾上腺素 0.5～10 mL(在按摩后 30 s 内未恢复时)。按摩有效的指标为：股动脉及颈动脉能够触及波动，黏膜由紫绀变红润，瞳孔由大变小，出现自主呼吸、吞咽动作及睫毛反射。③当胸外心脏按摩无效时，可以采用开胸式心脏按摩，可以通过开胸术隔心包或直接心脏按摩，按摩的方法是从左右心室的游离壁向心室中隔压迫，同时进行人工呼吸。胸内按摩有效的指标与胸外心脏按摩相同。

3. 人工呼吸　在心脏按摩的同时进行下面的人工呼吸。①气管插管法：如果气管插管顺利，用呼吸机或呼吸面罩来进行人工呼吸。②口吹气法：如果气管插管不能实施，则可使动物头颈伸直，用手紧闭动物双颌和捂住动物一侧鼻孔，从动物另一侧鼻孔吹入气体，然后借助肺的回缩而自行呼出气体或压迫胸部将气体排出来完成换气。吹气的频率以 12～16 次/min 为宜。③压胸法：用双手对动物胸部做有节奏的短促而有力的按压，使胸壁随按压与放松而活动，人工进行被动呼吸。④仰卧牵肢法：将仰卧动物两前肢向两侧下压展开，随后上提而收拢。

胸廓均匀而有节奏地起伏及空气经过气管内而发出的气流声音为人工呼吸有效的指标。人工呼吸须持续数分钟，乃至十多分钟，直至动物恢复正常呼吸为止。如果在短时间内不见效果，不要轻易放弃治疗，亦不可在呼吸刚开始恢复时就停止，否则会无效。

4.应用心、肺复苏药物

心脏复苏的药物有0.1%肾上腺素0.5～10 mL或异丙肾上腺素心内注射，必要时隔3～4 min注射一次；5%氯化钙每千克体重5～7 mg，必要时每3～4 min心内注射一次；阿托品每千克体重0.05～0.1 mg心内注射；11.2%乳酸钠15～30 mL(犬)心室内注射，特别适于高血钾引起的心搏停止。

肺复苏的药物有25%尼可刹米0.125～5 g/次，静脉注射；10%安钠咖0.1～5 g/次，静脉或肌肉注射；此外，可用戊四氮、山梗菜碱静脉注射，回苏灵静脉或肌肉注射。对新生仔畜窒息，还可用氨水刺激鼻部，以兴奋呼吸。

5.心脏复苏辅助治疗药物

(1)供给能量药物　应用ATP、细胞色素c、肌苷等，为心肌代谢提供所必需的营养物质，以利于心肌工作。

(2)碱化血液，纠正酸中毒　在心脏停搏后抢救1 min以上未复搏者，应立即静脉注射5%碳酸氢钠以纠正酸中毒，必要时5～10 min给药一次，直至心脏复苏。

(3)扩充血管内容量　扩充血管内容量主要通过静脉输入胶体、晶体、血液或生理盐水的疗法实现。需要特殊说明的是，对于发生头部损伤、肺水肿、挫伤、腹腔出血或胸腔出血、心功能衰竭等的动物不应过度补液，否则将造成高血压及心血管负荷过重并引发出血和水肿。

(4)使用血管收缩剂　在复苏的早期使用血管收缩剂意义重大，可促使血液回流心脏，以保证冠状动脉及脑组织的供血，如去甲肾上腺素、肾上腺素、苯肾上腺素、间羟胺、甲氧胺、甲苯丁胺、异丙肾上腺素等。

(5)降温处理　头部降温，在抢救开始后5 min内给予冰帽，实施头部降温，同时给予不同组合的冬眠性药物，以防止发生寒战和抽搐。

6.抗休克治疗　在抗休克治疗时需要进行静脉留置针，以防休克时静脉塌陷。抗休克治疗的方法有：

(1)补充血容量　可采用补液和输血、用毛巾和绷带等物紧紧地缠牢四肢及腹部减少供血量、使用血管收缩剂等方法。需要注意的是当发生胸腔内或颅内出血时不能采用后两种方法。

(2)减轻疼痛　若动物休克是由于创伤之类的原因引起的，对疼痛进行控制可以减轻动物的疼痛感，稳定动物的病情，在临床上可以利用全身麻醉剂或局部麻醉剂缓解动物的疼痛。

(3)控制出血　对于多数休克而言，出血可能是一个主要原因。因此止血是控制休克、稳定病情、改善循环状况的一个重要方面。根据出血部位及情况采取不同的止血方法。

(4)糖皮质类固醇药物　投给糖皮质类固醇药物(氢化可的松、地塞米松等)，以稳定细胞膜，但糖皮质类固醇药物对于心源性休克和感染性休克的作用效果并不明显。

(5)其他措施　高血钾是休克时突出的电解质紊乱现象，可通过静脉注射10%葡萄糖酸钙、高渗溶液等而改善，可注射11.2%乳酸钠、阿托品等改善高血钾所致的心脏传导阻滞。输血或注射肝素可预防弥漫性血管内凝血。合理应用抗生素预防和控制感染。

凡经积极抢救后出现瞳孔散大且意识丧失达1 h以上者、经抢救1 h后仍无自主呼吸者、心电活动停止达1 h以上者、脑电无电位变化者应为救治无效，可以终止复苏。

(二)过敏性休克的抢救

首先应用0.1%肾上腺素静脉注射，并根据需要隔20～30 min注射一次。可在昆虫刺蛰部位直接注射肾上腺素稀释液。确保呼吸道通畅，插气管导管，并戴氧气面罩。静脉注射速效皮质激素，如氢化可的松、地塞米松等，并根据需要每隔 3～4 h 反复注射。静脉注射抗组织胺药物，如苯海拉明每千克体重 1.1～2.2 mg。

（三）电击的抢救

1. 迅速脱离电源　迅速关闭电源，用非导体将电线挑离触电的动物，或用木棍将紧贴电源的动物与电源拨开，或用草绳将触电的动物拉离电源。

2. 人工呼吸　当呼吸不规则或停止时，要迅速进行人工呼吸。

3. 吸入氧气　如果有条件，应进行吸氧，且在氧气中加入 5% 的二氧化碳，可以起到兴奋呼吸中枢的作用，并通过机体代偿性反应而提高血压。但不能长期应用，否则将导致呼吸衰竭。

4. 胸外心脏挤压术　心脏挤压可以使暂时停搏的心脏仍能维持血液循环，以供给延髓呼吸中枢血液，对呼吸中枢的恢复有利，而挤压心脏对于心脏搏动的恢复有直接刺激作用，这比单纯人工呼吸效果好。

5. 投给兴奋剂　尼可刹米可以直接兴奋呼吸中枢，但心搏兴奋剂如肾上腺素、麻黄碱等在存在心搏时应禁用。

6. 其他处置　如果频繁出现期外收缩、心律不齐者，可以投给奎尼丁。呼吸、心搏恢复后，可以静脉注射高渗葡萄糖或速尿防止脑水肿，用氯丙嗪防止抽搐。体温降低者应进行保温。

（四）溺水的抢救

溺水死亡的原因是由于气管内吸入大量的水分而妨碍呼吸，造成窒息而死亡。

1. 溺水的搭救　可以使用救生圈或救生绳令其自救，或用木棒搭救，无效时下水抢救，对非窒息或昏迷的动物有效。

2. 医疗急救　对于呼吸不规则、微弱乃至停止的动物，要清净口鼻内的异物。将动物移置坡道上，使其头朝下，对中、小动物可用手将两后肢倒提或将动物的后肢垫高，使气管和食道内的水倒出。

3. 按照触电急救的方法进行救治　包括人工呼吸、吸入氧气、胸外心脏挤压及注射尼可刹米、安钠咖、樟脑或肾上腺素等。并注意保暖，醒后给予热姜汤等。

（五）咽喉阻塞的抢救

1. 气管切开　对于暂时无法解除呼吸困难、有窒息危险的动物，应立即进行气管切开，安装气管套管，保证呼吸畅通，直至原发病治愈为止。

2. 取出阻塞异物　咽喉异物阻塞时，大动物打开口腔，直接用手取出异物；中、小动物，打开口腔，用长钳夹取出异物。

3. 压迫性阻塞　由蜂窝组织炎、淋巴结肿大等导致急性咽喉部炎症，按照原发病治疗。

（六）急性肺水肿的抢救

1. 安静休息　可将动物转移到荫凉通风的地方，兴奋不安的动物可肌肉注射氯丙嗪，让其保持安静。

2. 减轻心脏负担，缓解肺循环障碍　主动性肺水肿的动物，颈静脉大量快速泻血，马牛 2 000～4 000 mL，猪羊 250～500 mL，有急救功效。被动性肺水肿动物，可行氧气吸入。

3. 制止渗出　应用 10% $CaCl_2$ 或 10% 葡萄糖酸钙液，静脉注射；配合糖皮质激素（可的松、地塞米松等）。

4. 对症治疗　当心脏衰弱时，适时应用强心剂；因过敏反应引起的肺水肿可使用 0.1% 肾上素和抗组胺药(异丙嗪、苯海拉明);因低蛋白血症引起的肺水肿,要限制输注晶体溶液,应用血浆或全血提高胶体渗透压,最好不输 Na^+,以免 Na^+ 进入肺泡内加重水肿。

5.缓解呼吸困难 若气管中液体较多,可用胃管抽出或气管切开后插入导管抽出液体,保持呼吸道畅通。气管、支气管内存在的泡沫,可用20%～30%的酒精100 mL左右,雾化吸入5～10 min,可缓解呼吸困难。

(七)中暑的抢救

1.物理降温疗法 立即将动物移至阴凉通风环境、安静休息。大量供给凉盐水,井水浇头或冰块敷头;冷水灌肠;全身冷水浇洗或冷水中浸泡。规模化养殖场,应加大通风量。

2.防循环衰竭及肺水肿,促进体热放散兼解痉 先放血后,静脉输注5%葡萄糖生理盐水、林格氏液、20%安钠咖、2.5%盐酸氯丙嗪。

3.防止酸中毒 静脉输注5% $NaHCO_3$。

4.对昏倒倒地者 25%尼可刹米肌肉注射;0.1%的肾上腺素肌肉注射或加入10%葡萄糖中静脉注射。

(八)急性瘤胃臌气的急救

1.一般性排气减压 使病牛羊保持前高后代的站立姿势,然后采取不断牵引舌头;用木棒涂煤酸皂溶液含于口内;用纱布包食盐100 g、辣椒面10 g后衔于口中,同时按摩瘤胃;牵遛患牛、羊;直肠排气等方法,反射性地促进瘤胃蠕动和嗳气,促进气体排出。

2.瘤胃穿刺或胃管插入放气 病情严重有窒息危险者,进行瘤胃穿刺或胃管插入放气,瘤胃穿刺放气后,用0.25%普鲁卡因溶液50～100 mL,青霉素400万～800万IU注射入瘤胃。

3.消沫止酵

(1)止酵消胀 对非泡沫性瘤胃臌气,用鱼石脂松节油酒精合剂(鱼石脂5～25 g、松节油5～30 mL、酒精10～100 mL,常水或食醋200～1 000 mL)一次胃管投服或瘤胃注入;或生石灰水上清液内服(生石灰50～250 g、水500～2 500 mL);或8%氧化镁溶液300～1 500 mL内服。

(2)灭沫消胀 对泡沫性瘤胃臌气,用表面活性药物:如二甲基硅油(牛2～4 g、羊0.5～1 g);或用消胀片(二甲基硅油25 mg/片)内服,牛100～150片/次,能迅速奏效;或用食用油、液体石蜡、烟油等内服;或用醋油合剂(食醋或泡菜水0.5～2 kg、食用油0.2～1 kg)内服;或石灰油合剂(清油0.2～1 kg加热起烟后加入生石灰水中)等内服。

(九)眼睛损伤的救治

眼睛损伤多为动物之间相互打斗撕咬以及外来的暴力因素作用于眼部所致。以京巴、西施犬等眼球较大而突出的犬最多见。轻者导致眼角膜或结膜的损伤,重者可造成角膜穿孔甚至眼球脱出于眼眶之外。

1.眼部清洗及检查 用生理盐水或3%硼酸水做眼部冲洗,把眼球及周围组织所粘的被毛及污物彻底冲洗干净,仔细对伤情进行检查,有无异物、有无穿孔、瞳孔有无对光反射等,根据损伤程度作出治疗方案。

2.轻度损伤的处理 用加入抗生素的生理盐水进行眼部冲洗,然后涂布红霉素眼膏等,视临床需要可用普鲁卡因青霉素施行眼周封闭注射。

3.眼球整复手术 对于新发生的眼球脱出,可进行眼球整复手术:动物确实保定,如有必要可实行全身麻醉,按上法反复冲洗后,助手用手术钳将上下眼睑提起,术者用湿的灭菌纱布将眼球轻压还纳于眼眶内。眼球上涂布红霉素眼膏。为了防止再次脱出可在上、下眼睑结节缝合2～3针。将青霉素20万～80万IU,地塞米松2～10 mg、2%普鲁卡因0.5～2 mL混合,上、下眼睑皮下封闭注射,每天1次,连用3～5 d。用红霉素眼膏从缝合的间隙挤入眼内,每天1次。术后应防止动物对术部的抓挠。

4.眼球摘除手术　对于损伤严重如视神经撕脱、眼内容物(如玻璃体、晶状体)流出以及眼球脱出过久造成眼组织化脓坏死,没有治愈希望的,应施行眼球摘除手术。

(十)胸壁透创的急救

1.暂时封闭创口　先用消毒棉花或纱布等暂时封闭创口或进行临时包扎,防止气胸、血液进入胸腔和感染。

2.及时止血、止痛、减轻气胸,防止休克　可采用压迫、钳夹、结扎、填塞等机械止血及药物止血;局部止痛可用0.25%～0.5%普鲁卡因或利多卡因对创面进行喷洒,或在创伤周围进行环状封闭或分点注射;全身止痛可用安痛定,必要时可用杜冷丁。如有多量气体进入胸腔,可用大注射器或吸气机抽出胸腔中的气体。

3.清洁创围　用灭菌纱布块将创面或创腔加以覆盖后,在创伤周围除毛,温热肥皂水洗净,再用5%碘酊和70%酒精依次消毒。

4.清理及缝合创口　移去覆盖的纱布块,迅速清除胸腔内污物、血凝块、被毛等,同时修整创缘,扩大创口,消灭创囊,清除挫灭、坏死组织。用生理盐水或消毒防腐液对创腔、创面反复冲洗。胸腔内可给予抗生素。按外科缝合方法密闭缝合创口,缝合后应保证无气胸。

5.全身治疗和控制感染,防治败血症

(十一)中毒急救法

中毒急救总的原则是首先脱离有毒环境,阻止有毒物质继续进入体内;尽快排除已经进入体内的毒物;用特效解毒药物拮抗或消除已经吸收的毒物;应用普通解毒药物增强肝脏的解毒功能和肾脏的排泄功能,根据具体状态,采取综合性的救治措施。

1.制止有毒物质继续进入体内　阻止毒物继续被机体吸收是治疗中毒性疾病的首要环节。当动物处于有毒物质的环境中时,应使其迅速远离毒物污染的环境。皮肤或黏膜接触毒物时,应立即用大量的清水或生理盐水冲洗干净。

2.排出胃肠道内有毒物质　当毒物食入后不久(2～4 h以内),毒物尚未充分吸收时应用,为排出已经进入胃肠道的有毒物质,可以采取以下的措施。

(1)催吐法　主要适用于犬猫及猪。①刺激催吐:对于清醒的动物,用投药板、压舌板、手术镊夹持的对侧端、羽毛等,从一侧口角伸入刺激咽喉后壁。②撒入食盐:用10 g左右的食盐撒入中毒动物的口内。③灌服双氧水:3%双氧水5～10 mL,灌服。④阿扑吗啡:每千克体重0.04 mg,静脉、皮下或肌肉注射。但中枢神经系统抑制性疾病(疼痛反射消失时)、强碱、强酸、石油类化合物、安定药中毒等禁用,毒物已摄入4 h后,禁用。⑤口服吐酒石0.1～0.5 g;口服硫酸铜0.2～1 g;口服吐根末0.5～1 g等。⑥内服催吐解毒汤:甘草60 g、瓜蒂7个、玄参60 g、地榆或苦参30 g,水煎后口服。

(2)洗胃法　适用于麻醉后或处于昏迷的中毒动物。在尚未明确毒源之前,可以选择清水、生理盐水或0.5%的活性炭悬浊液进行洗胃。有毒植物的生物碱、砷化物、氰化物或无机磷中毒时,选择0.1%～0.2%的高锰酸钾溶液洗胃。2%的碳酸氢钠可以使多种生物碱沉淀,并能结合某些重金属离子(如铁、汞等)。0.2%～0.5%硫酸铜可以用于无机磷中毒。此外,可用绿豆汤反复洗胃。但有机磷农药中毒时，不能用高锰酸钾、碱液洗胃。

(3)瘤胃切开法　瘤胃切开是反刍动物排空胃内有毒物质的有效方法。

(4)吸附法　在未查明毒物性质时，首先选用吸附剂，可有效地防止毒物吸收。①常用吸附剂：活性炭、兽用碳、木炭末。方法是将植物类活性炭(每千克体重 2～8 g)溶于水中配成 10%～20%浓度，灌服，每天 3～4 次，连续 2～3 d。喂服活性炭 30 min 后，必须用泻下剂。若同时配合催吐，洗胃，其疗效更明显(但禁用吐根糖浆催吐)。②万能解毒药：木炭末(活性炭) 2 份(吸附生物碱、重金属盐)；MgO 1 份(吸附酸类物质)；高岭土(白陶土) 1 份和鞣酸 1 份(吸附碱、生物碱、重金属盐)，大动物 100～150 g，中等动物 20～40 g，加水适量灌服。③粘浆剂：包括淀粉、阿拉伯胶、牛奶、蛋清等，它们在消化道黏膜上形成一层薄膜，阻止毒物吸收。

3.加速已吸收毒物的排除

(1)缓泻法和灌肠法　当毒物食入后较久(6 h 以上)，或在应用吸附、催吐、洗胃之后，促进毒物的排除时应用。一般选择盐类泻剂，但对于已经发生严重腹泻或脱水的动物，应慎用。

(2)泻血法　当毒物已经被吸收入血时，可以实施放血疗法，以减少体内有毒物质的含量。在放血同时进行大量补液(葡萄糖、林格氏液等)，并对于降低颅内压和血压也有效。泻血量，大、中动物以体重的 3.8%为限，小动物以体重的 3.8%～4.5%为限，但必须同时补液，稀释毒物，防止低血容量性休克。

(3)利尿法　毒物吸收后多经泌尿器官排出，为加强排尿功能，可以选择利尿药物，如强心利尿药物苯甲酸钠咖啡因每千克体重 0.05 g；容积性利尿药物：林格氏液、生理盐水等。增强肾脏排泄功能的利尿药物：速尿每千克体重 1～2 mg，肌肉或静脉注射，每天 1～2 次。脱水性利尿药物：甘露醇每千克体重 1～2 g，静脉注射，间隔 4～6 h 一次。改变尿液 pH 值的药物：尿液的酸化剂可以选择氯化钠、氯化铵，碱化尿液选择碳酸氢钠。50%葡萄糖 5～50 g，静脉注射，具有利尿及解毒的双重作用。

(4)腹膜透析法　腹膜透析对于中毒的解救、肾脏衰竭的治疗均具有较好的效果。

4.*一般解毒疗法*　应用化学解毒药物与特定的有毒物质发生化学反应，变成无毒物而排出体外。

(1)氧化解毒　0.01%～0.05%高锰酸钾和 1%～3%双氧水是强氧化剂，对许多毒物如配糖体类、亚硝酸盐、氰化物、磷等具有氧化作用，使其毒性减弱或消失。

(2)中和解毒　碱中毒用 1%稀盐酸、0.55%～1%枸橼酸中和；酸中毒用氧化镁、石灰水及氢氧化铝凝胶中和。甘草绿豆汤(生绿豆 250 g、甘草 60 g，捣碎煎服)、蛋白水(鸡蛋清 5～7 个，加水至 200 mL)或豆浆、牛奶 200～300 mL，均具有中和解毒作用。

(3)沉淀解毒　鞣酸能与金属类、生物碱、配糖体等毒物生成不溶性复合物，达到解毒作用，但复合物能在消化道内被分解而重吸收，故在应用鞣酸的同时，立即投给缓泻剂或进行洗胃，以使沉淀物迅速排出体外。氟化物或草酸盐中毒时，可以应用葡萄糖酸钙或氯化钙解毒，使之生成氟化钙或草酸钙而沉淀。碘酊水溶液(500 mL 水中加 15 滴)可以使生物碱沉淀而解毒。钡中毒时，可以口服 2%～5%的硫酸钠溶液，生成硫酸钡沉淀而解毒。

5.*特效解毒剂*　①铅、汞、锑、锰、镍、铜、锌及一些放射性元素中毒：应用依地酸钙二钠。②砷及汞中毒：应用二巯基丙醇、二巯基丁二酸钠、二巯基丙磺酸钠、青霉胺及半胱胺酸。③氰化物中毒：应用亚硝酸钠—硫代硫酸钠联合疗法。④有机磷中毒：应用胆碱酯酶复活剂和乙酰胆碱对抗剂联合疗法。⑤硝酸盐中毒：应用小剂量亚甲蓝(美蓝)及维生素 C 进行治疗。⑥有机氟中毒：应用乙酰胺（解氟灵）解毒。

6. 支持及对症治疗　稀释毒物、排毒、保肝、供给能量、维持水盐代谢平衡。

（1）一般解毒剂　2%硫代硫酸钠 10～300 mL，每天 2 次，25%维生素 C 2～40 mL。

（2）对症疗法　心衰应强心；兴奋不安应镇静；呼吸衰竭应兴奋呼吸中枢；肺水肿应制止渗出。特别应注意保护呼吸道畅通及循环功能。

（十二）动物毒（蛇毒、蜂毒、蝎毒、蜘蛛毒、蜈蚣毒）中毒的急救

1. 防止毒素扩散　立即在咬伤部位的上方（近心端）结扎，以减少毒素的吸收，促进伤口的出血，待伤口局部处理后，才解除结扎。

2. 伤口局部处理　切开咬伤部皮肤，使毒液排出，用 0.3%～0.5%高锰酸钾溶液仔细清洗，伤口周围用 0.5%普鲁卡因局部封闭。

3. 解毒

（1）特效解毒　对于毒蛇咬伤。可用抗蛇毒素血清 15～30 mL（犬），一次皮下注射，隔 2～3 h 注射一次，连用 2～3 次。或用季德胜蛇药 8～12 片（犬），一次口服；或将蛇药溶解后涂在伤口周围，亦有良好效果。

（2）一般疗法　强心补液利尿、兴奋呼吸、镇痛、解除痉挛、抗休克等。

四、分析讨论

1. 急诊医学在医学中占有重要的位置，在兽医领域急诊还未发展成为一门独立的学科，但其在兽医临床上的重要地位却是勿庸置疑的。对于兽医临床来说，急救技术的关键是最先对最具生命危险的症状进行治疗。

2. 急救一般是从动物主人将电话打进兽医院或亲自将动物运送到兽医院开始的。医生要立即询问动物主人，对动物的意识、呼吸状态、血液循环状况进行一般的了解。然后根据病情争分夺秒进行抢救。

3. 由于动物转移的过程是一种强烈的刺激，所以要告诉动物主人做好以下方面的工作：①在动物的头部盖一块毛巾之类的物品，这样可以有效地降低动物的应激，减轻动物的恐惧感。②在运送动物时，要固定动物的头部，防止动物的头、颈和脊背活动。③对最具生命危险的症状进行相应的对症处理，如人工呼吸、心区按压、止血、骨折的保定、排气减压等。

4. 在对危重动物进行治疗时主要应从以下这些方面考虑：原发病的严重程度、失血量、动物的年龄、动物的健康状态、动物能支持的时间、输液量及输液的时间及输液的种类。治疗成功的关键是在关键的时刻要果断地采取积极、合理、有效的治疗措施，尽一切力量对动物进行救治。

（邓俊良）

参考文献

[1] 中村良一. 临床动物内科诊断学[M]. 史言,连文琳,等译校. 南京:江苏科学技术出版社,1982.

[2] 中村良一. 临床家畜内科治疗学[M]. 丁岚峰,杨本善,等译. 哈尔滨:黑龙江人民出版社,1987.

[3] 李祚煌. 动物中毒及毒物检验[M]. 北京:农业出版社,1994.

[3] 韩文瑜,何昭阳,刘玉斌. 病原细菌检验技术[M]. 长春:吉林科学技术出版社,1992.

[4] 邱行正,张鸿钧. 实用动物中毒手册[M]. 成都:四川大学出版社,1996.

[5] 赵旭昌,王哲,赵建军,等. 健康牛羊瘤胃内环境参数[J]. 中国兽医学报,1997,17(5):483-484.

[6] 郭铁. 家畜外科手术学[M]. 北京:中国农业出版社,1999.

[7] 安丽英. 兽医实验诊断[M]. 北京:中国农业大学出版社,2000.

[8] 史志诚. 动物毒物学[M]. 北京:中国农业出版社,2001.

[9] 蔡宝祥. 家畜传染病学[M]. 4 版. 北京:中国农业出版社,2001.

[10] 郑明球. 家畜传染病学实验指导[M]. 4 版. 北京:中国农业出版社,2001.

[11] 王建华. 家畜内科学[M]. 3 版. 北京:中国农业出版社,2002.

[12] 林德贵. 家畜外科手术学[M]. 4 版. 北京:中国农业出版社,2002.

[13] 王洪斌. 家畜外科学[M]. 4 版. 北京:中国农业出版社,2002.

[14] 赵兴绪. 兽医产科学[M]. 3 版. 北京:中国农业出版社,2002.

[15] 赵兴绪. 兽医产科学实验指导[M]. 3 版. 北京:中国农业出版社,2002.

[16] 唐兆新. 兽医临床治疗学[M]. 北京:中国农业出版社,2002.

[17] 汪明. 兽医寄生虫学[M]. 3 版. 北京:中国农业出版社,2002.

[18] 王书林. 兽医临床诊断学实验指导[M]. 北京:中国农业出版社,2003.

[19] 高作信. 兽医学实验指导[M]. 北京:中国农业出版社,2003.

[20] 何英,叶俊华. 宠物医生手册[M]. 沈阳:辽宁科学技术出版社,2003.

[21] 王俊东,刘宗平. 兽医临床诊断学[M]. 北京:中国农业出版社,2004.

[22] 秦建华,李国清. 动物寄生虫病学实验教程[M]. 北京:中国农业大学出版社,2005.

[23] 王俊东. 兽医药实验室检验技术[M]. 北京:中国农业科学技术出版社,2005.

图书在版编目(CIP)数据

兽医临床实践技术/邓俊良主编.—北京:中国农业大学出版社,2007.1(2022.1重印)

(普通高等教育"十一五"国家级规划教材)

ISBN 978-7-81117-099-3

Ⅰ.兽… Ⅱ.邓… Ⅲ.兽医学:临床医学 Ⅳ.S854

中国版本图书馆CIP数据核字(2006)第130060号

书　名 兽医临床实践技术

作　者 邓俊良　主编

策划编辑 张　程　潘晓丽　　**责任编辑** 李丽君

封面设计 郑　川　　**责任校对** 陈　莹　王晓凤

出版发行 中国农业大学出版社

社　址 北京市海淀区圆明园西路2号　　**邮政编码** 100193

电　话 发行部 010-62813489,1190　　读者服务部 010-62732336

编辑部 010-62732617,2618　　出　版　部 010-62733440

网　址 http://www.caupress.cn　　**E-mail** cbsszs@cau.edu.cn

经　销 新华书店

印　刷 涿州市星河印刷有限公司

版　次 2007年1月第1版　2022年1月第6次印刷

规　格 787×1 092　16开本　14.75印张　361千字　彩插1

定　价 39.00元